分離プロセス工学の基礎

化学工学会分離プロセス部会
編

朝倉書店

編集委員

〈化学工学会分離プロセス部会教育委員会〉

川崎 健二[*]	愛媛大学大学院理工学研究科物質生命工学専攻
入谷 英司[†]	名古屋大学大学院工学研究科化学・生物工学専攻
後藤 雅宏	九州大学大学院工学研究院応用化学部門
小菅 人慈	東京工業大学大学院理工学研究科化学工学専攻
松本 道明	同志社大学理工学部化学システム創成工学科
都留 稔了	広島大学大学院工学研究科物質化学システム専攻

([*]編集委員長, [†]部会長)

執筆者 (執筆順)

入谷 英司	名古屋大学大学院工学研究科化学・生物工学専攻
川崎 健二	愛媛大学大学院理工学研究科物質生命工学専攻
山下 福志	神奈川工科大学応用バイオ科学部応用バイオ科学科
熊沢 英博	富山大学大学院理工学研究部ナノ・新機能材料学域
坂東 芳行	名古屋大学大学院工学研究科化学・生物工学専攻
小菅 人慈	東京工業大学大学院理工学研究科化学工学専攻
日秋 俊彦	日本大学生産工学部応用分子化学科
松田 圭悟	山形大学大学院理工学研究科物質化学工学分野
森 秀樹	名古屋工業大学大学院工学研究科物質工学専攻
後藤 雅宏	九州大学大学院工学研究院応用化学部門
吉塚 和治	北九州市立大学国際環境工学部環境化学プロセス工学科
竹下 健二	東京工業大学資源化学研究所化学システム構築部門
久保田富生子	九州大学大学院工学研究院応用化学部門
平沢 泉	早稲田大学理工学術院応用化学専攻
前田 光治	兵庫県立大学工学部機械システム工学科
土岐 規仁	岩手大学工学部応用化学科
滝山 博志	東京農工大学大学院生物システム応用科学府
吉田 弘之	大阪府立大学大学院工学研究科物質・化学系専攻
岩田 政司	鈴鹿工業高等専門学校生物応用化学科
中倉 英雄	山口大学大学院理工学研究科環境共生系専攻
都留 稔了	広島大学大学院工学研究科物質化学システム専攻
中尾 真一	東京大学大学院工学系研究科化学システム工学専攻
伊東 章	新潟大学工学部化学システム工学科
原谷 賢治	(独)産業技術総合研究所環境化学技術研究部門

はじめに

　種々の製品を作製した場合，原料の一部が残存していたり副生品が存在していたりすることが一般的であるため，たいていの場合製品を濃縮して分離する操作が必要となる．これは工学分野はもちろん産業界全体においても必ず必要であるため，「分離」という操作はすべての分野で欠かすことのできないものとされている．また，この操作の効率が最終的な製品の歩留まりを決定するため，過程（プロセス）の成否を左右する重要な技術といっても差し支えないであろう．

　この分離という操作を司る「分離工学」は，大学の世界的な基準である日本技術者教育認定機構（JABEE）において，化学系分野の基本的科目の一つとして必修となっている．しかし，化学工学の概論的教科書は現在まで多数刊行されているが，いずれも化学工学の全体を網羅しているため，「分離」について詳述する余裕があまりなく，必ずしも平易なものではなかった．そこで，分離工学の主要な部門が揃っている化学工学会の分離プロセス部会では教育委員会を中心に，最新の成果を取り入れ，さらにJABEEにも対応した内容・構成の，やさしく，わかりやすく記述された大学の理工系学部2～3年，および工業高等専門学校4～5年の学生を対象とした教科書を企画した．分離プロセス部会を中心とした学界の第一人者たちが共同して，分離操作にプロセスという視点を加えて執筆したのが本書である．なお，上述のように「分離」は産業界で必須のプロセスであるために，若手技術者の初歩的導入教育に最適な書籍ともなっている．また，中堅技術者の復習にも有効である．分離操作に関しては現在でも数多くの手法が開発されているが，その基本的な技術は本書に網羅されている．分離についての疑問点に関する解答のヒントは，本書のなかに見つけられるものと確信している．

　本文は，各分離の操作について基礎的な事項や術語からていねいに解説してあるので，しっかりと読んで内容の理解に努めて欲しい．そのなかで，適宜設けてある例題を利用して，理論を実際の現場に適用する手助けとしていただきたい．また，章末には演習問題を用意してある．選りすぐられた問題であり，詳しい解答も用意してあるので，ぜひ取り組んでもらいたい．そうすることで，各分離プ

ロセスについてのより深い理解に役立つものと確信している.

　本書は細心の注意を払って作成したが,校正その他に誤りも皆無とはいえない.改版の機会があれば訂正していきたいと考えているので,お気付きの点はぜひ編集部にお知らせいただきたい.本書の刊行に当たっては,朝倉書店編集部のかたがたに大変お世話になった.ここに心からお礼を申し上げる.

　2009年1月

化学工学会分離プロセス部会教育委員会
および執筆者を代表して
川崎健二・入谷英司

目　　次

1. 分離プロセス工学の基礎 ……………………………〔入谷英司・川崎健二〕… 1
　1.1　分 離 と は　1
　1.2　分離の機構と分類　3
　　1.2.1　平衡分離　3
　　1.2.2　速度差分離（非平衡分離）　4
　1.3　平衡と移動現象　5
　1.4　分離プロセスとその高度化　6
　1.5　具体的なプロセス　7

2. ガ ス 吸 収 …………………………〔山下福志・熊沢英博・坂東芳行〕… 12
　2.1　拡 散 現 象　12
　　2.1.1　拡散の基礎——拡散に関するフィックの法則　12
　　2.1.2　定常拡散と非定常拡散　14
　2.2　ガスの溶解度　16
　　2.2.1　ヘンリーの法則に従う場合　17
　　2.2.2　大気に含まれるガスの純水への溶解度　19
　　2.2.3　ヘンリーの法則に従わない場合　20
　　2.2.4　ガスの溶解度と温度の関係　21
　　2.2.5　電解質水溶液と非電解質水溶液に対するガスの溶解度　21
　2.3　吸 収 速 度　21
　　2.3.1　二重境膜説　21
　　2.3.2　物質移動係数　22
　　2.3.3　総括物質移動係数　22
　　2.3.4　反応吸収　24
　2.4　吸収操作の解析　26
　　2.4.1　吸収塔全体の物質収支　26

2.4.2 操作線　27
2.4.3 吸収装置の高さ　27
2.4.4 最小液ガス比　28
2.4.5 N_G と N_{OG} の求め方　29
2.5 装置と利用例　31
2.5.1 充填塔　31
2.5.2 濡れ壁塔　34
2.5.3 スプレー塔　34
2.5.4 棚段塔　34
2.5.5 気泡塔　35

3. 蒸　　留……………〔小菅人慈・日秋俊彦・松田圭吾・森　秀樹〕… 37
3.1 気液平衡　37
3.1.1 相　律　37
3.1.2 気液平衡の測定　37
3.1.3 さまざまな気液平衡　39
3.1.4 気液平衡の計算　41
3.2 2成分系蒸留　46
3.2.1 蒸留の原理と還流　46
3.2.2 連続蒸留操作　48
3.2.3 回分蒸留　57
3.3 多成分系蒸留（連続蒸留）　61
3.3.1 蒸留による多成分系混合物の分離　61
3.3.2 蒸留塔の自由度と蒸留問題　63
3.3.3 簡略設計法（理想系）　64

4. 抽　　出……………〔後藤雅宏・吉塚和治・竹下健二・久保田富生子〕… 69
4.1 抽出平衡の原理　70
4.1.1 分配平衡の原理　70
4.1.2 カルボン酸の抽出　71
4.1.3 金属イオンの抽出　73

4.2 液液平衡関係の表現　76
4.3 抽 出 操 作　79
　4.3.1 単抽出　79
　4.3.2 並流多回抽出　82
　4.3.3 向流多段抽出　85
4.4 抽 出 装 置　89
　4.4.1 抽出装置の分類および特徴　89
　4.4.2 ミキサーセトラー型抽出装置　90
　4.4.3 塔型抽出装置　92

5. 晶　　　　析 ……………………〔平沢　泉・前田光治・土岐規仁・滝山博志〕… 99

5.1 平衡と晶析　99
　5.1.1 溶解度の測定　99
　5.1.2 電解質溶液の溶解度　101
　5.1.3 融液の固液平衡　102
　5.1.4 結晶純度　105
5.2 結晶の諸特性と晶析原理　105
　5.2.1 結晶の諸特性　105
　5.2.2 結晶多形の析出　107
　5.2.3 晶析現象　108
5.3 晶 析 操 作　112
　5.3.1 晶析操作の概念　112
　5.3.2 完全混合型晶析装置　114
　5.3.3 MSMPR型晶析装置の定常特性　117
5.4 晶析装置・プロセスおよび利用例　118
　5.4.1 晶析装置・プロセスの設計のための基本的な考え方　118
　5.4.2 晶析操作設計の基本的な考え方　121
　5.4.3 晶析装置の選択　122
　5.4.4 装置の利用例と晶析プロセス　124
　5.4.5 晶析の利用対象　125

6. 吸着・イオン交換 〔吉田弘之〕 … 128

- 6.1 吸着操作　128
- 6.2 吸着はなぜ起こるか　128
- 6.3 吸着剤　129
- 6.4 吸着平衡　130
  - 6.4.1 ヘンリーの吸着式　132
  - 6.4.2 フロインドリッヒの吸着式　132
  - 6.4.3 ラングミューアの理論　132
- 6.5 イオン交換平衡　133
- 6.6 吸着速度　135
  - 6.6.1 流体境膜における物質移動　136
  - 6.6.2 粒子内拡散　136
- 6.7 回分吸着（バッチ吸着）　138
- 6.8 固定層吸着　140
  - 6.8.1 基礎式と定形濃度分布　141
  - 6.8.2 線形推進力近似と総括物質移動係数　142
  - 6.8.3 吸着帯の長さと破過時間の近似計算法　143
- 6.9 装置および利用例　145
  - 6.9.1 圧力スイング吸着　145
  - 6.9.2 クロマトグラフィー分離　148
  - 6.9.3 クロマトグラフィーの連続化——擬似移動層型吸着装置　149

7. 固液・固気分離 〔川崎健二・入谷英司・岩田政司・中倉英雄〕… 154

- 7.1 沈降濃縮　154
  - 7.1.1 1個の球形粒子の沈降　154
  - 7.1.2 スラリー（懸濁液）における沈降速度　156
  - 7.1.3 水平流型沈降槽　157
  - 7.1.4 キンチの理論　158
  - 7.1.5 連続式濃縮槽（シックナー）の所要面積　160
- 7.2 遠心分離　161
  - 7.2.1 遠心沈降　161

7.2.2 遠心濾過　163
7.2.3 遠心脱水　164
7.3 濾　　　過　164
　7.3.1 濾過機構による分類　164
　7.3.2 ルースの濾過式　165
　7.3.3 定圧濾過速度式　166
　7.3.4 平均濾過比抵抗と圧縮性　168
　7.3.5 バッチ式濾過機と連続式濾過機の設計　169
　7.3.6 定速濾過と変圧変速濾過　170
7.4 固気分離（集塵）　172
　7.4.1 重力集塵装置　172
　7.4.2 慣性力集塵装置　172
　7.4.3 遠心力集塵装置　172
　7.4.4 洗浄集塵装置　174
　7.4.5 濾過集塵装置　174
7.5 装置および利用例　176
　7.5.1 装置の分類　177
　7.5.2 装置の利用例　178

8. 膜 ……………………〔都留稔了・中尾真一・伊東　章・原谷賢治〕… 182
　8.1 膜分離の概要　182
　　8.1.1 膜分離とは　182
　　8.1.2 膜分離のメカニズム　182
　　8.1.3 膜分離法の分類と応用　183
　　8.1.4 膜モジュール　185
　　8.1.5 膜分離の駆動力　187
　8.2 膜分離プロセス　190
　　8.2.1 逆浸透法　190
　　8.2.2 限外濾過法　197
　　8.2.3 ガス分離　198
　　8.2.4 浸透気化法　201

8.3　膜分離プロセスの設計　202
　　8.3.1　膜濾過プロセス　202
　　8.3.2　ガス分離膜モジュールの分離性能解析モデル　205

演習問題解答 ………………………………………………………………… 209
付　　録 ……………………………………………………………………… 222
索　　引 ……………………………………………………………………… 225

〔下線を付した執筆者：章の主査〕


```
コラム 1　マイクロバブル ……………………………… 35
コラム 2　吸着式バイオメタンガスバイク …………… 147
コラム 3　簡単に沈降濃縮効果を促進できる傾斜板 … 160
```

1

分離プロセス工学の基礎

1.1 分 離 と は

　混合物から目的の物質を分ける操作は，古くからいろいろな形で利用されてきた．例えば，酒造りでは，もろみからお酒を得るために濾過が必要となるし，ウイスキーの製造では，蒸留を行うことによってアルコール濃度を高めている．われわれの身近な日常生活においても，いろいろな分離操作が使われ，暮らしを支えている．例えば，水道の蛇口に取り付けられた家庭用浄水器は活性炭による吸着と中空糸膜による膜分離を利用して水道水を浄化し，洗濯機では遠心分離によって衣服に含まれる水分を脱水し，茶葉からはエキスを抽出してお茶を飲んでいる．

　化学工業においては，さまざまな製品が化学反応によって得られるが，多くは未反応物や副生成物を含むため，それらのなかから目的生成物のみを取り出したり，原料や生成物から少量の不純物を除去して精製したりする分離操作が重要となる．また，環境保全においても，廃液や排ガスから有害物質を除去するため，さまざまな分離技術が利用されている．最近では，エレクトロニクスやバイオテクノロジー分野で，純度の高い目的物質を得る高度な分離が要求されるようになっており，こうした場合には，さまざまな分離操作を組み合わせて目的を達成させることが一般的となっている．例えば，半導体産業では大量の純度の高い超純水がウエハ洗浄に使用されるが，イオン交換，濾過，膜分離などの一連の分離プロセスを通して水の純度が高められる．このように最近では，複数の分離操作を組み合わせて，より高度な分離を行うことが多くなっている．

　一般に，自然には各成分に分かれない混合物を分離するためには，図 1.1 に示すように，何らかの装置を用いて，そこにエネルギー（熱や圧力など）または分離を促進させる物質（**分離剤**）を加える必要があり，各成分の性質の違いに着目

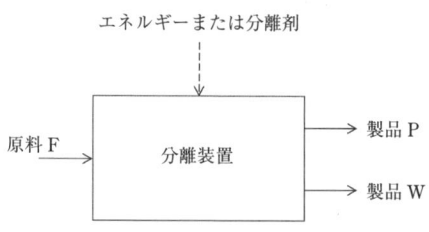

図 1.1 分離の基本単位の構成

したある分離原理のもとで行われる．A，Bの2成分からなる混合物の分離において，分離装置から出てくる二つの製品P，Wについて，P中のA，B各成分の組成比をW中の組成比で割ったものを分離係数 α といい，これは両成分間の分離の難易の指標となり，次式で表される．

$$\alpha = \frac{y_A/y_B}{x_A/x_B} \tag{1.1}$$

ここで，y_A, y_B はP中の，x_A, x_B はW中のA，B各成分の組成（モル分率）である．$\alpha=1$ では分離はまったく起こらず，製品P中のA成分に着目すれば，α が1より大きいほど，分離効率が大きくなる．1回の分離操作で所望の大きさの α が得られないときには，分離操作を何回も繰り返す必要がある．製品Pと原料Fに含まれる着目成分Aについて，その量の比を回収率，その濃度比を濃縮率といい，これらも分離効率の指標となる重要な因子である．

混合物の分離は，エントロピーの減少過程であるため自然には起こらず，何らかのエネルギーを必要とする．いま，等温等圧のA，B2成分系理想気体の1 molの原料Fから，成分Aのみを含む製品Pと成分Bのみを含む製品Wとに分けるために必要な最小エネルギーは次式で表される．

$$W = -RTz_A \ln z_A - RTz_B \ln z_B = -RTz_A \ln z_A - RT(1-z_A)\ln(1-z_A) \tag{1.2}$$

ここで，z_A, z_B はF中のA，B各成分の組成（モル分率）である．A成分がほんのわずかしか含まれない場合には，B成分のモル分率 z_B は1に近いので，式(1.2)は次のように表される．

$$W = -RTz_A \ln z_A \tag{1.3}$$

したがって，A成分1 mol当たりで考えると $-RT\ln z_A$ となり，分離に必要なエネルギーは濃度 z_A が小さいほど大きくなる．海水中に含まれるウランの総量は相当なものであるが，その回収が現在のところ実用的でないのも，その濃度がき

わめて小さいためである.なお,実際の分離プロセスで消費されるエネルギーは,式(1.2)で示された最小エネルギーよりかなり大きくなる.分離操作においては,所要エネルギー当たりの分離係数をできるかぎり大きくすることが重要となる.

1.2 分離の機構と分類

分離法は種々の基準によって分類されるが,ここでは分離の原理に基づき,大別して**平衡分離**と**速度差分離**(**非平衡分離**)に分け,速度差分離はさらに**外力を利用した分離**と**障壁(さえぎり)を利用した分離**に分けることにする.

1.2.1. 平 衡 分 離

蒸留(3章で詳述)は,図1.2(a)のように,液体混合物を加熱沸騰させて行い,発生する蒸気(気相)の組成と液相の組成は同じではなく,**気液平衡**という固有の関係があるので,この気液の組成の差を利用して分離が可能となる.このように相平衡関係における二つの相の組成の差を利用して混合物の分離を行う方法を平衡分離という.**ガス吸収**(2章),**抽出**(4章),**晶析**(5章),**吸着・イオン交**

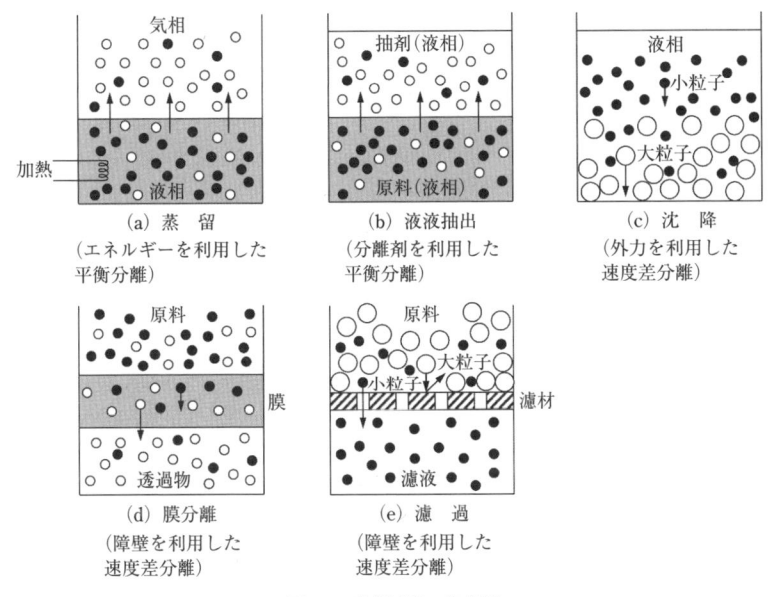

図1.2 分離原理の代表例

換（6章）など，化学工学の単位操作の多くがこの平衡分離の範疇に含まれる．晶析は，溶液の冷却や加熱蒸発によって，溶質濃度を飽和溶解度以上に高めて，液相から結晶（固相）を析出させる操作であり，**溶解度（固液平衡）** に基づく平衡分離である．

蒸留や晶析は温度変化によるエネルギーを利用して新たな相を形成させることによって行われる分離であり，純度の高い製品が必要な場合に有利となる．これに対して，異相を分離媒体（分離剤）として加えて，両相間の分配平衡を利用する分離法もある．すなわち，ガス吸収では，気体混合物を分離剤となる液体の **吸収剤** と接触させて，ガスの **溶解度（溶解平衡）** に従って溶質ガスを液体中へ溶解させる．**液液抽出** では，図1.2(b) のように，原料となる液体（通常は水相）を分離剤となる **抽剤**（原料とは混ざり合わない別の液体で，通常は有機相）と接触させて，**液液分配平衡** に従い溶剤に可溶な成分を不溶または難溶な成分から分離する．抽剤として超臨界状態の水や炭酸ガスを用いるのが **超臨界抽出** である．吸着では，固気または固液の分配平衡（**吸着平衡**）に従い，分離剤となる固体の **吸着剤** に気相または液相中の特定物質を移動させる．イオン交換は分離剤の **イオン交換樹脂** と原料中のイオンとの **イオン交換平衡** に基づいて分離が行われ，操作的には吸着と同様に取り扱うことが可能である．分離媒体を用いる平衡分離では，分離剤によって平衡関係が異なることに特徴があり，より選択性の優れた分離剤の開発が重要となる．

1.2.2 速度差分離（非平衡分離）

平衡分離以外の分離を非平衡分離といい，主に外力や障壁を利用して各成分の移動速度の差を生じさせて分離させるため，速度差分離とも呼ばれ，**沈降，遠心分離，濾過，集塵** などの固液・固気分離（7章），**膜分離**（8章）が該当する．

a. 外力を利用した分離

外力により系内に成分組成の分布を形成させて分離を行う方法であり，例えば沈降では，図1.2(c) のように，重力の作用で液体中を液密度より大きな密度をもつ粒子が下方に移動する現象を利用し，密度が同じなら大きな粒子ほど速い速度で沈降するため，分離が可能となる．外力として，重力のほか，高速回転場で生じる遠心力を利用する遠心分離，電気力を用いる **電気集塵**，**電気泳動** などがある．電気集塵では，電気力を加えて気相中の微粒子を帯電させて移動分離するの

に対して，電気泳動では，タンパク質などの電荷を帯びている物質に電気力を加えて溶液中で移動分離する．

b. 障壁（さえぎり）を利用した分離

外力のみによっては十分な速度差が得られないときには，障壁効果をもつ分離媒体を用いて速度差を拡大して分離を行う．例えば，膜分離では，図1.2 (d)のように，分離媒体の膜を透過する物質の透過速度の差を利用して分離する．濾過や濾過集塵では，図1.2 (e)のように，分離媒体の濾材や濾布の障壁を通過する物質と通過できない物質に分けることによって分離が行われる．これらの分離法では，各成分の透過流量の比が分離の度合いを決めることになる．したがって，より大きな速度差を発生させる分離媒体の開発が重要になる．

1.3　平衡と移動現象

平衡分離では，蒸留における気液平衡，ガス吸収における溶解平衡のように2相間の相平衡によって最大分離度が決まる．例えば，蒸留においては，気液平衡から各成分についての気液間の平衡組成の比である**平衡比**（分配係数）$K(=y/x)$ が定まるので，式 (1.1) の分離係数（蒸留の場合，**相対揮発度**という）α は次式で表される．

$$\alpha = \frac{K_A}{K_B} \tag{1.4}$$

平衡分離においても，平衡に至るまでに時間がかかる場合には途中の非平衡の状態で操作を打ち切って製品を取り出すのが普通である．このとき，系が平衡に向かう速さは，系内での各成分の物質移動抵抗によって決まるため，速度差分離と同様に，物質の移動現象の役割が重要となる．物質の濃度差による移動現象を**拡散**といい，拡散による単位面積当たりの溶質Aの移動速度（**流束**または**フラックス**という）J_A は濃度勾配に比例し，次のフィック (Fick) **の式**で表される．

$$J_A = -D_A \frac{dC_A}{dx} \tag{1.5}$$

ここで，D_A は**拡散係数**，C_A はモル濃度，x は面に垂直な座標である．拡散現象に支配される分離を**拡散的分離**と呼ぶことがあり，これに対して固液・固気分離など機械的手段を用いる分離を**機械的分離**といい，後者は主に粒子を扱う操作の一種である．機械的分離においては，運動量の移動がより重要となり，式 (1.5)

と類似の関係にある次式のニュートン（Newton）の**粘性法則**が基礎となり，流体と粒子との相対運動を考えなければならない．

$$\tau_{yx} = -\mu \frac{du}{dy} \tag{1.6}$$

ここで，τ_{yx} は y 軸と直交した面に x 方向に作用する剪断応力，μ は粘度，u は速度，y は距離である．一般に，物質や運動量の移動を生じさせるための濃度差，圧力差，電位差などの**推進力**を ΔF とすると，流束 J は次の一般式で整理できる．

$$J = k\Delta F = \frac{\Delta F}{R} \tag{1.7}$$

ここで，k は**移動係数**，R は**移動抵抗**である．したがって，k を大きく，すなわち R を小さくすることが分離性能の向上につながり，例えば膜分離においては，膜厚さをいかに薄くできるかが重要となる．

1.4　分離プロセスとその高度化

最も簡単な分離プロセスの構成は，図 1.1 に示されている通りである．分離装置は二つに大別され，単一の蒸留ユニット（単蒸留）がいくつも重ねられた精留塔（多段蒸留）のような**段プロセス**とガス吸収塔のように一つの塔内の物質の移動方向の組成が連続的に少しずつ変化して物質移動が行われる**微分プロセス**とがある．いずれの場合にもプロセス内の物質の流れにより種々の形態があるが，P の流れと逆方向に W (F) を流す**向流プロセス**が平均の推進力を大きくできるので有利であり，一般的である．

本書では，分離プロセスの基礎という観点から，次章以下ではそれぞれの分離操作ごとに一つの章が割り当てられ，記述されている．近年高純度化のための分離プロセスが重要となっており，超純水の製造やバイオ生産物の分離精製に代表されるように，一つの分離操作やその多段化だけでは必要とされる分離度を達成できないため，異なる分離原理に基づく複数個の分離法を組み合わせて，粗分離から始まり最終的に高度分離まで行う一連の分離プロセスが設計されるようになっている．特にマイルドな分離が必要とされるバイオ生産物では，その分離精製工程（**ダウンストリーム工程**）はきわめて複雑で，微生物反応による生産過程以上にコストがかかることが知られている．また，反応と分離を組み合わせた**反応分離**では，分離によって反応の進行を阻害する反応生成物を系外へ除去しつつ反

応を進行させることができるため,効率よく生成物を得ることができる.

すでに述べたように,優れた分離媒体の開発が分離特性の改善につながるため,抽剤,吸着剤,吸収剤,分離膜などの開発も盛んに行われている.分離は,成分間の性質の差を利用して行われ,蒸気圧や密度などの物理的特性だけでなく,化学的または生物学的な分子認識作用の利用も重要であり,特異的相互作用(アフィニティー)を利用した分離においては,新しい分離原理や分離媒体の開発が分離技術の向上をもたらすことが期待される.

次節では,具体的な分離プロセスの実例を取り上げ,分離プロセスの現状を概観し,その重要性を確認しよう.

1.5 具体的なプロセス

古事記やギリシャ神話に酒にまつわる話や歌がたくさんあることからもわかるように,人類は太古の昔から酒をつくり生活のなかで楽しんできた.また,酒の主成分であるエタノールは,最近再生可能なエネルギーとして地球温暖化対策のなかで脚光を浴びており,この製造について考えてみよう.

エタノールは,伝統的にデンプンや糖蜜などを原料として微生物(酵母)が糖分をエタノールと炭酸ガスに分解する**発酵**というプロセスを用いてつくられてきた(醸造エタノール).近年はエチレンを原料として硫酸法や直接水和法によって化学的に合成する方法(合成エタノール)も多く使われている.この発酵プロセスは図1.3に示すように,非常に多くの操作から成り立っており,そのなかには分離そのものである手法(濃縮塔や抽出塔,精留塔,脱水塔など)やその操作の最終段階で分離を必要とするものが非常に多い.化学的に合成する場合も同様に多くの分離操作が必要であり,本書で取り上げている分離操作の重要性がわかるであろう.

発酵により生成した醸造エタノールの純度は必ずしも高くないので,純度を上げるために以前からさまざまな努力がなされている.従来から一番多く用いられているのが**蒸留法**(3章)であり,焼酎やウイスキーなどの酒類の濃縮法として使われている**単蒸留**は,いまでも主要な手法である.また,エタノールは発酵法でつくった場合はその燃焼時に発生するCO_2は地球温暖化対策における排出抑制の対象にならない.したがって,上にも述べたように石油代替燃料として需要が非常に大きくなっているため,アメリカやカナダ,ブラジル,EU,中国,タイ,

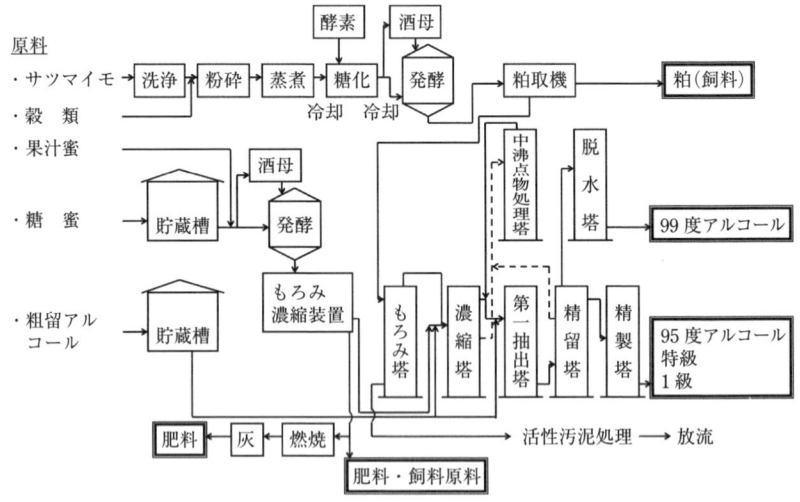

図 1.3 発酵法によるエタノール製造工程[1]

インド,オーストラリアなど多くの国で積極的に生産が拡大されている.

燃料としてガソリンに添加する場合は,水分の分離を防止するために少なくとも 99.5 vol%以上の無水エタノールまで脱水する必要がある.しかし,約 96%以上の濃度のエタノール溶液が沸騰する場合はその蒸気成分と液体成分のエタノール濃度は等しくなるため(**共沸現象**),普通の蒸留ではこれより高純度にすることはできない.この解決法として,液体部分にシクロヘキサンのような第 3 成分を混合して**共沸蒸留**を行う方法がよく行われている.

アメリカや EU においては,省エネルギーなプロセスである圧力スイング**吸着法**(6 章)が無水エタノールの製造方法として多く採用されている.これは,吸着剤として A 型粒状ゼオライトを使用し,100℃以上で数気圧程度のエタノール原料(水分を含む)中で水分をゼオライトに吸着させて脱水するものである.本法では吸着剤から水を除く再生工程で多量のエネルギーが必要であり,回分操作となる欠点があるが,すでに完成された技術であり,適用例が多い.

上記の欠点を補うものとして,ゼオライトでつくった膜による脱水プロセス(8 章)がある[2].加圧側(供給側)でゼオライト膜層に吸着された水分を減圧状態に保たれた管状膜の内側に連続的に脱着させる形で膜透過させるため脱水工程が完全に連続操作になり,外部から脱着のためのエネルギーを加える必要もないた

1.5 具体的なプロセス

めエネルギー所要量が少ない．

そのほかにも，プロパンを溶媒とした超臨界溶媒抽出法[3]（4章）を用いたり，超音波を液体に照射したとき霧状の液滴が発生する手法を用いる超音波霧化法[4]などのエタノール濃縮方法も開発されている．製品として必要な高純度のエタノールを得るために，さまざまな観点から種々の考察および開発がなされていることがよくわかる．

また，現代はいたるところでコンピュータが用いられ，いつでも，どこでも，誰でも情報に触れることができるユビキタス社会の時代になろうとしているが，これを支えているのは年々集積度を向上させている半導体産業である．しかしながら，集積度の向上に従ってごく微量の汚染や欠陥が故障の原因となる状況になってきた．これを防ぐためには作製の各工程において徹底的な洗浄操作が必要であり，その際に用いるきわめて純度の高い「**超純水**」が半導体産業全体の効率を決める主要因の一つになっている．

高純度の超純水は一般に，「前処理操作」，「一次純水作製操作」，および「超純水作製操作」の組み合わせからつくられる[5]．「前処理操作」は原水から濁度成分や溶存固形物を除去して，いわゆるきれいな水をつくり，以降の操作の効果が十分出るようにするためのもので，**凝集，沈殿，濾過**（7章），**活性炭吸着**（6章）などの操作が適宜組み合わされてできている．また，「一次純水作製操作」では，イオン成分や微粒子，微生物や溶存有機物濃度成分のほとんどが除去されて純水がつくられる．最も一般的な純水の作製法は**蒸留**（3章）であり，揮発性の違いを利用して不純物を含む水から水のみを気化させて分離回収する操作でつくる．沸騰の際に原水の一部が粒子として蒸気に含まれて（飛沫同伴）蒸留水の純度を下げてしまう欠点があるため，蒸留の前段階で**イオン交換**（6章）処理を行い原水の水質を上げておく前処理操作も多く行われている．古くから使われている手法であるため信頼性があるが，蒸発潜熱および顕熱が大きいためエネルギーを多量に必要とする欠点がある．また，液化して得られる純水は液滴の形であるため，周囲の大気とよく接触して大気の成分や不純物を取り込んで純度が下がる危険性がある．したがって，全体的に考えた場合に，**脱溶存気体**操作（2章）も重要な操作の一つとなる．

近年，高性能の膜がつくれるようになったため，これを用いて純水をつくることが多くなってきた（8章）．一般によく用いられるのは**逆浸透膜**分離操作で，

その前段または後段に**イオン交換**操作（6章）を組み合わせて純水がつくられることが多い．所要エネルギーが少なく純度を高くしやすい利点があるが，その反面，膜が高価で目詰まりにより定期的に交換する必要がある．また，微生物を除くためには**紫外線殺菌**なども行わなければならない．

「超純水作製操作」では上記でつくった純水中に残存している微量のイオンや微粒子，微生物を除くことによって純度をさらに高めて，超純水がつくられる．上記と同じく**イオン交換**，**膜分離**や**紫外線殺菌**などの操作が使われている．超純水の製造には個々の分離プロセスの発展，およびそれらの適切な組み合わせが欠かせないことがわかる．

ここまで工業的に重要な事例について考えてきたが，最後に世界を制した日本発のうま味調味料「L-グルタミン酸ナトリウム」についてみてみよう．1908年，東京帝国大学の池田菊苗教授は昆布から取り出したグルタミン酸が味の第6番目の成分である「うま味」を示すことを突き止め，これが販売されて世界中に広まった．このL-グルタミン酸ナトリウムは，主にサトウキビの糖蜜やイモ類のデンプン由来の糖から微生物を用いて**発酵法**によってつくり，イオン交換（6章）や**晶析**（5章）などの方法により分離精製して製品とする．食品添加物であるので不純物の混入は許されず，純度を上げる必要もある．

以上のように，実用となるエタノールや超純水，L-グルタミン酸ナトリウムを得るためには，本書で取り上げる種々の分離プロセスが非常に重要で，これらが製品の歩留まりを左右し，収量や純度などを決定する主要因となっていることが理解できると思う．次章以降で，各分離プロセスの概念や基本的な考え，装置プロセスの実際について学んでいこう．

■引用文献

1) 通商産業省基礎産業局：アルコール専売五十年史，p.569，（社）アルコール協会，1987．
2) 和泉　航，池田史郎，山口克誠，中根　堯：化学工学，**71**(12)，813，2007．
3) 堀添浩俊ら：三菱重工技報，**30**(6)，527-530，1993．
4) M. Sato, K. Matsuura and T. Fujii：*J. Chem. Phys.*, **114**, 2382-2386, 2001.
5) 岡崎　稔，鈴木宏明：超純水の話，p.86，日刊工業新聞社，2002．

■参考文献

分離プロセスに関して参考となる専門書をいくつか以下に示す.

B. L. Karger, L. R. Snyder and C. Horvath：An Introduction to Separation Science, John Wiley & Sons, 1973.
C. J. King：Separation Processes, 2nd ed., McGraw-Hill, 1981.
R. W. Rousseau ed.：Handbook of Separation Process Technology, John Wiley & Sons, 1987.
古崎新太郎：分離精製工学入門，学会出版センター，1989.
妹尾　学，高木　誠，武田邦彦，寺本正明，橋本　勉編：分離科学ハンドブック，共立出版，1993.
加藤滋雄，谷垣昌敬，新田友茂：分離工学，オーム社，1992.
木村尚史，中尾真一：分離の技術，大日本図書，1997.
長浜邦雄監修：高純度化技術体系 2 分離技術，フジ・テクノシステム，1997.
相良　紘：分離精製技術入門，培風館，1998.
J. D. Seader and E. J. Henley：Separation Process Principles, 2nd ed., John Wiley & Sons, 2006.

■演習問題

1.1　われわれの日常生活でみられる分離操作の例を，本章で述べたもの以外からあげ，それがどのような分離原理に従っているのかを説明せよ.
1.2　優れた分離媒体の開発は分離特性の改善につながるが，その具体例をあげ，説明せよ.
1.3　複数の分離操作を組み合わせて一連の分離プロセスを構成し，目的の分離度を達成している実例を，本章で述べたもの以外からあげ，各分離操作の役割を述べよ.

2 ガス吸収

ガス吸収（gas absorption）は，気体を液体（吸収液）と接触させて気体中の可溶性成分を液中に溶解させて分離を行う単位操作であり，逆に，液体中の成分を気体中に放出させる操作を**放散**（stripping）という．ガス吸収には，ガスが吸収液に物理的に溶解する**物理吸収**と，吸収液に溶解したガスが液中で反応する**反応吸収**（化学吸収）があり，ガスの精製，有用物質の回収，有害成分の除去などに用いられている．各種の湿式排煙脱硫プロセスの主要部はガス吸収工程である．また地球温暖化の主要な原因物質である二酸化炭素を排ガスから分離回収する最も有望な方法はガス吸収プロセスである．一般に吸収塔から排出される使用済み吸収液は，放散塔に送られ加熱や減圧操作などにより溶質ガスを放散・回収されると同時に，吸収液も再生されて吸収塔に循環されるが，放散プロセスは溶質ガスの移動方向が逆である以外，吸収と同様に取り扱うことができる．

2.1 拡散現象

気体分子または溶液中の成分が高濃度の領域から低濃度の領域に移動して，ついには全体が均一濃度になる現象を拡散という．このとき分子運動のみに起因して濃度均一化が起こる現象が**分子拡散**であり，ガス吸収のような気液間の物質移動を支配する．これに対して流体が乱流状態にあるときには，分子は分子拡散によるほかに流体の渦流運動によっても運ばれるので，はるかにすばやく移動する．このような物質移動現象を**乱流拡散**という．

2.1.1 拡散の基礎——拡散に関するフィックの法則

簡単のために，A，B 2成分系で拡散する方向は z 方向のみとする．拡散は成分Aと成分Bの移動速度が異なることにより起こる．成分A，Bのモル濃度を c_A，c_B [mol·m^{-3}] とし，それらの移動速度を v_A，v_B [m·s^{-1}] で表せば，A，B 2成分

の混合物のモル平均移動速度 v^* は次式で表される.

$$v^* = \frac{c_A v_A + c_B v_B}{c_A + c_B} = \frac{c_A v_A + c_B v_B}{c} \tag{2.1}$$

ここで，$c = c_A + c_B$ はモル密度［$mol \cdot m^{-3}$］と呼ばれる（濃度として質量濃度を用い，混合物の平均速度として質量平均速度や体積平均速度を用いる場合もある．演習問題2.3参照）．したがって，このモル平均移動速度 v^* に対するモル流束 J_A^*［$mol \cdot m^{-2} \cdot s^{-1}$］は次式で定義される（$v_A - v^*$ はモル中心に対する成分Aの拡散速度）．

$$J_A^* = c_A(v_A - v^*) \tag{2.2}$$

上式は，固定座標系に対するモル流束 N_A と N_B［$mol \cdot m^{-2} \cdot s^{-1}$］

$$N_A = c_A v_A, \qquad N_B = c_B v_B \tag{2.3}$$

を用いれば，次式となる．

$$J_A^* = N_A - x_A(N_A + N_B) \tag{2.4}$$

ここで，x_A は成分Aのモル分率（$= c_A/c$）である．右辺第2項は混合物の全体の流れによって移動する成分Aのモル流束を表す．モル流束 J_A^* は成分Aの濃度勾配に比例し，次式で表される．

$$J_A^* = -cD\left(\frac{dx_A}{dz}\right) \tag{2.5}$$

式(2.5)が拡散に関する**フィック（Fick）の法則**で，D は**拡散係数**［$m^2 \cdot s^{-1}$］である．この式は，成分Aが濃度勾配に従って，濃度の高い方から低い方へ移動することを示している．固定座標系に対するモル流束に関するフィックの法則は次式で表される．成分Aを溶質ガス成分，成分Bを吸収液とすれば，固定座標系に対するモル流束 N_A がガス吸収速度を表す．

$$N_A = -cD\left(\frac{dx_A}{dz}\right) + x_A(N_A + N_B) \tag{2.6}$$

$N_B = 0$ の場合の拡散を**一方拡散**，$N_A + N_B = 0$ の場合の拡散を**等モル向流拡散**または**相互拡散**と呼ぶ．

式(2.6)において $x_A \ll x_B$ のとき，すなわち希薄混合物のときには，右辺第2項が無視でき，さらに c も一定と考えられるから

$$N_A = -D\left(\frac{dc_A}{dz}\right) \tag{2.7}$$

表 2.1 気相拡散係数 (0.101 MPa)

系	温度 [K]	$D \times 10^5 \, [\mathrm{m^2 \cdot s^{-1}}]$
H_2 − 空気	298	4.1
H_2O − 空気	298	2.56
NH_3 − 空気	298	2.29
CO_2 − 空気	298	1.64
ベンゼン − 空気	298	0.88
メタノール − 空気	298	1.59
CO_2 − H_2	273	5.6
H_2O − H_2	273	7.52

表 2.2 液相拡散係数（無限希釈）

溶 質	溶 媒	温度 [K]	$D \times 10^9 \, [\mathrm{m^2 \cdot s^{-1}}]$
Ar	水	298	1.46
H_2	水	298	4.06
N_2	水	298	2.34
O_2	水	298	2.51
CO_2	水	293	1.77
NH_3	水	293	1.76
メタノール	水	293	1.28

と書ける．ガス吸収における液相拡散には，通常，式(2.7)が用いられるが，吸収液に対する溶解度のきわめて大きいガスの吸収では，式(2.6)を用いる必要がある．

気相の拡散係数は，その実測例を表2.1に示すように，$\mathrm{m^2 \cdot s^{-1}}$ の単位で 10^{-5} のオーダーである．液相の拡散係数の例を表2.2に示す．通常，液相拡散係数は液の組成により変わるので，表には無限希釈に対する値が記載されている．その大きさは $\mathrm{m^2 \cdot s^{-1}}$ の単位で 10^{-9} のオーダーであり，気相拡散係数のおよそ10000分の1である．

2.1.2 定常拡散と非定常拡散

a. 定常拡散

まず等モル向流拡散を考える．上述のように，等モル向流拡散とは $N_A + N_B = 0$ の場合の拡散である．式(2.6)より，N_A は

$$N_A = -cD \left(\frac{dx_A}{dz} \right) \tag{2.8}$$

で与えられ，定常拡散（N_A 一定）のとき，$z=z_1$ で $x_A=x_{A_1}$，$z=z_2$ で $x_A=x_{A_2}$（$x_{A_2}<x_{A_1}$）および cD 一定として積分すると

$$N_A = \frac{cD}{z_2-z_1}(x_{A_1}-x_{A_2}) \tag{2.9}$$

が得られる．すなわち，拡散流束は拡散域両端のモル分率の差に比例し，拡散距離に逆比例する．さらに拡散域（$z=z_1 \sim z_2$）内の成分 A の濃度分布式として次式を得る．

$$x_A = x_{A_1} - \frac{(x_{A_1}-x_{A_2})(z-z_1)}{z_2-z_1} \tag{2.10}$$

次に，成分 B は静止していて，成分 A のみが拡散する**一方拡散**を考える．$N_B=0$ であるから，式(2.6)は

$$N_A = -\left(\frac{cD}{1-x_A}\right)\left(\frac{dx_A}{dz}\right) = \frac{cD\,d\ln(1-x_A)}{dz} \tag{2.11}$$

となる．定常拡散に対して，同様に $z=z_1$ で $x_A=x_{A_1}$，$z=z_2$ で $x_A=x_{A_2}$ および cD 一定として積分すると次式が得られる．

$$N_A = \frac{cD}{z_2-z_1}\ln\frac{1-x_{A_2}}{1-x_{A_1}} = \frac{cD}{z_2-z_1}\ln\frac{x_{B_2}}{x_{B_1}} \tag{2.12}$$

ここで，x_{B_1} と x_{B_2} の対数平均，すなわち $(x_{B_2}-x_{B_1})/\ln(x_{B_2}/x_{B_1})$ を $(x_B)_{lm}$ で表し，これを用いて式(2.12)を書き直せば

$$N_A = \frac{cD(x_{A_1}-x_{A_2})}{(z_2-z_1)(x_B)_{lm}} \tag{2.13}$$

が得られる．また拡散域内の成分 A の濃度分布は，次式で表される．

$$\frac{1-x_A}{1-x_{A_1}} = \left(\frac{1-x_{A_2}}{1-x_{A_1}}\right)^{(z-z_1)/(z_2-z_1)} \tag{2.14}$$

成分 A の濃度が非常に小さいときには，式(2.13)において $(x_B)_{lm} \fallingdotseq 1$ としてよいので，一方拡散に対する式(2.13)は等モル向流拡散に対する式(2.9)と一致する．

【例題 2.1】 上述の一方拡散において，拡散域内の成分 B の平均濃度 $(x_B)_{av}$ は $(x_B)_{lm}$ に等しいことを証明せよ．

[解答] $\zeta = \dfrac{z-z_1}{z_2-z_1}$

および

$$\eta = \frac{1-x_A}{1-x_{A_1}} = \frac{x_B}{x_{B_1}}$$

とおくと，式 (2.14) から

$$\eta = \left(\frac{x_{B_2}}{x_{B_1}}\right)^\zeta, \quad \eta \mathrm{d}\zeta = \frac{\mathrm{d}\eta}{\ln(x_{B_2}/x_{B_1})}$$

が成り立つ．

$$\frac{(x_B)_{av}}{x_{B_1}} = \int_{z_1}^{z_2} \frac{x_B}{x_{B_1}} \mathrm{d}z \Big/ \int_{z_1}^{z_2} \mathrm{d}z = \int_0^1 \eta \mathrm{d}\zeta = \int_1^{x_{B_2}/x_{B_1}} \mathrm{d}\eta \Big/ \ln\frac{x_{B_2}}{x_{B_1}} = \frac{x_{B_2}/x_{B_1} - 1}{\ln(x_{B_2}/x_{B_1})}$$

したがって

$$(x_B)_{av} = \frac{x_{B_2} - x_{B_1}}{\ln(x_{B_2}/x_{B_1})} = (x_B)_{lm}$$

b. 非定常拡散

上述の定常拡散は，ガス吸収（**物理吸収**）の**境膜説**に適用されている．しかし，ガス吸収において気液が接触した瞬間に定常的な濃度分布が形成されるとは考えられず，気液の接触時間が短いときには物質移動は非定常状態下で行われるという説もある（**浸透説**）．浸透説によれば，溶解ガス成分 A が気液界面から（拡散の観点から）無限深さの静止液（成分 B）中へ一次元拡散によって移動する場合の任意の時間 t における瞬間的な吸収速度 N_{Ap} は，

$$N_{Ap} = -D_L \left(\frac{\partial c_A}{\partial z}\right)_{z=0} = \left(\frac{D_L}{\pi t}\right)^{1/2} (c_{Ai} - c_{AL}) \tag{2.15}$$

となり，N_{Ap} は時間 t の $-1/2$ 乗に比例して減少する．気液の接触時間を t_c とすれば，$t = 0 \sim t_c$ 間の平均の吸収速度 N_A は

$$N_A = \int_0^{t_c} \frac{N_{Ap} \mathrm{d}t}{t_c} = 2\left(\frac{D_L}{\pi t_c}\right)^{1/2} (c_{Ai} - c_{AL}) \tag{2.16}$$

で与えられる．一般に測定される吸収速度は瞬間吸収速度ではなく，平均の吸収速度である．

2.2 ガスの溶解度

熱帯魚や金魚を水槽で飼育する場合，水に空気を吹き込んで気泡を発生させることがよく行われるが，これは酸素不足で熱帯魚や金魚が死滅しないように，空気中の酸素を水に溶解させるためである（魚はエラ呼吸なので，ガス状の酸素を

2.2 ガスの溶解度

呼吸に使えない).このように,溶質成分を含む気体混合物を液体と接触させると,ガス中の溶質成分は液体に溶解し,温度と圧力が一定の閉じた系では,やがて平衡状態に達する.このとき,液体中の溶質成分の濃度はその条件のもとで最大となる.気液平衡状態で液体に溶け込むガスの量を**溶解度**(solubility)という.

相律によれば,平衡にある系では,

$$(自由度) = (成分数) - (相の数) + 2 \qquad (2.17)$$

が成り立つ.いま,閉じた容器の中にガスと液を入れ平衡状態になったとすると,気液2相系なので相の数=2,気相成分は溶質と同伴ガス1成分のみ,液相は溶媒1成分のみとすると成分数=3となるから,自由度=3-2+2=3となる.したがって,温度と圧力と気相(または液相)の溶質濃度を指定すると,液相(または気相)の溶質濃度が決まることになる.

2.2.1 ヘンリーの法則に従う場合

酸素や水素,窒素などの難溶性ガスの溶解度 C [mol·m^{-3}](または液相のガスのモル分率 x [-])は,ガスの分圧 p [Pa](または気相のガスのモル分率 y [-])との間に**ヘンリーの法則**(Henry's law)が成り立つことが知られている.ヘンリーの法則は,一般に,以下のように表記される.

$$p = Ex \qquad (2.18)$$

$$p = HC \qquad (2.19)$$

$$C = Kp \qquad (2.20)$$

$$y = mx \qquad (2.21)$$

ここで,E, H, K, m はいずれもヘンリー定数である.ヘンリー定数の単位は各式によって異なり,E [Pa·モル分率$^{-1}$],H [Pa·mol^{-1}·m^3],K [mol·m^{-3}·Pa^{-1}],m [-] となる.表2.3に各種ガスの水に対するヘンリー定数 E の例を示す.

【例題2.2】 式(2.18)〜(2.21)の E と H と m の間には,式(2.22)の関係が成り立つことを示せ.ただし,ρ_M は液のモル密度(全モル濃度)[mol·m^{-3}] で,π は全圧 [Pa] である.

$$H = \frac{E}{\rho_M} = \frac{m\pi}{\rho_M} \qquad (2.22)$$

[解答] $C = \rho_M x$,$p = \pi y$ の関係が成り立つから,式(2.18)〜(2.21)より次式が成り立つ.

表2.3 各種ガスの水に対するヘンリー定数 ($E \times 10^{-9}$ [Pa·モル分率$^{-1}$])

ガス	273 K	283 K	293 K	303 K	313 K
He	13.07	12.76	12.66	12.56	12.26
H_2	5.87	6.44	6.92	7.38	7.61
N_2	5.35	6.77	8.14	9.36	10.54
CO	3.57	4.48	5.42	6.28	7.04
O_2	2.57	3.31	4.05	4.81	5.42
CH_4	2.27	3.01	3.80	4.54	5.26
CO_2	0.07	0.11	0.14	0.19	0.24

(『化学工学便覧(第4版)』,表6.1より)

$$H = \frac{p}{C} = \frac{Ex}{\rho_M x} = \frac{E}{\rho_M}$$

$$= \frac{p/x}{\rho_M} = \frac{\pi y/x}{\rho_M} = \frac{\pi m \, x/x}{\rho_M} = \frac{m\pi}{\rho_M}$$

【例題2.3】 溶質の分子量を M_G, 溶媒の分子量を M_L, 溶質の濃度 c [kg/100 kg-溶媒] とするとき,液相中の溶質のモル分率 x を M_G と M_L, c で表せ. さらに,濃度 c が非常に小さいとき x の式はどうなるか.

[解答] 溶媒100 kgについて考えると,溶媒のモル数は $100/M_L$ となり,溶質のモル数は c/M_G となる. x =(溶質のモル数)/(溶媒のモル数+溶質のモル数)であるから,次式が成り立つ.

$$x = \frac{c/M_G}{(100/M_L) + (c/M_G)}$$

さらに,濃度 c が非常に小さいとき,(c/M_G) は $(100/M_L)$ に比べて非常に小さいから,次式となる.

$$x \fallingdotseq \frac{c \, M_L}{100 \, M_G}$$

【例題2.4】 303.2 Kにおいて,酸素の分圧が100 kPaの気相と水とが平衡に達しているとき,水中の酸素のモル濃度を求めよ. ただし,ヘンリー定数 $E = 4.81 \times 10^6$ kPa·モル分率$^{-1}$ とする.

[解答] 式(2.18)より,

$$x = \frac{p}{E} = \frac{100}{4.81 \times 10^6} = 2.08 \times 10^{-5}$$

溶液の密度を ρ_L,水の密度を ρ_w,酸素の分子量を M_G,水の分子量を M_w,溶液の平均分子量を M とすると,溶液のモル密度 ρ_M は,$\rho_M = \rho_L/M$,$M = M_G x + M_w(1-x)$ となる.x は十分に小さいので,$M \fallingdotseq M_w$,$\rho_L \fallingdotseq \rho_w$ とみなせるから,$\rho_M \fallingdotseq \rho_w/M_w$ となる.水の密度 $\rho_w = 1000 \text{ kg} \cdot \text{m}^{-3}$ とすると,

$$\rho_M = \frac{1000}{18} = 55.6 \text{ kmol} \cdot \text{m}^{-3}$$

となるから,

$$C = \rho_M x = (55.6 \text{ kmol} \cdot \text{m}^{-3})(2.08 \times 10^{-5}) = 1.16 \times 10^{-3} \text{ kmol} \cdot \text{m}^{-3}$$
$$= 1.16 \text{ mol} \cdot \text{m}^{-3}$$

2.2.2 大気に含まれるガスの純水への溶解度

293 K,101.3 kPa において,純水への純酸素と純窒素の溶解度は,それぞれ 44.4 g·m^{-3} と 19.4 g·m^{-3} であり,酸素の方が窒素の2.3倍溶解するが,293 K,101.3 kPa において空気が水に溶解するときは,酸素の溶解度は 8.8 g·m^{-3} で,窒素の溶解度は 15.4 g·m^{-3} となり,窒素の方が1.8倍よく溶ける.これは,酸素と窒素の分圧の差による.

表2.4に全圧 101.3 kPa における純窒素と純酸素と空気,大気酸素の純水への溶解度を示す.この表より,純酸素の溶解度は大気酸素の溶解度の約5倍である

表2.4 ガスの純水への溶解度(全圧 101.3 kPa)

温度 [K]	純窒素 [g·m^{-3}]	純酸素 [g·m^{-3}]	空気 [g·m^{-3}]	大気酸素 [g·m^{-3}]	比 [-]
273	29.5	70.0	37.0	14.2	4.9
278	26.1	61.3	33.0	12.3	5.0
283	23.3	54.4	29.4	10.9	5.0
288	21.1	48.8	26.5	9.8	5.0
293	19.4	44.4	24.2	8.8	5.1
298	18.0	40.6	22.4	8.1	5.0
303	16.8	37.4	20.9	7.5	5.0
308	15.8	35.1	19.6	7.0	5.0
313	15.0	33.2	18.5	6.6	5.0

比=(純酸素の溶解度)/(大気酸素の溶解度).
純窒素,純酸素,空気の溶解度は,『化工便覧(第4版)』,表6.1 よりの計算値.
大気酸素は水蒸気飽和大気中.
(大気酸素の溶解度は G.A. Truedale *et al.*: The Solubility of Oxygen in Pure Water and Sea-water, *J. Appl. Chem.*, **15**(2), 53-62, 1955 より)

ことがわかる．酸素の水への溶解度を増加させるには，空気よりも純酸素を利用するとよいことがわかる．

2.2.3 ヘンリーの法則に従わない場合

SO_2 や NH_3, Cl_2 など溶解度の大きいガスの場合は，ヘンリーの法則は成り立たないが，ガスの分圧の小さい範囲では，ヘンリーの法則が近似的に成り立つと考えてよい．

いま，SO_2 の水への溶解を考えよう．SO_2 が水へ溶解すると，次のように反応する．

$$SO_2 + H_2O \rightleftharpoons HSO_3^- + H^+$$

$$K = [HSO_3^-][H^+]/[SO_2]$$

ここで，K は平衡定数である．$[SO_2]$ はイオン化せずに物理的に溶解している SO_2 の濃度であり，ヘンリーの法則より $[SO_2] = p/H$ が成り立つ．電気的中性の条件より，$[HSO_3^-] = [H^+]$ が成り立つから，$[HSO_3^-][H^+] = [HSO_3^-]^2 = K[SO_2]$ となり，$[HSO_3^-] = (K[SO_2])^{0.5} = (Kp/H)^{0.5}$ となる．水中での SO_2 の全濃度 $[SO_2]_T$ は

$$[SO_2]_T = [SO_2] + [HSO_3^-] = \frac{p}{H} + \left(\frac{Kp}{H}\right)^{0.5}$$

となり，溶解した SO_2 の全濃度 $[SO_2]_T$ と分圧 p の間にヘンリーの法則は成立しないことがわかる．

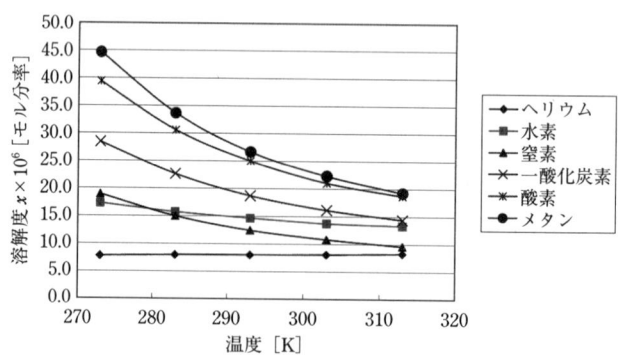

図 2.1 ガスの溶解度 x ［モル分率］に対する温度の影響
x は，表 2.3 の E を用いて，$x = p/E$ より求めた値．

2.2.4 ガスの溶解度と温度の関係

図 2.1 に，ガスの分圧が 101.3 kPa のときの水に対するガスの溶解度 x と温度との関係を示す．図からわかるように，ガスの分圧 p が一定のとき，ヘリウムを除いたガスの溶解度は温度が高くなると減少する．

2.2.5 電解質水溶液と非電解質水溶液に対するガスの溶解度

一般に，電解質水溶液に対するガスの溶解度は，純水に対する溶解度よりも小さくなる．この現象を**塩類効果**という．非電解質水溶液に対するガスの溶解度も，純水に対する溶解度よりも小さくなることが知られている．

2.3 吸収速度

ガス吸収の機構はきわめて複雑である．その機構を説明するために**二重境膜説**（two-film theory）や**表面更新説**，**浸透説**などのモデル（仮説）が提案されている．そのなかで，簡単でわかりやすいルイス-ホイットマン（Lewis-Whitman）の二重境膜説に基づいて，吸収速度を説明する．

2.3.1 二重境膜説

二重境膜説は，図 2.2 のように，気液界面の両側に**ガス境膜**と**液境膜**の存在を仮定する．ガス中の吸収される成分 A はガス本体から気液界面へと移動して界面を通して液に溶解し，液本体中を移動する．ガスと液の本体中では流体の乱れにより移動速度は速いので，A の濃度は均一になっている．一方，境膜内では，

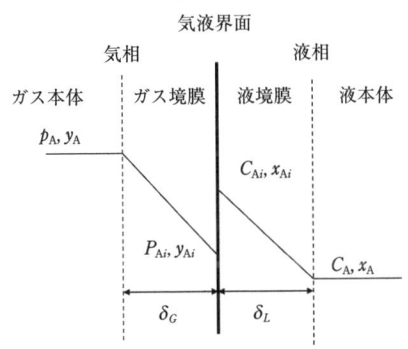

図 2.2 二重境膜説による気液界面近傍の濃度分布

乱れが抑制されるため分子拡散が支配的になり，境膜内の拡散がガス吸収の律速段階であると考える説である．さらに，気液界面では，常に気液平衡が成り立つことを仮定している．

2.3.2　物質移動係数

ガス中の吸収される成分Aの吸収速度，すなわち気液間の物質移動速度 N_A [mol·m^{-2}·s^{-1}] は，物質移動の推進力として移動方向の2面間の分圧差 [Pa]，モル分率の差 [−]，濃度差 [mol·m^{-3}] などを用いて，次式で表される．

$$N_A = k_G(p_A - p_{Ai}) = k_y(y_A - y_{Ai}) = k_L(C_{Ai} - C_A) = k_x(x_{Ai} - x_A) \quad (2.23)$$

ただし，k_G [mol·m^{-2}·s^{-1}·Pa^{-1}]，k_y [mol·m^{-2}·s^{-1}·モル分率$^{-1}$] は気相物質移動係数で，k_L [m·s^{-1}]，k_x [mol·m^{-2}·s^{-1}·モル分率$^{-1}$] は液相物質移動係数，p_{Ai}, y_{Ai}, x_{Ai}, C_{Ai} はそれぞれ，気液界面におけるA成分の分圧，ガスのモル分率，液のモル分率，濃度である．N_A [mol·m^{-2}·s^{-1}] を**物質流束**（mass flux）ともいう．フィックの法則を適用すると，物質移動係数と境膜の厚みとの間には，以下の関係が成り立つ．

$$k_G = D_{GA}/(RT\delta_G), \quad k_y = D_{GA}P_T/(RT\delta_G), \quad k_L = D_{LA}/\delta_L, \quad k_x = D_{LA}C_T/\delta_L \quad (2.24)$$

ここで，δ_G および δ_L はガス境膜厚さと液境膜厚さ [m] で，D_{GA} および D_{LA} は，気相中および液相中の溶質ガス成分Aの拡散係数 [m^2·s^{-1}]，R は気体定数 [m^3·Pa·mol^{-1}·K^{-1}]，T は温度 [K]，C_T は液の全モル濃度 [mol·m^{-3}] である．式(2.24)より，境膜の厚みは物質移動の抵抗として働くので，境膜の厚みが小さいほど，物質移動係数は大きくなることがわかる．

2.3.3　総括物質移動係数

上述のように，A成分の吸収速度 N_A [mol·m^{-2}·s^{-1}] は式(2.23)で定義されるが，界面における p_{Ai}, y_{Ai}, x_{Ai}, C_{Ai} の値の実測は困難であるので，式(2.23)は実用上不便である．このため，界面における値の使用を避け，実測可能な両相本体の分圧，濃度，モル分率から吸収速度を計算できるように，**総括物質移動係数**（overall mass transfer coefficient）が定義されている．

$$N_A = K_G(p_A - p_A^*) = K_y(y_A - y_A^*) = K_L(C_A^* - C_A) = K_x(x_A^* - x_A) \quad (2.25)$$

ここで，K_G, K_y, K_L, K_x は総括物質移動係数で，単位はそれぞれ k_G, k_y, k_L, k_x と同じである．p_A^*, y_A^*, C_A^*, x_A^* は仮想的な平衡値で，以下の式で定義される．

2.3 吸収速度

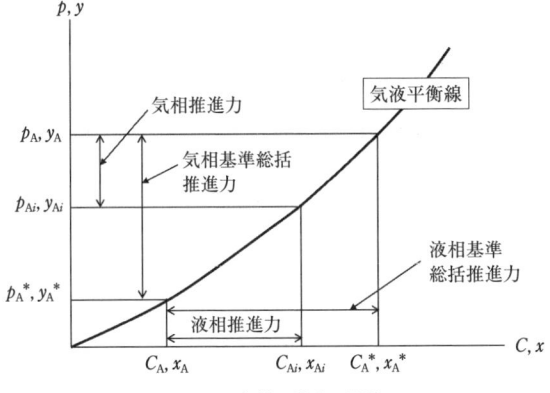

図 2.3 各種の濃度の関係

$$p_A^* = HC_A, \quad y_A^* = mx_A, \quad p_A = HC_A^*, \quad y_A = mx_A^* \tag{2.26}$$

すなわち，p_A^* は液本体中の A の濃度 C_A に平衡なガスの分圧，y_A^* は液本体中の A のモル分率 x_A に平衡なガスのモル分率，C_A^* はガス本体中の A の分圧 p_A に平衡な液中の濃度，x_A^* はガス本体中の A のモル分率 y_A に平衡な液中のモル分率である．これらの濃度の関係を図 2.3 に示す．総括物質移動係数と物質移動係数の間には，以下の関係が成り立つ．

$$\frac{1}{K_G} = \frac{1}{k_G} + \frac{H}{k_L} \tag{2.27}$$

$$\frac{1}{K_y} = \frac{1}{k_y} + \frac{m}{k_x} \tag{2.28}$$

$$\frac{1}{K_L} = \frac{1}{Hk_G} + \frac{1}{k_L} \tag{2.29}$$

$$\frac{1}{K_x} = \frac{1}{mk_y} + \frac{1}{k_x} \tag{2.30}$$

これらの式の各項は物質移動係数の逆数，すなわち物質移動抵抗を表し，右辺の第1項は気相抵抗，第2項は液相抵抗である．左辺は物質移動の全抵抗を表す．$1/k_y \gg m/k_x$ のときは $K_y \fallingdotseq k_y$ となりガス側抵抗支配となる．$1/k_y \ll m/k_x$ のときは $K_x \fallingdotseq k_x$ となり，液側抵抗支配となる．すなわち，m が大きい（溶解度が小さい）ガスでは，液側抵抗支配となるので，k_x の大きいガス吸収装置が望ましい．また，各種の物質移動係数の間には，以下の関係が成り立つ．

$$k_y = k_G P_T, \quad k_x = k_L C_T, \quad K_y = K_G P_T, \quad K_x = K_L C_T \qquad (2.31)$$

【例題 2.5】 物質移動係数の定義式 (2.23) と (2.25),(2.26) から,式 (2.27) を導け.

[解答] 式 (2.23) を変形し,$p_{Ai} = HC_{Ai}$ を利用すると次式が成り立つ.

$$N_A = k_G(p_A - p_{Ai}) = k_L(C_{Ai} - C_A) = \frac{p_A - p_{Ai}}{1/k_G} = \frac{H(C_{Ai} - C_A)}{H/k_L}$$

$$= \frac{p_A - p_{Ai} + H(C_{Ai} - C_A)}{(1/k_G) + (H/k_L)} = \frac{p_A - HC_A}{(1/k_G) + (H/k_L)}$$

また,式 (2.25) を変形し,$p_A^* = HC_A$ を利用すれば,次式となる.

$$N_A = K_G(p_A - p_A^*) = \frac{p_A - p_A^*}{1/K_G} = \frac{p_A - HC_A}{1/K_G} = \frac{p_A - HC_A}{(1/k_G) + (H/k_L)}$$

よって,式 (2.27) が成り立つ.

2.3.4 反応吸収

反応を伴うガス吸収の場合,吸収速度は反応によって促進される.その吸収速度 N_A は次式で表される.

$$N_A = k_L'(C_{Ai} - C_A) = \beta k_L(C_{Ai} - C_A) \qquad (2.32)$$

ここで,k_L' は反応がある場合の物質移動係数であり,k_L は反応のないときの物質移動係数である.$\beta (= k_L'/k_L)$ は**反応係数**で,反応による吸収の促進効果を表す.

【例題 2.6】 迅速不可逆擬一次反応の解析:ガス中の A 成分が液に吸収され,A(気相成分) + B(液相成分) → P(液相生成物) の反応が液境膜内で起こるときのガス吸収速度を,境膜説に基づいて求めよ.ただし,反応は迅速であり,A 成分が液境膜内で反応により消費されて液本体中の A の濃度 $C_{AL} = 0$ とみなせる.また,液本体中の B の濃度 C_{BL} が A の界面濃度 C_{Ai} より十分大きく,液境膜内の B の濃度 C_B は C_{BL} に等しいとみなせ,反応速度は $r_A = -kC_{BL}C_A = -k'C_A$(不可逆擬一次反応)で表せる.図 2.4 に濃度分布を示す.

[解答] 液相境膜内の微小部分について,成分 A の収支をとると

$$\frac{dN_A}{dz} + k'C_A = 0 \qquad (2.33)$$

成分 A は希薄であるとして式 (2.7) を用いると,液境膜内の拡散方程式は以下のようになる.

2.3 吸収速度

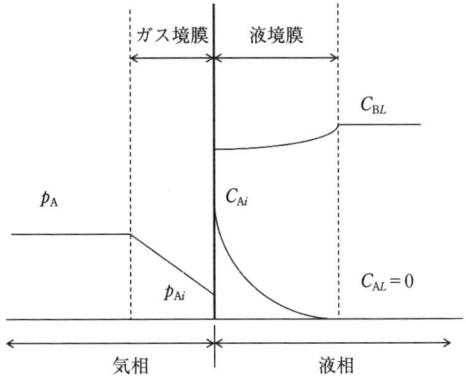

図 2.4 迅速擬一次反応の濃度分布

$$D_{AL}\left(\frac{d^2 C_A}{dz^2}\right) - k' C_A = 0 \tag{2.34}$$

境界条件 (B.C.) $z = 0$ （気液界面）で $C_A = C_{Ai}$,
$z = \delta_L$ で $C_A = 0$ $\tag{2.35}$

を用いて式 (2.34) を解くと次式が得られる．

$$C_A = C_{Ai} \frac{\sinh[\gamma\{1 - (z/\delta_L)\}]}{\sinh \gamma} \tag{2.36}$$

吸収速度 N_A は，気液界面において A が液境膜内に拡散する速度であるから，

$$N_A = -D_{AL}\left(\frac{dC_A}{dz}\right)_{z=0} = \left(\frac{\gamma}{\tanh \gamma}\right) k_L C_{Ai} = \beta k_L C_{Ai} \tag{2.37}$$

ただし，

$$\gamma = \frac{(k\, C_{BL} D_{AL})^{0.5}}{k_L} = \delta_L \left(\frac{k'}{D_{AL}}\right)^{0.5} \tag{2.38}$$

$$\beta = \frac{\gamma}{\tanh \gamma} \tag{2.39}$$

γ は八田数といい，反応速度と拡散速度の比を表す無次元数である．γ と反応係数 β の関係を図 2.5 に示す．$\gamma < 0.1$ のときは $\tanh \gamma \fallingdotseq \gamma$ なので $\beta \fallingdotseq 1$ となり物理吸収に近づき，γ が大きくなると反応による促進効果が増加して β は大きくなり，$\gamma > 3$ のときは $\tanh \gamma \fallingdotseq 1$ であるので $\beta \fallingdotseq \gamma$ となり，吸収速度は次式となる．

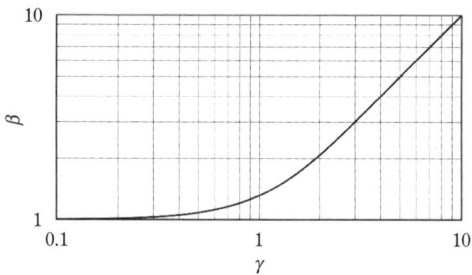

図 2.5 迅速擬一次不可逆反応の反応係数 β と γ の関係

$$N_A = \beta k_L C_{Ai} = \gamma k_L C_{Ai} = C_{Ai}(kC_{BL}D_{AL})^{0.5} = C_{Ai}(k'D_{AL})^{0.5}$$

$$= \frac{p_A}{(1/k_G) + H(k'D_{AL})^{-0.5}} \tag{2.40}$$

この式より,吸収速度は k_L に依存しない.すなわち,吸収速度は液の流動状態に無関係になることがわかる.式 (2.40) は,気液有効界面積の推算や気液反応速度の解析にも利用されている.

2.4 吸収操作の解析

2.5 節で説明するように,ガス吸収塔での気液接触方式は,棚段塔のような階段方式(装置内で気液濃度が階段的に変化する)と充填塔のような微分方式(気液両相が装置内で連続的に接触し,両濃度が連続的に変化する)に大別されるが,ここでは,階段方式の吸収装置の説明は省略し,微分方式の向流充填塔について説明する.

2.4.1 吸収塔全体の物質収支

図 2.6 に向流式充填塔の物質収支を示す.原料ガスは流量 G_B [mol·s^{-1}],A 成分濃度 y_{AB} [モル分率] で塔底から供給され,塔頂から G_T [mol·s^{-1}],y_{AT} [モル分率] で排出される.吸収液は,塔頂から流量 L_T [mol·s^{-1}],A 成分濃度 x_{AT} [モル分率] で供給され,塔底から L_B [mol·s^{-1}],x_{AB} [モル分率] で流出する.塔底から塔頂までの全物質および A 成分の収支式は次式となる.

$$G_B + L_T = G_T + L_B \tag{2.41}$$

$$G_B y_{AB} + L_T x_{AT} = G_T y_{AT} + L_B x_{AB} \tag{2.42}$$

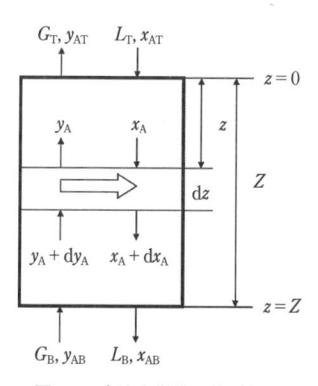

図 2.6 向流充填塔の物質収支

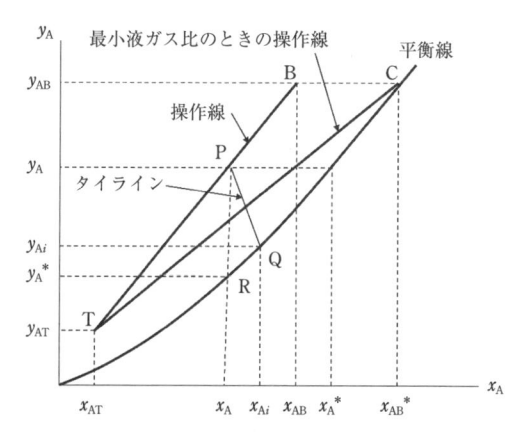

図 2.7 向流充填塔の平衡線と操作線
直線 PQ はタイラインで傾き $= -k_x/k_y$

成分 A の濃度が希薄であり，空気などの同伴ガスの吸収液への溶解が無視できる場合は，同伴ガス流量を G [mol·s^{-1}]，純溶媒流量を L [mol·s^{-1}] とすると，$G_B = G_T = G$（一定），$L_T = L_B = L$（一定）となるので，式 (2.42) は次式となる．

$$G(y_{AB} - y_{AT}) = L(x_{AB} - x_{AT}) \tag{2.43}$$

成分 A の濃度が希薄でないときは，y_A，x_A の代わりに次式で定義されるモル比 Y_A，X_A を用いると，式 (2.43) を利用できる．

$$Y_A = \frac{y_A}{1-y_A}, \quad X_A = \frac{x_A}{1-x_A} \tag{2.44}$$

2.4.2 操作線

図 2.6 において，希薄条件下で，塔頂 ($z=0$) から $z=z$ までの物質収支をとると，

$$G(y_A - y_{AT}) = L(x_A - x_{AT}) \tag{2.45}$$

この式は，装置内の任意の位置におけるガス組成 y_A と液組成 x_A の関係を表す式であり，**操作線**（operating line）と呼ばれる．図 2.7 に気液平衡線と操作線を示す．式 (2.45) は，点 (x_{AT}, y_{AT}) を通る勾配 L/G の直線を表す．図中の点 T (x_{AT}, y_{AT}) は塔頂の組成を表し，点 B (x_{AB}, y_{AB}) は塔底の組成を表す．

2.4.3 吸収装置の高さ

図 2.6 の微小区間 ($z \sim z+dz$) について，希薄条件下で気相と液相における成

分 A の物質収支をとると次式となる．

気相について $\quad G(y_A + dy_A) = Gy_A + N_A a A dz \quad$ (2.46)

液相について $\quad L(x_A + dx_A) = Lx_A + N_A a A dz \quad$ (2.47)

式 (2.46) と (2.47) より，次式が得られる．

$$Gdy_A = Ldx_A = N_A a A dz \quad (2.48)$$

ここで，a [m$^2 \cdot$ m^{-3}] は比表面積で，充填塔単位体積当たりの有効気液界面積であり，A [m^2] は塔の断面積である．N_A に式 (2.23) と (2.25) を代入して塔全体にわたって積分すると，塔の高さ Z [m] が求まる．

$$Z = \frac{G}{K_y a A}\int_{y_{AT}}^{y_{AB}}\frac{dy}{y-y^*} = \frac{G}{k_y a A}\int_{y_{AT}}^{y_{AB}}\frac{dy}{y-y_i} = \frac{L}{K_x a A}\int_{x_{AT}}^{x_{AB}}\frac{dx}{x^*-x} = \frac{L}{k_x a A}\int_{x_{AT}}^{x_{AB}}\frac{dx}{x_i-x} \quad (2.49)$$

$\quad\; H_{OG} \quad\quad N_{OG} \quad\quad\; H_G \quad\quad\; N_G \quad\quad\; H_{OL} \quad\quad N_{OL} \quad\quad\; H_L \quad\quad\; N_L$

この式を，係数と積分の積として表すと，次式となる．

$$Z = H_{OG} N_{OG} = H_G N_G = H_{OL} N_{OL} = H_L N_L \quad (2.50)$$

式 (2.49) 中の積分値は**移動単位数**（number of transfer unit, NTU）という無次元量であり，N_G を気相 NTU，N_L を液相 NTU，N_{OG} を気相基準の総括 NTU，N_{OL} を液相基準の総括 NTU という．NTU は塔内での物質移動の推進力（積分の分母）が小さく，塔内の濃度変化（積分範囲）が大きいほど大きくなるから，吸収の困難さを表す．また，式 (2.49) 中の積分の係数 H_G, H_L, H_{OG}, H_{OL} は移動単位数が 1 であるときの塔高 [m] であり，**移動単位高さ**（height per transfer unit, HTU）と呼ばれる．HTU は長さの次元をもち，HTU が小さいほど塔の吸収性能がよいことを示す．$H_G = G/(k_y a A)$ を気相 HTU，$H_L = L/(k_x a A)$ を液相 HTU，$H_{OG} = G/(K_y a A)$ を気相基準の総括 HTU，$H_{OL} = L/(K_x a A)$ を液相基準の総括 HTU という．式 (2.50) より，NTU と HTU がわかれば，塔高 Z が求まる．なお，式 (2.49) 中の $k_y a$, $K_y a$ などのように，物質移動係数 k_y, K_y と比表面積 a との積を**物質移動容量係数**という．

2.4.4 最小液ガス比

ガス吸収では，操作条件として，ガスの入口と出口組成 y_{AB}, y_{AT} と吸収液の入口組成 x_{AT} の値が指定されることが多い．図 2.7 に示すように，操作線は式 (2.45) で表されるので，塔頂の組成を示す点 T (x_{AT}, y_{AT}) と塔底の組成を示す点 B (x_{AB}, y_{AB}) を通る直線で，傾きが L/G である．液ガス比 L/G を減らしていくと，操作

線の傾きが減少し，点 C ($x_{AB}{}^*$, y_{AB}) で操作線は気液平衡線と交わる．点 C ではガス吸収の推進力は 0 になるので操作不能となるが，このときの液ガス比を**最小液ガス比**と呼び，$(L/G)_{min}$ で表す．最小液ガス比のときは，図 2.7 に示すように $x_{AB} = x_{AB}{}^*$ となるので式 (2.45) より

$$(L/G)_{min} = \frac{y_{AB} - y_{AT}}{x_{AB}{}^* - x_{AT}} \tag{2.51}$$

実際の操作においては，液ガス比 (L/G) は最小液ガス比の 1.5 〜 2.0 倍の値が採用される．液ガス比を大きくすると，物質移動の推進力（操作線と気液平衡線との距離）が増し，NTU が小さくなって塔高 Z は減少するが，液流量 L が増加するので圧力損失や吸収液の費用が増加する．逆に，液ガス比を小さくすると塔高が増すが，吸収液は少量となるので，これらの点を考慮して L/G の値が決定されている．

2.4.5　N_G と N_{OG} の求め方

1) N_G の求め方：図 2.7 の操作線上の任意の点 P (x_A, y_A) より，傾き ($-k_x/k_y$) の直線（タイライン）を引き，気液平衡線との交点 Q の x 座標が x_{Ai} であり，y 座標が y_{Ai} となる．y_{AT} から y_{AB} までの範囲で各 y_A に対する y_{Ai} を求め，$1/(y_A - y_{Ai})$ の値を計算する．図 2.8 に示すように，横軸に y_A をとり，y_A に対して $1/(y_A - y_{Ai})$ をプロットし，y_{AT} から y_{AB} まで積分すれば N_G が得られる．

2) N_{OG} の求め方：図 2.7 に示すように，操作線上の任意の点 P (x_A, y_A) を通る y 軸に平行な直線と気液平衡線との交点 R の y 座標が $y_A{}^*$ となる．N_G の場合と同様に，横軸に y_A をとり，y_A に対して $1/(y_A - y_A{}^*)$ をプロットし，y_{AT} から y_{AB}

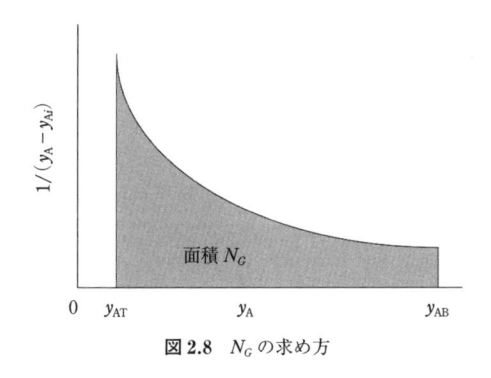

図 2.8　N_G の求め方

まで積分すれば N_{OG} が得られる．

また，$H_G = G/(k_y aA)$，$H_L = L/(k_x aA)$ であるから，次式が成り立つ．

$$\frac{k_x}{k_y} = \frac{H_G/H_L}{G/L} \tag{2.52}$$

操作線と気液平衡線が直線となる場合の NTU は次式から求まる．

$$N_G = \frac{y_{AB} - y_{AT}}{(y_A - y_{Ai})_{lm}} \tag{2.53}$$

$$N_{OG} = \frac{y_{AB} - y_{AT}}{(y_A - y_A{}^*)_{lm}} \tag{2.54}$$

ただし，添え字 lm は塔底と塔頂の値の対数平均を表す．例えば，

$$(y_A - y_A{}^*)_{lm} = \frac{(y_{AB} - y_{AB}{}^*) - (y_{AT} - y_{AT}{}^*)}{\ln\{(y_{AB} - y_{AB}{}^*)/(y_{AT} - y_{AT}{}^*)\}} \tag{2.55}$$

【例題 2.7】 温度 303 K，圧力 101.3 kPa でアンモニアを 0.5 mol% 含む空気を向流式充填塔に送入して純水と接触させ，アンモニアの 95% を回収したい．アンモニアは塔底から送入し，水は塔頂から送入する．① 最小液ガス比を求めよ．ただし，ヘンリー定数 $m = 1.40$ とする．② 実際の操作において，最小液ガス比の 1.5 倍の純水を用いるとき，N_{OG} を求めよ．③ $H_{OG} = 0.6$ m のとき，塔高 Z を求めよ．

[解答] ① 希薄系なので，式 (2.51) がそのまま利用できる．題意より，

$$y_{AB} = 0.005, \quad y_{AT} = 0.005(1 - 0.95) = 0.00025$$

$$x_{AB}{}^* = \frac{y_{AB}}{m} = \frac{0.005}{1.40} = 0.00357, \quad x_{AT} = 0$$

であるから，これらを，式 (2.51) へ代入すればよい．

$$(L/G)_{min} = \frac{y_{AB} - y_{AT}}{x_{AB}{}^* - x_{AT}} = \frac{0.005 - 0.00025}{0.00357 - 0}$$

$$= \frac{0.00475}{0.00357} = 1.33$$

② 希薄系で平衡線も直線なので，N_{OG} は式 (2.54) と (2.55) より求まる．題意より $L/G = (1.33)(1.5) = 1.995$ であるから，塔全体の物質収支式 (2.43) より，

$$x_{AB} = \left(\frac{G}{L}\right)(y_{AB} - y_{AT}) + x_{AT} = \left(\frac{1}{1.995}\right)(0.005 - 0.00025) = 0.00238$$

$y_{AB}{}^* = mx_{AB} = (1.40)(0.00238) = 0.00333, \qquad y_{AT}{}^* = mx_{AT} = 0$

なので，これらの値を式 (2.54) と (2.55) へ代入すると，

$$(y_A - y_A{}^*)_{lm} = \frac{(0.005 - 0.00333) - (0.00025 - 0)}{\ln\{(0.005 - 0.00333)/(0.00025 - 0)\}} = 0.000748$$

$$N_{OG} = \frac{0.005 - 0.00025}{0.000748} = 6.35$$

③ 式 (2.50) より，$Z = H_{OG} N_{OG} = (0.60)(6.35) = 3.81\ \mathrm{m}$

2.5 装置と利用例

　ガス吸収装置は気液間での物質移動を効率的に行わせるもので，さまざまな工夫がなされている．吸収装置における気液の接触方式は，微分方式（気液両相が装置内で連続的に接触し，両濃度が連続的に変化する）と階段方式（装置内で気液濃度が階段的に変化する）に分類される．また，吸収装置内における気液の流れ方向は，**並流**（気液が同じ方向に流れる），**向流**（反対方向に流れる）あるいは**直交流**（垂直方向に流れる，多くの場合ではガスが垂直方向，液が水平方向に流れる）となる．装置全体としての気液流れが並流か向流であっても，局所的には複雑な流れとなる場合が多い．

　気液を効率的に接触させるために，ガスあるいは液のいずれかを他方の相の中に分散させる．気泡または液滴・液膜となって分散する相を**分散相**（dispersed phase），連続している相を**連続相**（continuous phase）という．ガス中に液を分散させる場合には液滴（シャワーや噴水の状況に類似）あるいは液膜状（プールのウォータースライダーに類似）となり，液中にガスを分散させる場合には気泡状態（例えば魚の水槽への空気供給，この例では空気中の酸素を液中に溶存させている）となる．気液のいずれを分散相とするかは取り扱う気液の流量に依存するが，流体の乱れは連続相の方が分散相よりも大きいので，移動抵抗の大きい方の相を連続相とするのがよい．表 2.5 に分散相による装置分類を示す．

2.5.1 充填塔（packed tower）

　充填塔は，図 2.9 (a) に示すように塔内に充填物（packing）を詰めた装置で，

表 2.5　分散相によるガス吸収装置の分類

分散相	装置
液　：液膜	充填塔，濡れ壁塔
：液滴	スプレー塔
ガス：気泡	棚段塔，気泡塔

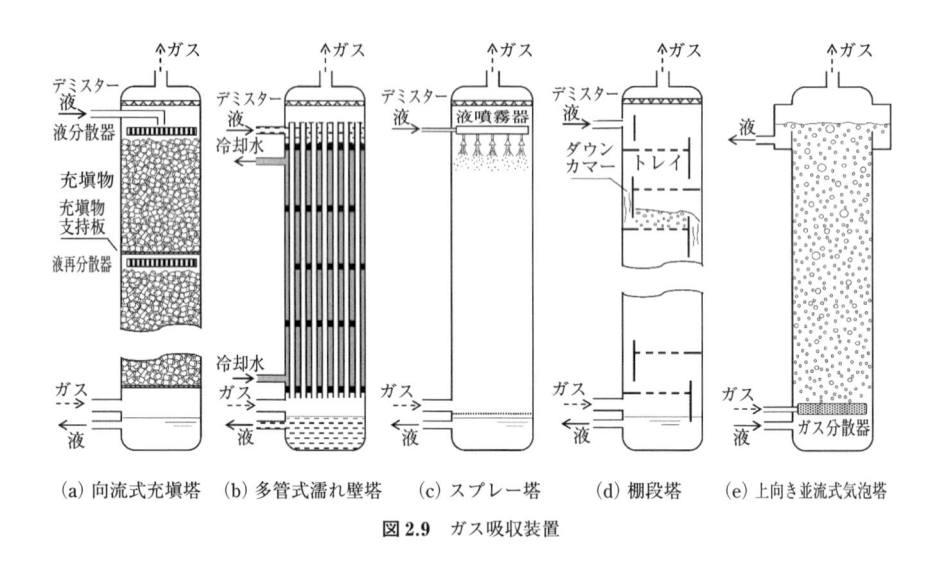

(a) 向流式充填塔　(b) 多管式濡れ壁塔　(c) スプレー塔　(d) 棚段塔　(e) 上向き並流式気泡塔

図 2.9　ガス吸収装置

構造が簡単でガスの圧力損失も比較的小さいので，吸収装置として広く使用されている．塔頂の液分散器から充填物上に分散された液は，充填物の表面を薄膜状で流下しながら，充填物の間隙を流れるガスと接触する．液は，塔頂で塔断面に均一分散されても，塔内を流下するうちに塔壁側に集中するので，3～5 m の間隔で液の再分散器が設置される．塔径は 1 m 以下であり，塔高は処理目的に応じて設計される．ガスを塔底から上向きに流して向流とする場合が多いが，気液を塔頂から流して並流とする場合もある．

　充填塔の性能は充填物の特性に強く影響される．図 2.10 に種々の充填物を示す．一般には，単位体積当たりの表面積（比表面積と呼ぶ）や空隙率が大きく，耐食性があって機械的強度の高いことが望まれる．形状はシンプルなものから複雑なものまで，材質は磁製，金属製，プラスチック製と種々の充填物が用意されており，取り扱う流体によって選択される．大きさも数 mm から 10 cm くらい

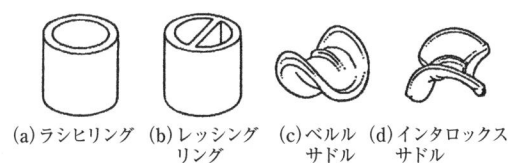

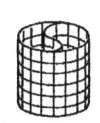

(a) ラシヒリング　(b) レッシングリング　(c) ベルルサドル　(d) インタロックスサドル

(e) テラレット　(f) ポールリング　(g) ディクソンリング(金網)　(h) マクマホンパッキング(金網)

(i) フレキシリング　(j) カスケードミニリング　(k) インターロックスメタルタワーパッキング

図 2.10 不規則充填物
(『化学工学便覧(第6版)』, p.604 より. 図 (i)～(k) は長浜邦雄編:『高純度化技術大系 2 分離技術』, p.278, フジ・テクノシステム (1997) より)

までの充填物が揃っており，通常，塔径の 1/20 程度の大きさの充填物が使用される．これらの充填物は塔内にランダムに充填されるので，充填や取り出しは簡単であるが，偏流も起こりやすい．なお，大きい充填物は規則的に充填されることもある．シートを波形に織ったものや，金網状のユニットを積層化した規則充填物（塔の断面全体にわたる大きさの構造物）もあり，これらは塔内に積み重ねて充填される．前述の充填物に比べると高価となるが，偏流が起こりにくく圧力損失は小さい．

　液流量を一定とした向流操作において，低いガス流量では液の流下挙動はガス流れの影響をほとんど受けないが，ガス流量が増加してある値を超えると，**液ホールドアップ**（塔内における液の滞留量, liquid holdup）が急激に増大しはじめる．この点を**ローディング点**（loading point）という．さらにガス流量が高くなると，ある流量では液が流下できなくなり塔頂から溢れ出す．この点を**フラッディング点**（flooding point）という．通常，フラッディング点のガス流量の 50～70％の値，あるいはローディング点のガス流量で操作される．

充填塔は，排ガスの物理吸収や化学吸収，気液反応，蒸留や冷水操作などに使われている．その応用を広義に考えると，充填物を触媒とした気液反応も含まれる．

2.5.2 濡れ壁塔（wetted-wall column）

図 2.9 (b) に多管式濡れ壁塔の概略を示す．その構造は多管式熱交換器を垂直に設置した場合と同じであり，図の例では外筒と多管の間の環状部分に冷却水が流れる．液は，垂直な管の内壁に沿って薄膜状で流下し，管内を上向きあるいは下向きに流れるガスと接触する．装置の単位体積当たりの気液接触面積は小さいが，管壁を伝熱面としての熱交換操作が容易であるので，塩酸製造やベンゼンの塩素化など，多量の発熱を伴う気液反応に適している．また，気液接触面積が既知となるので，物質移動係数や反応速度の解析用の実験装置としても使用される．

2.5.3 スプレー塔（spray tower）

図 2.9 (c) にスプレー塔の概略を示す．スプレー塔では，液噴霧器で生成された微細な液滴がガスと接触する．噴霧する液の性状などに応じてさまざまな噴霧器が開発されており，現在では数 μm の液滴も分散できる．図では液噴霧器が塔頂部に設置されているが，塔の高さ方向に数段設置したり，塔壁に設置してガス流れに対して垂直に液滴を噴霧する場合もある．構造が簡単でガスの圧力損失は小さいが，液噴霧の動力が大きく，液の飛沫がガスに同伴されやすい．通常，飛沫同伴を防止するために，ガス出口にデミスターが設置される．吸収と同時にガスに含まれる粉塵を除去したい場合や，気液反応によって液相中に固体を生ずる場合に適している．ゴミ焼却・燃焼装置からの排ガス中の硫黄酸化物の除去（消石灰などのスラリーを排ガス中に噴霧する．石灰－石膏法）やガスの冷却によく使われている．

2.5.4 棚段塔（plate column）

図 2.9 (d) に棚段塔の概略を示す．棚段塔は，蒸留装置として開発されたものであるが，吸収装置としても用いられている．塔内に数多くのトレイ（多孔板，泡鐘付き板）が設置されており，各トレイの上に保持されている液中に気泡が分散する．装置全体としては気液向流であるが，一つのトレイ内での気液流れは直

─── コラム1 ───

マイクロバブル（micro-bubbles）

　最近,「マイクロバブル」という言葉をよく耳にする．液中に数十 μm のマイクロバブルを分散すると，その液はミルクのように白濁する．工業的に使われるバブル（気泡）は数 mm から数 cm であるが，マイクロバブルを用いることにより気液の接触面積は格段に大きくなり，物質移動性能も高くなる．しかし，マイクロバブルを発生させるのに多大なエネルギーが必要となるので，その特徴を活かして応用すべきである．現在,魚介類の養殖,水質浄化,洗浄,医療,身の回りでは洗濯機,風呂やペットの洗浄に使われている．今後,さまざまな分野でのマイクロバブルの活躍が期待される．

（写真提供：(株)ナゴヤ大島機械）

交流となる．構造上,液流量によらず液ホールドアップが一定に維持されるので,液流量の大小によって充填塔が使いにくい場合にも適しているが,充填塔よりも圧力損失は高くなる．また,塔内にトレイなどの構造物を設置するので大型な装置となる．棚段塔は充填塔の大型版に相当し,充填塔と同じく排ガスの物理吸収や化学吸収,気液反応,蒸留に使われている．

2.5.5　気泡塔（bubble column）

　図 2.9 (e) に上向き並流式気泡塔の概略を示す．気泡塔では,液中に分散された気泡が液と接触する．液が流れる場合では,液流量によって上向き並流,向流および下向き並流（液の大きな下向き流れにより,気泡も下向きに流れる）の各操作が可能となる．ガスの圧力損失は大きいが液の混合性能が高く,構造が簡単であるので攪拌機や熱交換器の設置が容易となる．また,塔内に仕切り板やドラフトチューブ（塔径より小さい筒）を挿入したり塔外に液下降管を設置することにより,塔内に液の流れを発生させる（エアリフト, airlift と呼ばれる）ことが

できる．気泡塔は，種々の気液反応や好気発酵槽，排水処理の曝気槽に使われている．

■演習問題

2.1 $J_A{}^* + J_B{}^* = 0$ を証明せよ．

2.2 式(2.11)をもとに，式(2.13)および式(2.14)を導け．

2.3 モル濃度の代わりに質量濃度を用いて，A，B 2成分系で，拡散する方向がz方向のみとした場合，A，B 2成分混合物の質量平均速度vおよび固定座標系に対する質量流束j_Aに関するフィックの法則を示せ．ただし，成分A，Bの質量濃度をそれぞれρ_A, ρ_Bとし，成分A，Bの移動速度をそれぞれv_A, v_Bとする．

2.4 303.2 Kにおいて大気圧の空気と平衡にある水1 m³には，7.5 gの酸素が溶解する．気液平衡関係を$p = HC$または$y = mx$で表せるとして，定数Hとmの値を求めよ．ただし，p [Pa]は大気中の酸素分圧，C [mol·m⁻³]は水中の酸素濃度，y [-]は空気中の酸素のモル分率で，x [-]は水中の酸素のモル分率である．大気中の酸素の体積分率は20%とせよ．

2.5 ヘンリーの法則を$p = Ex$で表したとき，313.2 K，1.013×10^5 Paにおける炭酸ガスの水に対する溶解のヘンリー定数Eは0.24×10^9 Paである．このとき，ヘンリーの法則を$p = HC$または$y = mx$と表すと，定数Hとmの値はいくらになるか．

2.6 室温において塩素ガスCl_2が水に溶解すると，以下の平衡が成り立つことが知られている．

$$Cl_2(ガス) \rightleftharpoons Cl_2(液) \tag{1}$$
$$Cl_2(液) + H_2O \rightleftharpoons HOCl + H^+ + Cl^- \tag{2}$$

このとき，水中の塩素の全濃度$[Cl_2]_T$を，分圧pとヘンリー定数H，式(2)の平衡定数Kで表せ．

2.7 〔例題2.5〕と同様にして，式(2.28)〜(2.30)を導け．

2.8 〔例題2.6〕「迅速不可逆擬一次反応の解析」の式(2.40)において，次式が成り立つことを示せ．

$$N_A = C_{Ai}(k' D_{AL})^{0.5} = \frac{p_A}{(1/k_G) + H(k' D_{AL})^{-0.5}} \tag{2.40}$$

2.9 操作線と気液平衡線が直線となる場合に，N_{OG}の定義式(2.49)より，式(2.54)を導け．

2.10 温度300 K，圧力101.3 kPaで，向流充塡塔の塔底に，0.3 mol%の硫化水素を含む空気1.0 kg·s⁻¹を送り込み，アミン水溶液で洗浄し，硫化水素の98%を除去したい．アミン水溶液中の硫化水素の初濃度は0で，液ガス比は最小液ガス比の2倍とする．平衡関係は$y = 2x$で，$K_y aA = 100$ mol·m⁻¹·s⁻¹であるとき，H_{OG}, N_{OG}, Z, N_{OL}, H_{OL}を求めよ．

3 蒸留

3.1 気液平衡

蒸留による分離方法は，混合溶液を加熱沸騰させたときに発生する蒸気の組成と液の組成が異なることを利用するものである．このような現象は混合物の気液平衡（vapor-liquid equilibrium）関係により起こるものであり，圧力，温度，液相組成および気相組成によって表される．例えば，圧力 101.3 kPa 一定でメタノール＋水混合系を沸騰させた場合，沸騰状態の液相組成 60 mol% メタノールから発生している気相組成は 82.6 mol% メタノールであり，そのときの平衡温度（沸点）は 344.36 K である．

3.1.1 相 律

気液平衡をはじめとする相平衡の関係は，式(3.1)に示すギブズ（Gibbs）の相律（phase rule）により与えられる因子の数，自由度（degree of freedom）の分だけ条件を指定することにより決まる．

$$f = c - p + 2 \tag{3.1}$$

ここで，f は自由度，c は成分の数，p は相の数である．例えば，2 成分系の気液平衡は $c=2$ および $p=2$ より自由度が 2 となり，圧力，温度，液相組成および気相組成のうち二つの条件が与えられると相の状態は確定する．すなわち，圧力 101.3 kPa におけるメタノール＋水系の気液平衡は，液相組成 60 mol% メタノールのとき，気相組成は 82.6 mol% メタノールであり，平衡温度は 344.36 K 以外の値をもたないことを意味する．

3.1.2 気液平衡の測定

蒸留塔は，一般的に大気圧近傍の一定圧力で運転されることから，その設計や

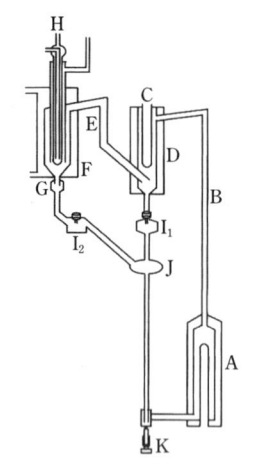

A：加熱フラスコ，B：コットレルポンプ，C：温度測定部，D：平衡達成部，E：凝縮防止のヒータ，F：コンデンサー，G：ドロップカウンター，H：大気へ開放，I_1, I_2：気相サンプルおよび液相サンプルの採取部，J：逆流防止バッファー，K：ドレインバルブ

図 3.1 循環型気液平衡測定装置

運転には一定圧力の気液平衡関係である**定圧気液平衡**（isobaric vapor‐liquid equilibrium）データが必要である．正確な定圧気液平衡の測定には図 3.1 に示すような**循環型気液平衡測定装置**[1]が用いられる．コンデンサー上部（H）を大気に開放するか，圧力制御装置に接続して測定圧力条件を設定する．試料だめ（A）に導入された液体混合物をヒータによって加熱すると沸騰状態の気液が混相状態でコットレルポンプ（B）を上昇し，温度測定部（C）にフラッシュする．気液分離部（D）で分離した沸騰状態の液は液相だめ（I_1）へ，蒸気はコンデンサー（F）で冷却されて気相だめ（I_2）へ移動する．気液両相は異なる経路で再度試料だめ（A）に戻される．これを繰り返すことで，短時間で平衡状態に達するのである．

一般に気液平衡を表す場合，液相中の成分のモル分率を x, 気相中の成分のモル分率を y で表す．

x_i：液相中の成分 i のモル分率，　　y_i：気相中の成分 i のモル分率

また，2成分系では標準沸点（101.3 kPa）の低い方を低沸点成分，高い方を高沸点成分といい，組成は低沸点成分を基準に表す．表 3.1 にメタノール＋水系の 101.3 kPa における気液平衡[2]を示す．また，図 3.2 は気液平衡関係を図示したものであり，平衡にある気相組成 y と液相組成 x の関係を表した図を xy 線図，平衡温度 T と液相組成 x の関係は沸点曲線または液相線，平衡温度 T と気相組成 y の関係は露点曲線または気相線という．

表3.1 メタノール (1) + 水 (2) 系の気液平衡データ (101.3 kPa)

液相組成 x_1	気相組成 y_1	温度 T[K]	液相組成 x_1	気相組成 y_1	温度 T[K]
0	0	373.15	0.463	0.766	347.10
0.083	0.369	362.48	0.534	0.798	345.63
0.125	0.464	359.45	0.600	0.826	344.36
0.156	0.516	357.27	0.667	0.856	343.26
0.200	0.580	355.19	0.763	0.901	341.48
0.247	0.631	353.16	0.850	0.933	339.95
0.309	0.676	350.93	1.000	1.000	337.70
0.409	0.737	348.25			

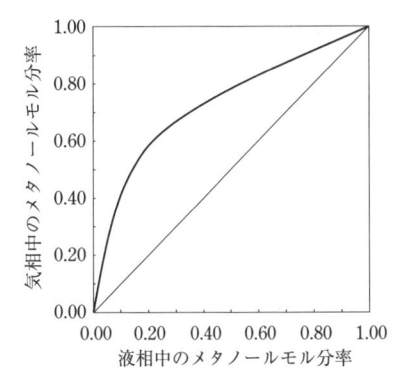

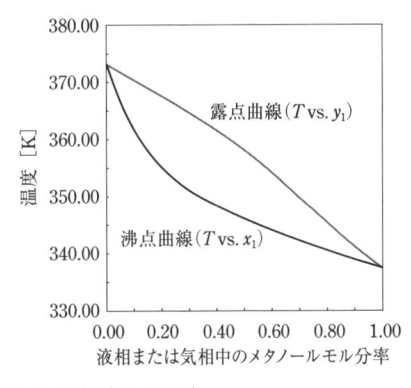

図3.2 メタノール + 水系気液平衡 (101.3 kPa)

沸点が0℃以下のような低沸点の系や2液相を形成するような系では，通常定圧気液平衡が測定できないために，温度一定の**定温気液平衡**（isothermal vapor-liquid equilibrium）が測定される．定温気液平衡は，混合熱データを用いれば熱力学の関係式から定圧気液平衡データを求めることができる．

3.1.3 さまざまな気液平衡

気液平衡関係は混合物を構成する物質の組み合わせによって異なる．理想溶液として扱われる系，混合組成で純物質の沸点よりも低い温度，または高い温度を示す系，部分的には溶解するが2液相を形成する系などがある．図3.3に特徴のある気液平衡を示す系を示した．いずれも定圧気液平衡の例である．

ベンゼン + トルエン系（①）は理想溶液として扱われる混合物であり，先に示

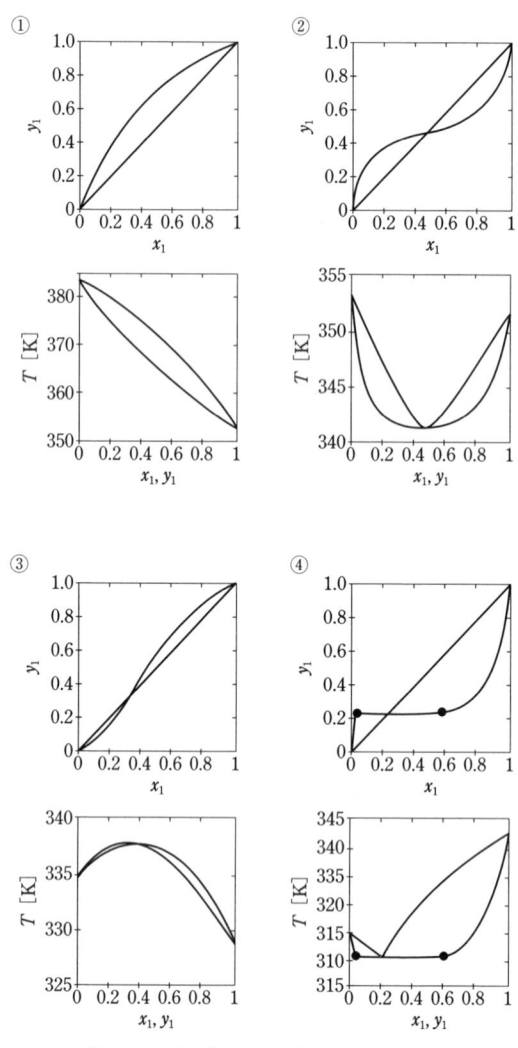

図 3.3 さまざまな気液平衡（101.3 kPa）[3]
① ベンゼン＋トルエン系（理想溶液として扱われる）
② エタノール＋ベンゼン系（最低沸点共沸混合物）
③ アセトン＋クロロホルム系（最高沸点共沸混合物）
④ 1-ブタノール＋水系（不均一系，最低沸点共沸混合物）

したメタノール＋水系に比べて xy 線図が対角線に近づいている．エタノール＋ベンゼン系（②）では，xy 線図が対角線を横切り，気相組成と液相組成が等しくなるところがある．このような系を**共沸混合物**（azeotropic mixture）といい，気相と液相の組成が等しくなるところを共沸組成という．共沸組成では沸点曲線も露点曲線も純物質の沸点より低い温度で一致する．このような混合物を最低沸点共沸混合物（最低共沸）という．一方，同じ共沸混合物でもアセトン＋クロロホルム系（③）のように，共沸組成で最も高い温度を示すものもある．これを最高沸点共沸混合物（最高共沸）という．また，1-ブタノール＋水系（④）は2液相を形成する系であり，共沸混合物でもある．2液相領域は，気－液－液平衡となるために相の数が3となり，式(3.1)によって自由度が1になることから，液相組成が変化しても気相組成は変化せず，平衡温度も一定であることに気がつくであろう．共沸混合物は通常の蒸留塔では分離することができないために，特殊な蒸留法を適用しなければならない．これまでに測定されている気液平衡のうち，共沸混合物となる成分の組み合わせは意外に多く，2成分系のおよそ50％は共沸混合物と考えてよい．

3.1.4　気液平衡の計算
a. 理想溶液の気液平衡

理想溶液は混合する各成分の分子間相互作用がまったく等しい場合であり，現実には実在しないが，飽和炭化水素どうしのように物質の構造や化学的・物理的性質が似た物質から構成される混合物は，理想溶液として扱うことができる．

理想溶液では，成分 i の分圧 p_i は溶液中の成分 i のモル分率 x_i に比例する．これはラウールの法則（Raoult's law）と呼ばれ，$x_i=1$ のとき p_i は純物質 i の蒸気圧 p_i° となることから，次式が成り立つ．

$$p_i = x_i p_i^\circ \tag{3.2}$$

一方，気体の組成は分圧 p_i の和が全圧 p であることを示すドルトンの法則（Dalton's law）式(3.3)を用いると，式(3.4)で表される．

$$p = \sum p_i \tag{3.3}$$

$$p_i = y_i p \tag{3.4}$$

例えば，2成分系の成分AおよびBの気液平衡関係を式(3.2)および式(3.4)で表すと，次式のようになる．

$$y_A = \frac{x_A p_A^\circ}{p}, \quad y_B = \frac{x_B p_B^\circ}{p} \tag{3.5}$$

また，気液各相の組成には次のような関係がある．

$$y_A + y_B = 1, \quad x_A + x_B = 1 \tag{3.6}$$

したがって，次式が得られる．

$$p = x_A p_A^\circ + x_B p_B^\circ \tag{3.7}$$

理想溶液の気液平衡は，蒸気圧データさえあれば計算で求めることができる．

【例題 3.1】 ベンゼン(1)＋トルエン(2)系の混合物が 101.3 kPa で気液平衡状態にある．以下の問に答えよ．

（1） 平衡温度が 378.15 K のときの液相組成と気相組成を求めよ．

（2） 液相組成 0.200 モル分率のときの気相組成および平衡温度を求めよ．

ただし，各成分の蒸気圧は式 (3.8) に示す**アントワン**（Antoine）**式**と表 3.2 に示すアントワン定数により与えられる．

$$\log_{10} p_i^\circ [\text{kPa}] = A_i - \frac{B_i}{C_i + T [\text{K}]} \tag{3.8}$$

表 3.2 式 (3.8) のアントワン定数

成分	A	B	C
ベンゼン (1)	6.0306	1211.03	−52.35
トルエン (2)	6.0795	1344.81	−53.65

[解答] （1） 式 (3.8) により 378.15 K における各純成分の蒸気圧は次のように求められる．

$$p_1^\circ = 205.8 \text{ kPa}, \quad p_2^\circ = 86.1 \text{ kPa}$$

ラウールの法則により，全圧 p は次式となる．

$$p = p_1 + p_2 = p_1^\circ x_1 + p_2^\circ (1 - x_1) \tag{3.9}$$

全圧は 101.3 kPa，各純成分の 378.15 K における蒸気圧を代入すると

$$101.3 = 205.8 x_1 + 86.1 (1 - x_1)$$

$$x_1 = 0.127$$

一方，気相組成はドルトンの法則により

$$y_1 = \frac{p_1^\circ x_1}{p} = \frac{205.8 \times 0.127}{101.3} = 0.258$$

したがって，液相組成が 0.127 モル分率ベンゼン，気相組成は 0.258 モル分率ベンゼンとなる．

(2) 蒸留計算では，液相組成を与えて気相組成と平衡温度（沸点）を求めることが多い．この場合は，ラウールの法則を使って試行法で計算すればよい．計算手順は，はじめに温度を仮定してアントワン式により $p_1°$, $p_2°$ を求め，ラウールの法則より次式の Δ が 0 となるような温度を探せばよい．

$$\Delta = p - \{p_1° x_1 + p_2°(1-x_1)\} \tag{3.10}$$

(1) の結果から 378.15 K より低い温度になることが予想され，$T = 378.15$ K では

$$\Delta = 101.3 - \{205.8 \times 0.200 + 86.1 \times (1-0.200)\} = -8.74$$

$T = 370$ K と仮定すると，$p_1° = 165.2$ kPa，$p_2° = 67.4$ kPa となり，$\Delta = 14.3$. すなわち，解は 378.15 K と 370 K の間にあることがわかる．

$T = 375$ K と仮定すると $\Delta = 0.67$

$T = 375.5$ K のとき $\Delta = -0.78$

求める温度は，ほぼ 375 K と 375.5 K の中間にあることがわかる．$T = 375.23$ K のとき $\Delta = 0.002$ となり，平衡温度が決定できる．$T = 375.23$ K のときの純ベンゼンの蒸気圧は $p_1° = 190.5$ kPa より，

$$y_1 = \frac{p_1° x_1}{p} = \frac{190.5 \times 0.200}{101.3} = 0.376$$

気相組成は 0.376 モル分率ベンゼンとなる．

b. 非理想溶液の気液平衡

アルコールと水のように，まったく異なる性質をもつ物質からなる混合物は，ラウールの法則が適用できないために式 (3.2) が成立しない．このような溶液の液相組成は**活量係数**（activity coefficient）γ および**フガシティ**（fugacity）f を用いて，次式のように表される．

$$f_i^L = f_i° \gamma_i x_i \tag{3.11}$$

活量係数は理想溶液からの隔たりを表しており，$\gamma = 1$ および $f = p$ とすると理想溶液を表す式 (3.2) となる．一方，気相組成を厳密に表すには式 (3.4) の代わりに**フガシティ係数**（fugacity coefficient）φ を用いた次式で表される．

$$f_i^V = p \varphi_i y_i \tag{3.12}$$

式 (3.11) 中の f_i^L は液相のフガシティ，式 (3.12) 中の f_i^V は気相のフガシティであ

り，気相と液相が平衡状態にある場合，次式(3.13)が成立することから，非理想溶液の気液平衡関係は式(3.14)となる．

$$f_i^L = f_i^V \tag{3.13}$$

$$f_i^\circ \gamma_i x_i = p \varphi_i y_i \tag{3.14}$$

フガシティ係数は，温度，圧力，体積の関数として $pVTx_i(y_i)$ データまたは状態式から求められるが，圧力がゼロのとき非理想気体は理想気体の法則で表され，次式となる．

$$\lim_{p \to 0} \varphi_i = \lim_{p \to 0} \frac{f_i}{p} = \frac{f_i}{py_i} = 1 \tag{3.15}$$

すなわち，非理想溶液であっても低い圧力においては，気相は理想気体として扱うことができ，フガシティ係数は1となり，フガシティを蒸気圧に置き換えて，次式を用いればよい．

$$p_i^\circ \gamma_i x_i = p y_i \tag{3.16}$$

2成分系の成分AおよびBの気液平衡関係は，次式のようになる．

$$y_A = \frac{\gamma_A x_A p_A^\circ}{p}, \quad y_B = \frac{\gamma_B x_B p_B^\circ}{p} \tag{3.17}$$

したがって，次式が得られる．

$$p = \gamma_A x_A p_A^\circ + \gamma_B x_B p_B^\circ \tag{3.18}$$

熱力学の理論により活量係数と液相組成との関係は，次のギブズ-デューエム (Gibbs-Duhem) 式（温度，圧力が一定の条件）で表される．

$$x_A \frac{d \ln \gamma_A}{dx_A} + x_B \frac{d \ln \gamma_B}{dx_B} = 0 \tag{3.19}$$

この式を満足する関数を活量係数式といい，最も簡単な式はマーギュレス (Margulre) 式[4]，ファンラール (van Laar) 式[5] が知られている．2成分系の成分AおよびBについて，それぞれ次式で表される．

・マーギュレス式

$$\ln \gamma_A = x_B^2 [a + 2(b-a)x_A] \tag{3.20a}$$

$$\ln \gamma_B = x_A^2 [b + 2(a-b)x_B] \tag{3.20b}$$

・ファンラール式

$$\ln \gamma_A = a' \left(\frac{b' x_B}{a' x_A + b' x_B} \right)^2 \tag{3.21a}$$

$$\ln \gamma_B = b' \left(\frac{a' x_A}{a' x_A + b' x_B} \right)^2 \tag{3.21b}$$

ここで，定数 a, b, a' および b' は系の種類によって決められる2成分系定数である．各活量係数式の定数について解くと次のようになる．

・マーギュレス式

$$a = \frac{x_B - x_A}{x_B^2} \ln \gamma_A + \frac{2}{x_A} \ln \gamma_B, \quad b = \frac{x_A - x_B}{x_A^2} \ln \gamma_B + \frac{2}{x_B} \ln \gamma_A \tag{3.22}$$

・ファンラール式

$$a' = \ln \gamma_A \left(1 + \frac{x_B \ln \gamma_B}{x_A \ln \gamma_A} \right)^2, \quad b' = \ln \gamma_B \left(1 + \frac{x_A \ln \gamma_A}{x_B \ln \gamma_B} \right)^2 \tag{3.23}$$

定数は，気液平衡データから最小二乗法で決定するか，正確な共沸データから決定すれば，任意の液相組成 x_i に対する活量係数 γ が求められ，式(3.17)とアントワン式(3.8)から平衡温度と気相組成を計算することができる（例題3.1参照）．

より正確な活量係数式として局所組成の概念より導出されたウィルソン（Wilson）式[6]と，液相が2相になる気液液平衡を表すことができる NRTL 式[7]についても示しておく．

・ウィルソン式

$$\ln \gamma_A = -\ln(x_A + \Lambda_A x_B) + x_B \left(\frac{\Lambda_A}{x_A + \Lambda_A x_B} - \frac{\Lambda_B}{\Lambda_B x_A + x_B} \right) \tag{3.24a}$$

$$\ln \gamma_B = -\ln(x_B + \Lambda_B x_A) - x_A \left(\frac{\Lambda_A}{x_A + \Lambda_A x_B} - \frac{\Lambda_B}{\Lambda_B x_A + x_B} \right) \tag{3.24b}$$

ただし，

$$\Lambda_A = \frac{V_B^L}{V_A^L} \exp\left(-\frac{\lambda_A}{RT} \right), \quad \Lambda_B = \frac{V_A^L}{V_B^L} \exp\left(-\frac{\lambda_B}{RT} \right) \tag{3.25}$$

ここで，Λ_A および Λ_B は式(3.25)から求められるウィルソン式の2成分系定数であり，式(3.25)中の V_i^L は温度 T における成分 i の液モル体積である．

・NRTL式

$$\ln \gamma_A = x_B^2 \left[\tau_B \left(\frac{G_B}{x_A + x_B G_B} \right)^2 + \left(\frac{\tau_A G_A}{(x_B + x_A G_A)^2} \right) \right] \tag{3.26a}$$

$$\ln \gamma_B = x_A^2 \left[\tau_A \left(\frac{G_A}{x_B + x_A G_A} \right)^2 + \left(\frac{\tau_B G_B}{(x_A + x_B G_B)^2} \right) \right] \tag{3.26b}$$

ただし,

$$G_A = \exp(-\alpha \tau_A), \qquad G_B = \exp(-\alpha \tau_B) \qquad (3.27)$$

$$\tau_A = \frac{g_A}{RT}, \qquad \tau_B = \frac{g_B}{RT} \qquad (3.28)$$

ここで,G_AおよびG_Bは式(3.27)と式(3.28)から求められるNRTL式の2成分系定数である.αは第3の定数で系によって異なる数値をとるが,およそ0.2〜0.47である.

3.2 2成分系蒸留

　混合溶液に熱を加えて,溶液中の物質を濃縮・精製する方法を**蒸留**という.この方法は,紀元前からすでに香油づくりなどに使われていたようである.19世紀に入ってコールタールの蒸留,ついで石油の蒸留が工業化され,それとともに蒸留技術が飛躍的に進歩して,代表的な分離技術といわれるまでになった.現在では,石油化学工業はいうにおよばず,紙・パルプ産業,食品産業,繊維産業,電気,原子力産業などでも広く用いられている.

3.2.1 蒸留の原理と還流
a. 蒸留の原理と多段分離
　フラスコに2成分系溶液を入れて沸騰させると,図3.4に示すように,液組成x_1よりも高い組成$y_1(>x_1)$の蒸気が発生するので,これを冷却して受器に回収すれば受器から低沸点成分に富んだ液が,フラスコから高沸点成分に富んだ液が得

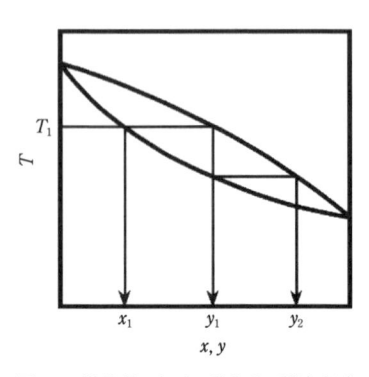

図3.4 単蒸留における液および蒸気組成

られる．これを**単蒸留**というが，一般に溶液に熱を加えて蒸気を発生させ，揮発しやすいものを蒸気相に，揮発しにくいものを液相に別々に濃縮させる方法を蒸留と呼ぶ．

しかし，1回の単蒸留で得られる蒸気組成は気液平衡定数（$K=y/x$）倍で，多くの2成分系で高くても液組成の3〜4倍程度である．もし，より濃縮された液が必要な場合には，図3.4に示されるように，1回の単蒸留で得られた凝縮液 y_1 を再び単蒸留すると組成 $y_2(>y_1)$ の蒸気が得られることから，所定の組成が得られるまで単蒸留を繰り返せばよい．このような多段操作は相平衡を分離の原理とする蒸留操作の一般的な特徴で，それを実現するための蒸留塔が開発されている．なお，多くの2成分系は $y>x$ の関係を示す（これを正に偏奇した系という）が，負に偏奇した系では $y<x$ となり，蒸気相に高沸点成分が濃縮され，液相に低沸点成分が濃縮される．

b. 還流と精留効果

フラスコを用いて溶液を沸騰させるとき，蒸気が一部冷やされて（これを分縮という）壁面に凝縮滴が付着することがある．このとき，まわりの蒸気に含まれる高沸点成分が滴に凝縮し，その際放出する凝縮潜熱により滴内の低沸点成分が蒸発する．結果として，分縮が起きているときの蒸気組成は，分縮がないときに比べて高くなる．このような濃縮効果を蒸留塔で発現させるため，塔頂蒸気の凝縮液の一部を塔内に戻すという操作を行っている．これを還流といい，その液を還流液という．また，還流液と蒸気との接触による濃縮効果を精留効果という．

c. 蒸留塔の構造

a項で述べたように，蒸留操作では所定の組成の液を得るために多段分離が必要である．また，b項で説明したように，分離効率を上げるには還流操作が大変有効である．これを実現するために，図3.5に示すような構造の蒸留塔が工業プロセスで広く使われている．いずれの塔も，凝縮器で塔頂蒸気を（沸点の）液に変え，その一部を還流液として塔内に戻している．塔内を流下した液はリボイラーで蒸気に変えられ，液と接触しながら塔内を上昇する．このとき，蒸気が凝縮潜熱により液を加熱して低沸点成分を発生させ，結果として塔頂に向かうにつれて低沸点成分に富んだ蒸気が，塔底に向かうにつれて高沸点成分に富んだ液がそれぞれ得られる．

図3.5の段塔は小孔をもつ段（トレイ）を所定の数だけ設置したもので，蒸気

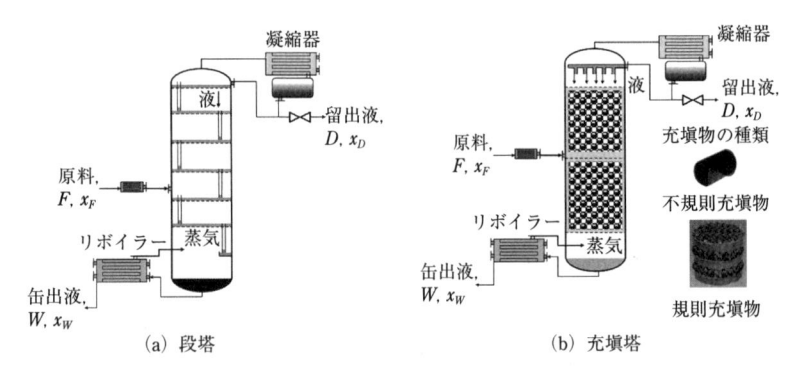

図 3.5 蒸留塔の構造

は小孔を通って液と十字流接触しながら上昇する．代表的なトレイとして，小孔をあけただけの多孔板があり，コストが安いことから広く用いられている．一方，充填塔は充填物と呼ばれる部品を詰めたもので，塔の上部に液が塔内を均一に流れるよう液分散板が取り付けられている．充填物には，不規則充填物と気液の流路が一定の構造をもつ規則充填物がある．段塔は主に処理量の多い場合に使われることが多く，充填塔は腐食性流体を取り扱う場合などに用いられることが多い．なお，充填塔内で，液は充填物表面を流下しながら，蒸気と向流に接触する．これに関する理論的な取り扱いについては，2章を参照されたい．

d. 連続蒸留と回分蒸留

原料を連続的に供給し，塔頂および塔底から一定組成の製品を一定流量で連続的に抜き出す操作を**連続蒸留**という．大量生産を目的としたプラントで広く用いられている．一方，リボイラーに一定量の原料を仕込み，所定の量の液が抜き出し終わったところで終了する操作を**回分蒸留**という．回分蒸留では，原料組成が時間とともに変わり，このため製品組成も変わる．回分蒸留は非定常操作となる．回分蒸留操作は，一つの蒸留塔で異なる原料を処理する必要がある場合や，季節によって処理する原料が異なる場合など多品種少量生産のときに使われる．以下に，連続蒸留と回分蒸留についてそれぞれ説明する．

3.2.2 連続蒸留操作

a. フラッシュ蒸留

図 3.6 に示すように，溶液を加圧下で加熱して低圧で操作される装置（フラッ

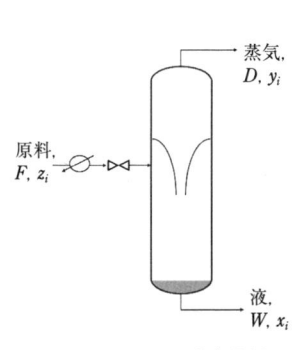

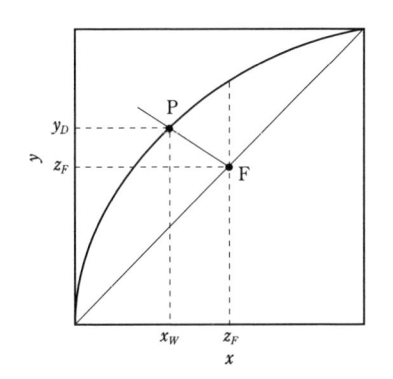

図 3.6 フラッシュ蒸留装置　　**図 3.7** 原料と塔内組成の関係

シュドラムという）内に断熱的に吹き込むと，溶液が一部蒸発して低沸成分に富んだ蒸気と高沸成分に富んだ液が発生する．これを気液分離して，ドラムの頂部と底部からそれぞれ連続的に抜き出す操作をフラッシュ蒸留 (flash distillation) という．これは，段数 1 段の最も簡単な連続蒸留操作で，沸点範囲の広い混合溶液の粗分離や原料供給段などで使われている．

ある温度および圧力条件で組成 z_A の 2 成分系溶液 F [mol·h^{-1}] をフラッシュさせると，組成 x_A の液 W [mol·h^{-1}] と，組成 y_A の蒸気 D [mol·h^{-1}] が得られる．このとき，全物質収支および各成分の物質収支は以下のように表される．

$$F = D + W \tag{3.29}$$

$$Fz_A = Dy_A + Wx_A \tag{3.30}$$

これらの式から F を消去すると，気液比に関して以下の関係が得られる．

$$\frac{W}{D} = -\frac{y_A - z_A}{x_A - z_A} \tag{3.31}$$

式 (3.31) は点 F (z_A, z_A) を通る傾き $-W/D$ の直線で，図 3.7 に示すように，式 (3.31) と気液平衡曲線との交点 P の x および y 座標が，フラッシュして得られる液と蒸気の組成を表す．もし蒸気量 D を少なくして液量 W を多くすると，式 (3.31) の直線の傾きの絶対値が大きくなって，蒸気組成 y_A は大きくなる．逆に蒸気量 D を増やして液量 W を少なくすると，蒸気組成 y_A は小さくなる．その極限状態として $D = 0$ の場合には原料溶液が沸点以下の液になり，$W = 0$ のときは原料溶液がすべて蒸気になっている．したがって，実際の操作は，予熱器を調整することにより，$W \neq 0$ および $D \neq 0$ の中間で行う．

b. 連続多段蒸留操作

連続多段蒸留塔を図 3.8 に示す．連続蒸留塔では，通常，原料を塔の中間部に供給し，原料段より上部を濃縮部，下部を回収部と呼んで区別している．なお，以下の説明において段番号が必要となるため，濃縮部の段には塔頂から 1, 2, $\cdots$, n と番号をつけ，回収部については原料段の下の段から塔底に向かって 1, 2, $\cdots$, m と番号をつけることとする．

組成 z_F，流量 $F\,[\mathrm{mol\cdot h^{-1}}]$ の 2 成分系溶液は予熱器で加熱されて，組成 x_F，流量 qF の液と組成 y_F，流量 $(1-q)F$ の蒸気として原料段に供給される．なお，q の物理的な意味については後で説明する．組成 y_1，流量 V_1 の塔頂蒸気は凝縮器ですべて凝縮されて（このような凝縮器を全縮器という）沸点の液になる．このとき放出された熱 $Q_C\,[\mathrm{J\cdot h^{-1}}]$ は，冷却水により系外に排出される．凝縮液は流量 D の留出液と流量 L_0 の還流液に分けられる．

一方，組成 x_m，流量 L'_m の塔底液はリボイラーで加熱され，組成 x_W，流量 W の液とそれに平衡な蒸気が発生する．このとき得られた液は製品として抜き出さ

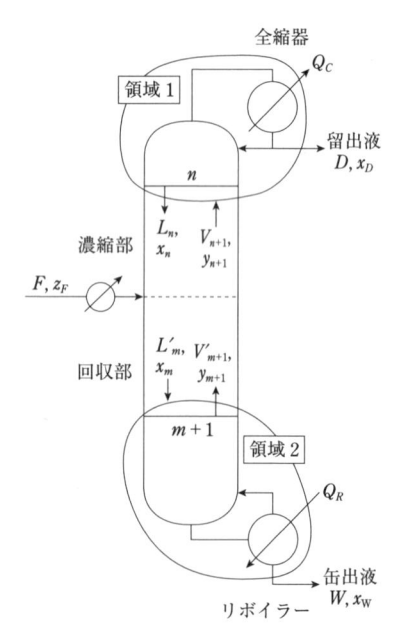

図 3.8　連続多段蒸留塔

れ（この液を缶出液という），蒸気は塔内に戻される．このときリボイラーに加えられた熱量を $Q_R\,[\mathrm{J\cdot h^{-1}}]$ とする．

1) 物質収支式およびエンタルピー収支式　図3.8に示した塔全体の全物質収支式，成分収支式およびエンタルピー収支式は，以下のように表される．

$$F = D + W \tag{3.32a}$$

$$Fz_F = (1-q)Fy_F + qFx_F = Dx_D + Wx_W \tag{3.32b}$$

$$(1-q)FH_F + qFh_F + Q_R = Dh_D + Wh_W + Q_C \tag{3.32c}$$

ここで，H_F は原料蒸気のエンタルピー，h_F, h_D, h_W はそれぞれ原料液，留出液，缶出液のエンタルピーである．

濃縮部の第 n 段を含む領域 I について物質およびエンタルピー収支をとると，次のような全物質収支式，成分収支式およびエンタルピー収支式が得られる．

$$V_{n+1} = L_n + D \tag{3.33a}$$

$$V_{n+1}\,y_{n+1} = L_n x_n + Dx_D \tag{3.33b}$$

$$V_{n+1}\,H_{n+1} = L_n h_n + Dh_D + Q_C \tag{3.33c}$$

ここで，V_{n+1}, y_{n+1}, H_{n+1} は第 n 段に入る第 $n+1$ 段の蒸気の流量，低沸点成分の組成，エンタルピー，L_n, x_n, h_n は第 n 段を出る液の流量，組成，エンタルピーである．同様に，回収部の第 $m+1$ 段を含む領域 II に関する全物質収支式，成分収支式およびエンタルピー収支式は，以下のように表される．

$$L'_m = V'_{m+1} + W \tag{3.34a}$$

$$L'_m x_m = V'_{m+1}\,y_{m+1} + Wx_W \tag{3.34b}$$

$$L'_m h_m + Q_R = V'_{m+1}\,H_{m+1} + Wh_W \tag{3.34c}$$

ここで，L'_m, x_m, h_m は第 $m+1$ 段に入る第 m 段の液の流量，組成，エンタルピーで，V'_{m+1}, y_{m+1}, H_{m+1} は第 $m+1$ 段を出る蒸気の流量，低沸点成分の組成，エンタルピーである．

2) マッケーブ-シールの仮定　2成分系連続多段蒸留の解析を行うため，以下のような仮定をおく．

1. 蒸留塔内の各段で段上の液組成は流れ方向に分布はなく一定である．
2. 液のエンタルピーは温度，組成によらず一定である．
3. 各成分および混合溶液のモル蒸発潜熱は一定とし，$\lambda\,[\mathrm{J\cdot mol^{-1}}]$ とする．

これをマッケーブ-シール（McCabe-Thiele）の仮定という．仮定2から，

$$h_n = h_m = h_D = h_W = h_F \tag{3.35}$$

となり，段上，凝縮器，リボイラー内の液のエンタルピーはすべて等しくなる．そこで，以下では液のエンタルピーを h と表記する．一方，熱力学によれば，ある温度における蒸気のエンタルピーはその温度における液のエンタルピーと蒸発潜熱の和である．

$$H = h + \lambda \qquad (3.36)$$

仮定2, 3から，蒸気のエンタルピーも温度，組成によらず一定となる．そこで，蒸気のエンタルピーを H と表記する．

3) 蒸気および液流量　　濃縮部のエンタルピー収支式 (3.33c) を式 (3.35)，(3.36) と濃縮部の全物質収支式 (3.33a) を用いて整理すると，以下の関係が得られる．

$$V_{n+1} = \frac{Q_C}{\lambda} \equiv V \qquad (3.37)$$

これは，濃縮部において蒸気流量が一定になることを示す．同様に，回収部のエンタルピー収支式 (3.34c) から以下の関係が得られる．

$$V'_{m+1} = \frac{Q_R}{\lambda} \equiv V' \qquad (3.38)$$

したがって，回収部の蒸気流量も一定になる．

式 (3.37) と (3.38) を濃縮部と回収部の全物質収支式 (3.33a) と (3.34a) に代入して整理すると，

$$L_n = V - D \equiv L \qquad (3.39)$$

$$L'_m = V' + W \equiv L' \qquad (3.40)$$

となり，液流量も濃縮部と回収部でそれぞれ一定になる．

一方，蒸留塔全体のエンタルピー収支式 (3.32c) を式 (3.35)，(3.36) と全物質収支式 (3.32a) を用いて整理すると，以下の関係が得られる．

$$(1-q)F\lambda + Q_R = Q_C \qquad (3.41)$$

これと式 (3.37)，(3.38) から濃縮部と回収部の蒸気の間に，また式 (3.39)，(3.40) から液流量の間に，それぞれ以下の関係が成り立つ．

$$V - V' = (1-q)F \qquad (3.42)$$

$$L' - L = qF \qquad (3.43)$$

これは濃縮部，原料段，回収部の蒸気および液流量の関係を示したもので，回収部の蒸気と原料蒸気を合わせたものが濃縮部の蒸気となり，濃縮部の液と原料液

の総量が回収部の液流量となることを表す.

4) 還流比と操作線の式　凝縮液は留出液と還流液に分けられるため,その割合を指定する必要がある.そこで,濃縮部の第1段目に供給される還流液流量 L_0 を用いて,還流比を以下のように定義する.

$$R \equiv \frac{L_0}{D} = \frac{L}{D} \tag{3.44}$$

これと式(3.39)を用いて,濃縮部の成分収支式(3.33b)を整理すると,以下のようになる.

$$y_{n+1} = \frac{L}{V} x_n + \frac{D}{V} x_D = \frac{L}{L+D} x_n + \frac{D}{L+D} x_D$$
$$= \frac{R}{R+1} x_n + \frac{1}{R+1} x_D \tag{3.45}$$

これは n 段目の液組成 x_n とその下の段からくる蒸気組成 y_{n+1} との関係を表す式で,点 (x_n, y_{n+1}) を xy 線図上でプロットすると,傾き $R/(R+1)$,切片 $x_D/(R+1)$ の直線上にのる.この直線を濃縮部の操作線(濃縮線)といい,対角線上の点 (x_D, x_D) を通る.

同様に,回収部についても,リボイラーで発生する蒸気流量 V_R' を用いて,再沸比 R' を以下のように定義する.

$$R' \equiv \frac{V_{R'}'}{W} = \frac{V'}{W} \tag{3.46}$$

これを用いて回収部の成分収支式を整理すると,以下のようになる.

$$y_{m+1} = \frac{L'}{V'} x_m - \frac{W}{V'} x_W = \frac{V'+W}{V'} x_m - \frac{W}{V'} x_W = \frac{R'+1}{R'} x_m - \frac{x_W}{R'} \tag{3.47}$$

これを回収部の操作線の式という.これは, $m+1$ 段目を出る蒸気 y_{m+1} とその上の段から入る液 x_m との関係を示したもので,点 (x_m, y_{m+1}) は勾配 $(R'+1)/R'$,切片 $-x_W/R'$ の直線上にある.この直線を回収部の操作線(回収線)という.この直線は点 (x_W, x_W) を通る.

5) q 線　濃縮部と回収部の操作線の交点は,成分収支式(3.33b),(3.34b)と式(3.42),(3.43)および式(3.32b)から,以下のように表される.

$$y = -\frac{q}{1-q} x + \frac{z_F}{1-q} \tag{3.48}$$

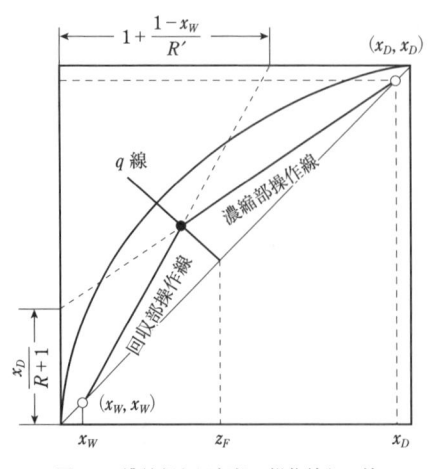

図3.9 濃縮部と回収部の操作線とq線 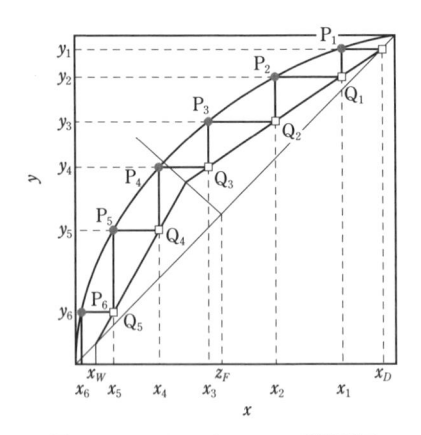　　**図3.10** マッケーブ-シールの階段作図

これをq線あるいは原料線という．qは原料 1 mol 中の飽和液量の割合を表し，原料 1 mol を供給状態から沸点の蒸気に変えるのに必要な熱量を原料のモル蒸発潜熱で割った値として定義される．$q=1$のとき原料は沸点の液で，$q=0$のとき沸点の蒸気（飽和蒸気）である．また，$0<q<1$のとき蒸気と液の混相であることを表す．図 3.9 に，濃縮部操作線，回収部操作線およびq線を示す．

6) 理論段数　　段上の液と蒸気が互いに平衡になっている段を理論段あるいは理想段という．理論段上の液と蒸気の組成を表す点(x_n, y_n)はxy線図上の点として表される．したがって，気液平衡関係が既知のとき，液組成か蒸気組成のどちらかを与えれば残りの組成が得られる．また，濃縮部操作線は還流比Rと留出液組成x_Dが与えられると一義に決まり，液組成x_nに対する下の段の蒸気組成y_{n+1}が求められ，気液平衡関係から$n+1$段の液組成x_{n+1}を求めることができる．

以上のことから，気液平衡（xy線図），還流比R，低沸点成分の留出液組成x_Dと缶出液組成x_Wが与えられると蒸留塔内の液および蒸気組成分布を求めることができる．全縮器を用いた場合，1段目を出る蒸気組成y_1は留出液組成x_Dに等しい．したがって，図 3.10 に示すように，直線$y=y_1=x_D$と気液平衡曲線との交点P_1のx座標は1段目の液組成x_1を表す．次に，直線$x=x_1$と操作線との交点Q_1のy座標は式(3.45)より2段目の蒸気組成y_2になるので，直線$y=y_2$と気液平衡曲線との交点P_2は2段目の液組成x_2と蒸気組成y_2を表す．これを繰り返す

と，塔内の各段の液および蒸気組成を決定することができる．段上の液組成が原料組成より小さくなったら，回収部操作線を用いて同様のことを行う．すなわち，n 段目の液組成 x_n に関して $x_n < x_F$ となったとき（図 3.10 では 4 段目），回収部操作線の式から y_{n+1} を求め，xy 線図から x_{n+1} を求める．これを繰り返し，$m+1$ 段目の液組成 x_{m+1} が $x_{m+1} < x_W$ であるとき（図 3.10 では 6 段目），x_m と x_{m+1} の間で比例配分して段数を決定する．ただし，平衡組成 (x_{m+1}, y_{m+1}) はリボイラーで起こるため，こうして求めた $m+1$ 段をステップ数といい，理論段数はステップ数から 1 を引いたものになる．図 3.10 の場合，ステップ数は 5.5 段，理論段数は 4.5 段である．以上の方法で，蒸留塔の理論段数および塔内組成を求める方法をマッケーブ–シールの階段作図法（McCabe-Thiele method）という．

【例題 3.2】 40 mol% のメタノール水溶液 100 kmol·h^{-1} を $q = 0.4$ の条件で蒸留塔に供給して，塔頂から 95% の留出液，塔底から 5% の缶出液を得たい．必要な理論段数を求めよ．ただし，蒸留塔の塔頂には全縮器が，塔底にはリボイラーが設置されているものとする．また，還流比 R は 1.5 とし，気液平衡関係は表 3.1 を参照すること．

[解答] 式 (3.32a)，(3.32b) に与えられた数値を代入すると，

$$D + W = 100$$
$$0.95D + 0.05W = (100)(0.4)$$

これを解くと，$D = 38.89$ kmol·h^{-1}，$W = 61.11$ kmol·h^{-1} となる．原料蒸気量 $(1-q)F$ は 60 kmol·h^{-1} である．また，濃縮部の蒸気流量 V は，式 (3.44) と式 (3.39) より $V = (R+1)D$ と表され，$R = 1.5$ と前述の D の値から 97.23 kmol·h^{-1} となる．また，式 (3.42) より V' が V と $(1-q)F$ より求められ，さらに再沸比は

$$R' = \frac{37.23}{61.11} = 0.609$$

となる．その結果，操作線の式は次のようになる．

$$y_{n+1} = 0.6x_n + 0.38$$
$$y_{m+1} = 2.642x_m - 0.0821$$

xy 線図上（図 3.11）で，点 (x_D, x_D) から濃縮部操作線を引き，点 (x_W, x_W) から回収部操作線を引く．まず，全縮器を用いているので $x_D = y_1 = 0.95$ である．xy 線図上で $y_1 = 0.95$ のときの x 座標が 1 段目の液組成 x_1 で，図 3.11 か

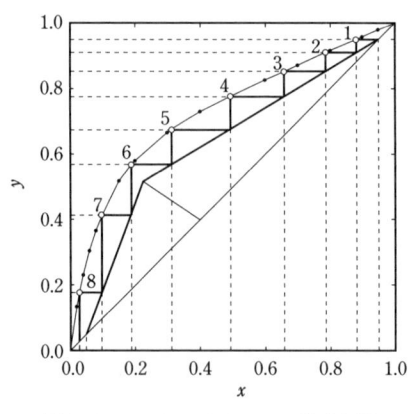

図3.11 マッケーブ−シールの階段作図

ら $x_1 = 0.88$ となる．さらに，操作線上で $x_1 = 0.88$ のときの y 座標が2段目の蒸気組成 y_2 で，図3.11 より $y_2 = 0.91$ となる．以下同様に，液組成が x_W を越えるまでこれを続ける．x_W は7段と8段の間にあるので，x について比例配分すると7.5段となる．これはステップ数だから，理論段数は6.5段となる．原料供給段は6段目である．

c. 最小還流比と最小理論段数

還流比 R を小さくしていくと，濃縮部の傾き $R/(R+1)$ が小さくなり，操作線と xy 線図との間隔が狭くなって理論段数が増える．さらに還流比を小さくすると，ある還流比で濃縮部と回収部の操作線の交点が xy 線図と一致する．このとき，階段作図を行うとその交点は越えられず，段数は無限大になる．この還流比は目的の分離を行うための還流比の極限を表し，これを最小還流比 $R_{\min}$ という．目的の分離を行うには，還流比 R は最小還流比よりも大きな値を設定する必要がある．$R_{\min}$ は，q 線と xy 線図との交点の座標を (x_c, y_c) とすれば，次式により与えられる（図3.12）．

$$R_{\min} = \frac{x_D - y_c}{y_c - x_c} \tag{3.49}$$

一方，還流比 R を大きくしていくと，濃縮部操作線の傾きが大きくなり，理論段数は減少する．そして全還流（$R = \infty$）のとき操作線は対角線と一致する．このときの理論段数を最小理論段数 $N_{\min}$ という．このとき留出液が得られないので，

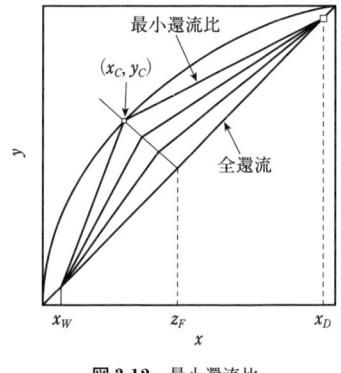

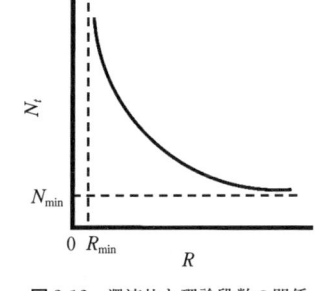

図 3.12 最小還流比

図 3.13 還流比と理論段数の関係

理論段数は最小理論段数より大きくしなければならない．$N_{\min}$ は，対角線を操作線として階段作図を行うことにより求められる．

図 3.13 に理論段数と還流比の関係を示した．還流比 R を小さくすると，段数が増えて蒸留塔の建設費が増加する．逆に，R を大きくすると，段数は少なくなるが還流液量が増加するため，塔径が大きくなるとともにリボイラーや凝縮器の容量も大きくなって建設費が増加する．そのため，リボイラーでのスチーム量や凝縮器の冷却水量が増えて，運転費も増加する．運転費と建設費の和は R に対して最小値をもつことが知られており，このときの R の値が環流比として選ばれることが多い．

3.2.3　回分蒸留

a. 単蒸留

実験室などでよく用いられる，構造の最も簡単な蒸留器を図 3.14 に示す．これは，一定量の溶液をフラスコに入れて加熱し，発生した蒸気をその温度範囲ごとに受器で回収する装置で，段が 1 段の回分蒸留装置である．溶液を加熱すると低沸点成分を多く含む蒸気が発生して塔頂から抜き出されるため，フラスコ内の液（釜残液という）量は時間とともに少なくなり，高沸点成分の組成は高くなる．これに伴い，フラスコで発生する蒸気中の低沸点成分の組成も時間とともに変化する．

いま，フラスコ内で 2 成分溶液が沸騰しており，時刻 $t=0$ のとき，組成が

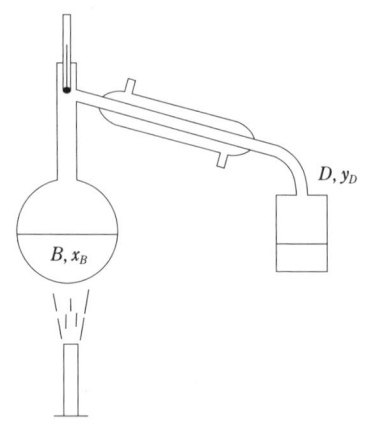

図 3.14 単蒸留装置

x_{B0}, 仕込み量が B_0 [mol] であるとする.時刻 t のとき,釜残液組成 x_B,釜残量 B [mol], 留出液組成 y_D, 留出液量 D [mol·s^{-1}] である. フラスコ内で発生した蒸気は瞬時に凝縮器で冷やされて受器に入るものとする.このとき,全物質収支式および成分収支式は以下のように表される.

$$-\frac{dB}{dt} = D \tag{3.50}$$

$$-\frac{d(Bx_B)}{dt} = -\left(B\frac{dx_B}{dt} + x_B\frac{dB}{dt}\right) = Dy_D \tag{3.51}$$

式 (3.50) と式 (3.51) の両辺に dt を掛けると

$$dB = -Ddt \tag{3.52}$$

$$Bdx_B + x_B dB = -y_D Ddt = y_D dB \tag{3.53}$$

式 (3.53) を積分すると,次式が得られる.

$$\int_{x_{B_0}}^{x_B} \frac{dx_B}{y_D - x_B} = \int_{B_0}^{B} \frac{dB}{B} = \ln\left(\frac{B}{B_0}\right) \tag{3.54}$$

これをレイリー (Rayleigh) の式という.また,留出率 β を次式で定義すると,

$$\beta = \frac{B_0 - B}{B_0} \tag{3.55}$$

平均の流出液組成 $\bar{x}_D$ は,次式で与えられる.

$$\bar{x}_D = \frac{x_{B_0} - (1-\beta)x_B}{\beta} \tag{3.56}$$

また，2成分系気液平衡が相対揮発度 α を用いて次式で表せる場合，

$$y = \frac{\alpha x}{1 + (\alpha-1)x} \tag{3.57}$$

釜残液量とその組成の間に次式が成り立つ．

$$\ln\frac{B_0}{B} = \frac{1}{\alpha-1}\left(\ln\frac{x_{B_0}}{x_B} + \alpha\ln\frac{1-x_B}{1-x_{B_0}}\right) \tag{3.58}$$

x_B が与えられていれば，釜残液量 B が計算で求められる．

b. 回分蒸留

回分蒸留塔の典型的な例を図 3.15 に示す．原料を蒸留塔本体の下部にある釜（スチルともいう）に仕込み，塔頂から製品を回収する構造のもので，低沸点成分を製品あるいは不純物として抜き出すような場合に用いられる．このほかに，原料槽を塔頂に設置して原料を供給し，塔底で製品を回収する構造のものもある．この際，塔底液の一部は蒸気として塔内に戻される．これは，高沸点成分の抜き出しや原料に少量の低沸点成分が不純物として含まれるような場合に用いられる．

回分蒸留塔では，単蒸留の場合と同様，塔頂蒸気が連続的に抜き出されるため，釜残液量と組成は時々刻々変化し，それに伴い各段の液組成，蒸気組成あるいは

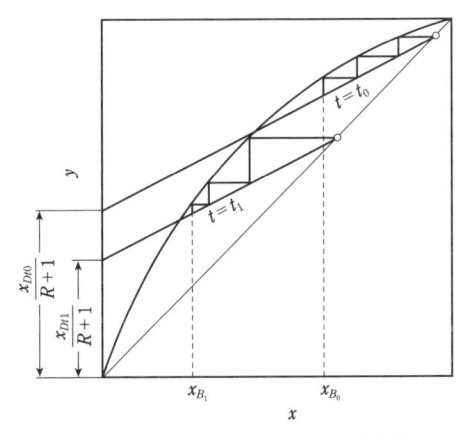

図 3.15 回分蒸留における還流比一定操作

温度も変化する．このため，時間を独立変数とする微分方程式を解かなければならない．ここではいくつかの仮定をおいた回分蒸留塔の簡便な操作法について説明する．

回分蒸留には，還流比一定操作や留出液組成一定操作などがある．後者は，ある組成の液を得る点では好ましい操作であるが，実際に組成を一定に保つのはそう容易ではない．その点，還流比一定操作は流量計を用いることで容易に行えることから，還流比一定操作を取り上げる．そこで，段は理想段で，気液流量は塔内でそれぞれ一定であり，またスチルで発生した蒸気は瞬時に凝縮器出口に達する（時間遅れはない）と仮定する．このとき，塔全体の全物質収支式および成分収支式は，式 (3.50)，(3.51) でそれぞれ表される．また，蒸留塔内の操作線の式については，連続多段蒸留塔の濃縮部操作線の式 (3.45) が適用される．

蒸留時間 (t) の経過とともに塔頂蒸気組成 y_D は小さくなり，操作線は平行に移動する．もし理論段数が与えられている場合，マッケーブ-シールの階段作図を行うと y_D に対応する x_B の値が得られ，$1/(y_D - x_B)$ を求めることができる．そこで，y_D の値を変えて x_B を求め，$1/(y_D - x_B)$ を x_B に対してプロットし，x_{B0} からある値の x_B の範囲で図積分すれば，式 (3.54) の左辺の積分値が得られるので，x_B に対応する釜残液量 B を求めることができる．逆に，釜残液量 B を与えた場合には，式 (3.54) の右辺の値が決まるので，それを満足する釜残液組成を図積分により求めることができる．なお，蒸留時間 t は次式から求められる．

$$t = \frac{B_0 - B}{V(1 - L/V)} = \frac{R+1}{V}(B_0 - B_t) \tag{3.59}$$

【例題 3.3】 50 mol%のメタノール水溶液を 101.325 kPa の条件にて単蒸留を行い，1/4 を留出させたい．留出液の濃度を求めよ（メタノール-水系の気液平衡関係は表 3.1 を参照）．

[解答] 表 3.3 参照．$\beta = 1/4$ なので，式 (3.54)，(3.55) から

$$\ln\left\{\frac{1}{1-(1/4)}\right\} = 0.288$$

式 (3.54) の左辺の積分を行うために，気液平衡関係から xy 線図をプロットし，x が 0.5 から y を求める．この結果をもとに $1/(y-x)$ を計算し，図積分を行い，積分値が 0.288 になる x を求める．x が 0.40 と 0.42 の間にあることがわかる．近似値として $x = 0.41$ とすると，式 (3.56) から

表 3.3 図積分の結果

x	y	$\dfrac{1}{y-x}$	平均	偏差	$\displaystyle\int_x^{0.5}\dfrac{1}{y-x}\,\mathrm{d}x$
0.50	0.779	3.58			
			3.51	0.0702	0.0702
0.48	0.768	3.47			
			3.39	0.0678	0.1380
0.46	0.760	3.33			
			3.28	0.0658	0.2036
0.44	0.751	3.22			
			3.18	0.0638	0.2670
0.42	0.740	3.13			
			3.08	0.0618	0.3286
0.40	0.729	3.04			

$$\bar{x}_D = \frac{0.5 - (1-(1/4))0.41}{(1/4)} = 0.772$$

となる．

3.3 多成分系蒸留（連続蒸留）

3.3.1 蒸留による多成分系混合物の分離

三つ以上の成分を含む混合物を通常の連続蒸留塔を用いて分離を行うと，留出液，缶出液のどちらか一方から単一成分を製品として回収することができる．したがって，すべての成分を製品として分離・回収するためには，最低でも（成分数 −1）本の蒸留塔が必要となる．例えば，揮発性の順に A, B, C となる 3 成分混合物では 2 本の蒸留塔が必要となり，成分回収の順序から図 3.16 に示すように 2 種類の構成（分離のシーケンス）を考えることができる．5 成分混合物では，

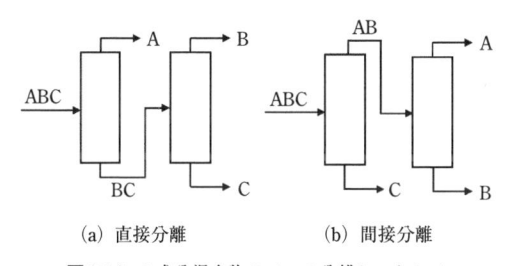

(a) 直接分離　　　　(b) 間接分離

図 3.16 3 成分混合物の二つの分離シーケンス

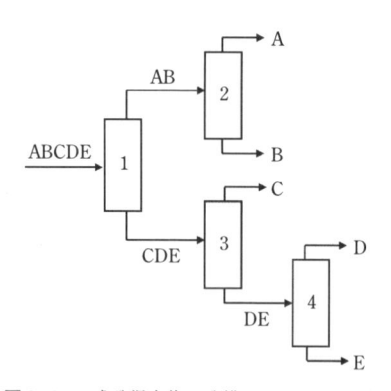

図 3.17　5 成分混合物の分離シーケンスの一例

表 3.4　ダブレット分離 [mol·h^{-1}]

成分	Fz_i	Dx_{Di}	Wx_{Wi}
1	0.300	0.300	—
2 (l)	0.250	0.245	0.005
3 (h)	0.200	0.005	0.195
4	0.150	—	0.150
5	0.100	—	0.100
Σ	1.000	0.550	0.450

14 種類の可能な分離シーケンスがあり，図 3.17 にその一例を示す．第 1 塔で AB と CDE に分け，第 2 塔では A と B，第 3 塔で C と DE，第 4 塔で D と E に分離する．どの分離シーケンスを選択するかは，目的の分離を得るための蒸留塔の仕様，運転条件に基づき消費エネルギーも含めて経済性評価を行ったうえで，判断することになる．

多成分混合物を分離するための個々の蒸留塔の設計は，二つの限界成分の分離仕様の指定から始まる．このとき，限界成分の選び方によって大きく二つのタイプに分類される．

図 3.17 の第 1 塔を例に表 3.4 の 5 成分混合物の分離を考えてみる．低沸点成分から高沸点成分に向けて成分に番号がつけられ，原料，留出液，缶出液，それぞれ成分流量が与えられている．第 3 成分は留出液中で組成または成分回収率を指定したい最高沸点成分となる．このような成分を**高沸限界成分**（heavy key, h）と呼び，この成分より高沸点の成分は実質的に全量が缶出液中に含まれるとして

表 3.5　スプリットキー成分を含む分離 [mol·h^{-1}]

成分	Fz_i	Dx_{Di}	Wx_{Wi}
1	0.300	0.300	—
2 (l)	0.250	0.245	0.005
3 (s)	0.200	Dx_{Ds}	Wx_{Ws}
4 (h)	0.150	0.005	0.150
5	0.100	—	0.100
Σ	1.000	D	W

いる．一方，第2成分は缶出液中で組成または成分回収率を指定したい最低沸点成分である．このような成分を**低沸限界成分**（light key, l）と呼び，この成分より低沸点の成分は実質的に全量が留出液に含まれるとしている．表3.4のように高沸限界成分と低沸限界成分が隣合う場合を**ダブレット分離**と呼ぶ．ダブレット分離では表中の（l, h）印の付いた二つの限界成分の成分流量（回収率）を指定することにより，物質収支から留出液，缶出液の全成分の組成を決定することができる．

分離の条件が緩くなると表3.5で与えられる分離仕様となる．第2成分が低沸限界成分，第4成分が高沸限界成分となるが，第3成分は二つの限界成分の間にあり，留出液，缶出液にある比率で分配されている．このような成分を**スプリットキー成分**（split key, s）と呼ぶ．スプリットキー成分が存在すると，二つの限界成分の成分流量（回収率）を指定しても，スプリットキー成分の成分流量 Dx_{Ds}, Wx_{Ws} を任意に指定できないために，あらかじめ留出液，缶出液流量および組成を決定することができない．

また，どのような分離仕様においても低沸限界成分より低沸成分の缶出液組成，高沸限界成分より高沸成分の留出液組成を事実上無視しているが，気液平衡関係によりこの仮定が成り立たない場合もあり，強い非理想性を示す分離系では限界成分の選定に試行錯誤が必要となる．

3.3.2　蒸留塔の自由度と蒸留問題

蒸留計算では，蒸留塔内の現象を支配する束縛条件式（固有の関係，物質収支，熱収支，物理平衡，化学平衡など）を連立させて図的（マッケーブ-シール法など）あるいは代数的（マトリックス法[13]など）に解き，蒸留塔内の状態を表す変数（圧

力,流量,温度,組成,段数など）を求めることになる.しかし,通常,独立変数の数の方が条件式の数よりも多いため,いくつかの変数を指定して式の数と合わせる必要がある.この指定すべき変数の数を**自由度**と呼ぶ.図3.8に示される一つの原料供給,塔頂と塔底から製品抜き出しをもつ通常の蒸留塔について,コンデンサー（全縮器）,リボイラーを含め蒸留塔全体について独立変数と束縛条件式をまとめると,供給される原料供給条件,塔内の操作圧力および還流液温度を既知としても,自由度は4となる.ここで,四つの指定すべき変数の組み合わせは数学的には無数に存在するが,現実的な問題設定として以下の二つの型の組み合せとなる.

- 設計型問題：低沸限界成分の回収率；Dx_{Dl},高沸限界成分の回収率；Wx_{Wh},還流比；R（最小還流比以上）,全段数最小（最適原料供給段）.
- 操作型問題：濃縮部段数；n_R,回収部段数；n_S,還流比；R,留出液流量；D（あるいは缶出液流量；W）.

設計型問題では,与えられた分離条件に対して濃縮部,回収部の段数を求めることになるが,3成分以上の多成分系において,二つの限界成分以外の成分を含めた塔内組成分布を求めるためには多くの反復計算を必要とすることになる.さらに,共沸系など系の非理想性が強くなると,前述のように実現可能な限界成分の回収率の指定すら困難になる場合が多くなる.

一方,操作型問題では,与えられた操作条件に対して成分分離を求めることになるので,変数の指定に関しては設計型問題に比べるとかなり容易である.そのため多成分系の複雑な設計型問題を考える場合,流量,還流比,段数の条件をいろいろと変えながら操作型問題を繰り返し解き,目標とする分離の仕様を満足する条件を見つけるという方法が実用的であるといえる.汎用のフローシートシミュレータの条件設定には多くの選択肢があり,複雑なプロセスに対する自由度の選定には注意が必要である.Henley と Seader [16] はさまざまなプロセスに対してより詳細な自由度の指定の仕方について解説している.

3.3.3 簡略設計法（理想系）

濃縮部,回収部で蒸気,液のモル流量が一定（等モル流れ）,各成分の相対揮発度が塔内を通じて一定とみなすことができるという仮定のもとで,解析的手法と経験則を用いて還流比および理論段数を決定する簡便な方法を説明する.

1) 最小理論段数　ダブレット分離の場合，分離条件から留出液，缶出液中の高沸限界成分 (h)，低沸限界成分 (l) の組成が与えられると，全還流状態における操作線と気液平衡曲線の関係から導出された**フェンスキ（Fenske）の式**[14] を用いて分離に必要となる**最小ステップ数** S_m を求めることができる．

$$S_m = \frac{\ln\{(x_{Dl}/x_{Dh}) \cdot (x_{Wh}/x_{Wl})\}}{\ln \alpha_{av}} \tag{3.60}$$

ただし，$\alpha_{av} = \sqrt{(\alpha_{lh})_D \cdot (\alpha_{lh})_W}$ は，塔頂，塔底における低沸限界成分と高沸限界成分の相対揮発度の平均値であり，S_m には理論段の役割をもつ部分凝縮器，部分蒸発器の数が含まれているので，蒸留塔部分に相当する**最小理論段数** N_m はこれらの数を減じたものとなる．

【例題3.4】　表3.4の分離仕様に対する最小ステップ数 S_m を求めよ．

[解答]　分離仕様から留出液，缶出液の組成（モル分率）を計算することができ，第5成分を基準にした成分相対揮発度 α_i とともに表3.6に与える．留出液，缶出液中の低沸限界成分 ($l=2$) および高沸限界成分 ($h=3$) の組成は，それぞれ $x_{Dl} = 0.4455$，$x_{Dh} = 0.0091$，$x_{Wl} = 0.0111$，$x_{Wh} = 0.4333$ となる．また，相対揮発度は $\alpha_{lh} = \alpha_l / \alpha_h = (11.4)/(5.13) = 2.222$ となり，これらの値を式 (3.60) に代入する．

$$S_m = \frac{\ln\{(0.4455/0.0091) \cdot (0.4333/0.0111)\}}{\ln(2.222)} = 9.46$$

最小ステップ数 $S_m = 9.46$ が得られる．

表3.6　ダブレット分離の例題

成分	z_i	x_{Di}	x_{Wi}	α_i
1	0.300	0.5454	—	26.2
2 (l)	0.250	0.4455	0.0111	11.4
3 (h)	0.200	0.0091	0.4333	5.13
4	0.150	—	0.3334	1.78
5	0.100	—	0.2222	1
Σ	1.000	1.0000	1.0000	

原料の熱的条件：$q=1$．

2) 最小還流比（アンダーウッドの方法）　Underwood[21] は成分相対揮発度一定，濃縮部，回収部における気液等モル流れの仮定のもとで導出された塔内組

成分布の解析的表現式から，分離仕様と段数無限大を指定した最小還流状態における還流比を計算するための式を導出した．

原料組成 z_i および原料の熱的条件 q に基づき，次式を満足する根 λ_k を求める．

$$\sum_{i=1}^{c}\frac{\alpha_i z_i}{\alpha_i-\lambda_k}=1-q \tag{3.61}$$

ただし，c は全成分数で，λ_k は $c-1$ 個ある．これらの根のなかで，$\alpha_h<\lambda_k<\alpha_l$ を満足するものを次式へ代入することにより，**最小還流比** R_m を求めることができる．

$$R_m+1=\sum_{i=1}^{h}\frac{\alpha_i x_{Di}}{\alpha_i-\lambda_k} \tag{3.62}$$

他の解析的手法としてアクリボス（Acrivos）らの方法[12]もある．

【例題 3.5】 表 3.4 の分離仕様に対する最小還流比 R_m を求めよ．
[解答] 問題より $l=2, h=3$ そして $q=1$ となる．式 (3.61) を解いて $\alpha_3<\lambda_k<\alpha_2$ を満足する λ_k を求める．

$$\frac{(26.2)(0.3)}{26.2-\lambda_k}+\frac{(11.4)(0.25)}{11.4-\lambda_k}+\frac{(5.13)(0.2)}{5.13-\lambda_k}+\frac{(1.78)(0.15)}{1.78-\lambda_k}+\frac{(1)(0.1)}{1-\lambda_k}=1-(1)$$

$\lambda_k=6.3008$ のとき左辺 $=-0.00035$ となり，この値を式 (3.62) に代入する．

$$R_m+1=\frac{(26.2)(0.5455)}{26.2-6.3008}+\frac{(11.4)(0.4454)}{11.4-6.3008}+\frac{(5.13)(0.0091)}{5.13-6.3008}=1.674$$

したがって，最小還流比 $R_m=0.674$ と求められる．

3) ギリランド（Gilliland）の相関 Gilliland[15] は計算によって得られた最小還流比 R_m，最小ステップ数 S_m と実際に操作されている蒸留塔に用いられている還流比 R，ステップ数 S の間に図 3.18 に示す相関関係を見いだした．これまでギリランドの相関の定式化が試みられているが，以下に簡単な平田ら[17]の式を示しておく．

$$\log\frac{S-S_m}{S+1}=-0.9\frac{R-R_m}{R+1}-0.17 \tag{3.63}$$

ただし，適用範囲は $(R-R_m)/(R+1)<0.7$ となっている．図 3.18 の破線が式 (3.63) で，適用範囲を外れる場合は複雑ではあるが，モロカノフ（Molokanov）らの式[20] を使う必要がある．

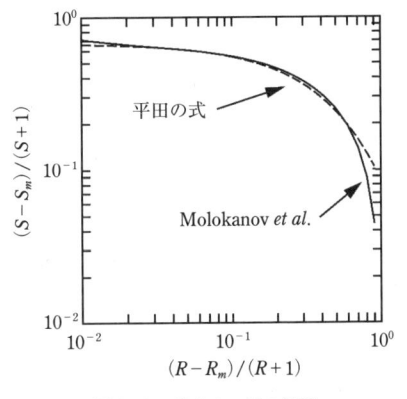

図 3.18 ギリランドの相関

【例題 3.6】 表 3.4 で与えられる分離仕様に対して求められた最小ステップ数，最小還流比より，操作還流比 $R = 1.2\,R_m$ に対応するステップ数 S を求めよ．

［解答］ 先の例題において，$S_m = 9.46$，$R_m = 0.674$ が得られている．したがって，操作還流比 $R = (1.2)(0.674) = 0.809$ となる．$(R - R_m)/(R + 1) = 0.0746$ を式 (3.63) に代入して $(S - S_m)/(S + 1) = 0.579$ が計算される．したがって，

$$S = \frac{0.579 + 9.46}{1 - 0.579} = 23.8 \text{ 段}$$

が得られる．最適原料供給段の決定については，あくまでも経験式ではあるが Kirkbride [18] が次式を提案している．

$$\frac{n_R}{n_S} = \left[\frac{z_h}{z_l} \cdot \frac{x_{Wl}^2}{x_{Dh}^2} \cdot \frac{W}{D} \right]^{0.206} \tag{3.64}$$

ここで，n_R，n_S はそれぞれ濃縮部，回収部の理論段数である．

スプリットキー成分を含む場合の最小理論段数，最小還流比の計算については文献 19) に詳述されている．

■引用文献

1) T. Hiaki, *et al.*：*J. Chem. Eng. Data*, **37**, 203, 1994.
2) L. Verhoeye, *et al.*：*J. Appl. Chem. Biotechn.*, **23**, 607, 1973.
3) J. Gmehling and B. Kolbe 著，栃木勝己訳：化学技術者のための実用熱力学，化学

工業社，1993.
4) J.J. van Laar：Z. Phys. Chem., **72**, 723, 1910.
5) M. Margules, et al.：Sitzgsber. Akad. Wiss. Wien. Math. -Naturwiss. Kl. II, **104**, 1234, 1895.
6) G.M. Wilson：Am. Chem. Soc., **74**, 3724, 1963.
7) H. Renon, et al.：AIChE J., **14**, 135, 1975.
8) 化学工学会編：化学工学の進歩 37 蒸留工学―基礎と応用―，槇書店，2003.
9) 化学工学会編：化学工学便覧（改訂6版），第10章，丸善，1999.
10) 大江修造：蒸留工学―実験室からプラント規模まで―，講談社，1990.
11) 大江修造：絵とき蒸留技術基礎の基礎，日刊工業新聞社，2008.
12) A. Acrivos and N.R. Amundson：Chem. Eng. Sci., **4**, 68, 1955.
13) N.R. Amundson and A.J. Pontinen：Ind. Eng. Chem., **50**, 730, 1958.
14) M.R. Fenske：Ind. Eng. Chem., **24**, 482, 1932.
15) E.R. Gilliland：Ind. Eng. Chem., **32**, 1220, 1940.
16) E.J. Henley and J.D. Seader：Equilibrium-Stage Separations in Chemical Engineering, p.239, John Wiley & Sons, New York, 1981.
17) 平田光穂：化学工学，**19**，44，1955.
18) C.G. Kirkbride：Petroleum Refiner, **23** (9), 87, 1944.
19) 化学工学会編：化学工学便覧（改訂6版），p.533，丸善，1999.
20) Y.K. Molokanov, et al.：Int. Chem. Eng., **12** (2), 209, 1972.
21) A.J.V. Underwood：Inst. Petrol., **32**, 614, 1946.

■演習問題

3.1 メタノール50 mol%，水50 mol%の原料を流量0.1 mol·h^{-1}にてフラッシュ蒸留装置に供給し，塔頂から60 mol%，塔底から20 mol%のメタノールをそれぞれ回収したい．このとき，塔頂と塔底の流量を求めよ．

3.2 メタノール50 mol%，水50 mol%の原料を連続蒸留装置に供給し，塔頂から90 mol%，塔底から10 mol%のメタノールにそれぞれ分離するとき，還流比を0.5とすると理論段数を求めよ．また，最小理論段数も求めよ．気液平衡関係は表3.1を参照のこと．

3.3 40 mol%のメタノール水溶液を全圧1気圧において100 kmol·h^{-1}にて連続蒸留し，95 mol%の留出液と5 mol%の缶出液を得たい．最小還流比の1.3倍で操作するものとして，以下の1)～3)を求めよ．ただし，$q=1$とする．
　1) 原料に対する留出液および缶出液の割合 D/F, W/F
　2) 最小還流比 R_{min}
　3) 濃縮部および回収部の操作線の式

4

抽　　　　出

　抽出 (extraction) とは，目的成分を溶剤を用いて溶かし出し，溶液2相間における溶解度の差（分配の差）を利用して分離する手法である．目的成分が固体の場合を**固液抽出** (solid-liquid extraction) あるいは浸出 (leaching)，液体の場合を**液液抽出** (liquid-liquid extraction) あるいは溶媒抽出 (solvent extraction) という．固液抽出の場合は，目的成分のみをよく溶かし出す溶剤を使用することが重要であり，湿式冶金の分野や実験室のさまざまな場面で用いられている．一方，液液抽出は，レアメタルのリサイクルや核燃料再処理，メッキ浴再生など重要な工業用分離操作の一つとして幅広く用いられている．本章では特に液液抽出操作について述べる．

　液液抽出操作では，抽出したい目的成分を**溶質**（あるいは**抽質**，solute），それを溶かしている溶媒を**希釈剤** (diluent) と呼ぶ．また希釈剤に溶質が溶けた溶液を原料という．この原料中から目的成分である溶質を溶かし出す液体を**溶剤**（あるいは**抽剤**，extracting solvent）と呼ぶ．例えば，酢酸とベンゼンの混合溶液から水を溶剤として用いて酢酸を抽出操作で分離する場合，酢酸を溶質，ベンゼンを希釈剤，この混合溶液を原料と考えることができる．原料中に溶剤としての水を加えると，ベンゼン中のほとんどの酢酸は水相中へ移動し，比重の軽い上層のベンゼン相と重い下層の水相に分かれる．このとき，酢酸が抽出された上層のベンゼン相を**抽残液** (raffinate)，水を含む下層の溶剤相を**抽出液** (extract) と呼ぶ．このように抽出操作では，溶質の2相間の溶解度差（分配差）を利用しており，通常，混和しない水と油（有機相）の2相系が用いられる．つまり液液系の抽出操作においては，溶質，希釈剤，溶剤の3成分の液液平衡関係が重要となる．すなわち，希釈剤と溶質との溶液を，溶剤と十分に接触させて，溶質をできるだけ溶剤相に移動させる．この場合溶剤はもちろん，溶質をよく溶かすものでなければならないが，溶媒とはなるべく溶け合わないことが必要である．

4.1 抽出平衡の原理

液液抽出法の基礎となる二つの液相間での溶質の分配平衡の原理について述べる．続いて，液液抽出の例として，カルボン酸の抽出および金属イオンの抽出の分配平衡について述べる．

4.1.1 分配平衡の原理

いま，溶質 S が互いに混じり合わない水相 (aq) と有機相 (org) の間に分配する平衡を考える[1]．その分配平衡式は次のように書ける．

$$S(aq) \rightleftharpoons S(org) \tag{4.1}$$

熱力学的には分配平衡にある溶質の各相における化学ポテンシャルは等しいので，有機相および水相における溶質の化学ポテンシャルをそれぞれ $\mu_{S,org}$ および $\mu_{S,aq}$ とすると，次式が成り立つ．

$$\mu_{S,org} = \mu_{S,aq} \tag{4.2}$$

有機相および水相における溶質の活量をそれぞれ $a_{S,org}$ および $a_{S,aq}$ とすれば，式 (4.1) は次のように書き直すことができる．

$$\mu^\circ_{S,org} + RT \ln a_{S,org} = \mu^\circ_{S,aq} + RT \ln a_{S,aq} \tag{4.3}$$

ここで，$\mu^\circ_{S,org}$ および $\mu^\circ_{S,aq}$ はそれぞれ有機相および水相における溶質 S の標準化学ポテンシャルである．

両相における溶質の活量の比を熱力学的分配係数といい，これを K_D^T とすると，K_D^T は式 (4.3) より次式で表される．

$$K_D^T = \frac{a_{S,org}}{a_{S,aq}} = \exp\left\{-\frac{(\mu^\circ_{S,org} + \mu^\circ_{S,aq})}{RT}\right\} \tag{4.4}$$

$\mu^\circ_{S,org}$ と $\mu^\circ_{S,aq}$ は一定であるので，K_D^T は定数である．有機相および水相における溶質の活量係数をそれぞれ $f_{S,org}$ および $f_{S,aq}$ とし，それぞれの相の溶質のモル濃度を $[S]_{org}$ および $[S]_{aq}$ とすると，$a_{S,org} = f_{S,org}[S]_{org}$，$a_{S,aq} = f_{S,aq}[S]_{aq}$ であるので，式 (4.4) は次のように表される．

$$\frac{a_{S,org}}{a_{S,aq}} = \frac{f_{S,org}[S]_{org}}{f_{S,aq}[S]_{aq}} = \frac{f_{S,org}}{f_{S,aq}} \times K_D \tag{4.5}$$

ここで，K_D は分配係数と呼ばれる．

各相における目的とする溶質の活量係数が一定とみなせる場合，分配係数は温

度と溶媒の種類が決まれば，一定の値をとる．

　分配平衡に関与する溶質は，いずれかの相で酸解離，会合あるいは錯生成などの化学反応を起こしてさまざまの形態の化学種として存在する場合がある．そのような場合，化学種の形態にかかわらず溶質全体としてどちらの相に多く存在するかを知るために，両相における溶質の全濃度の比を分配比と定義し，D で表す[1]．

$$D = \frac{\text{有機相中の溶質 S の全濃度}}{\text{水相中の溶質 S の全濃度}} \tag{4.6}$$

例えば，溶質 S が S_1, S_2, S_3 などの異なる形態をとって存在する場合，分配比は次式で表される．

$$D = \frac{\{[S_1]_{\text{org}} + [S_2]_{\text{org}} + [S_3]_{\text{org}} + \cdots\}}{\{[S_1]_{\text{aq}} + [S_2]_{\text{aq}} + [S_3]_{\text{aq}} + \cdots\}} \tag{4.7}$$

　また，溶質全体のうちどの程度が有機相に抽出されたかを表すには，抽出百分率 $E\,[\%]$ を用いる．いま，体積 V_{aq} の水相に存在する溶質を体積 V_{org} の有機相に抽出したとき，水相中の溶質濃度が C_{aq} で，有機相中の溶質濃度が C_{org} であるとすると，抽出百分率は次式で表される．

$$E\,[\%] = \frac{100\,C_{\text{org}} V_{\text{org}}}{C_{\text{org}} V_{\text{org}} + C_{\text{aq}} V_{\text{aq}}} = \frac{100\,D}{D + V_{\text{aq}}/V_{\text{org}}} \tag{4.8}$$

ここで，溶質の分配比 $D = C_{\text{org}}/C_{\text{aq}}$ である．例えば，$V_{\text{aq}} = V_{\text{org}}$ の場合，分配比が 1 であることは，全溶質の 50% が有機相に抽出されていることを意味する．

4.1.2　カルボン酸の抽出

　酢酸や安息香酸などのモノカルボン酸を溶質として，これが水と非極性有機溶媒の間で分配する系を考える．このような溶質は，水相中では単量体として存在するほか，水素イオンが一部解離してカルボン酸イオンとして存在する．一方，カルボン酸は非極性有機溶媒中では，単量体が 2 分子会合した二量体を形成することが知られている[2]．したがって，カルボン酸の単量体を HA，カルボン酸イオンを A^-，カルボン酸の二量体を $(HA)_2$ で表すと，カルボン酸の 2 相間の分配平衡は図 4.1 のように表すことができる．カルボン酸の分配平衡定数を K_D，水相中でのカルボン酸の酸解離定数を K_a および有機相中でのカルボン酸の二量体生成定数を K_d とすると，それぞれの定数は次式で与えられる．

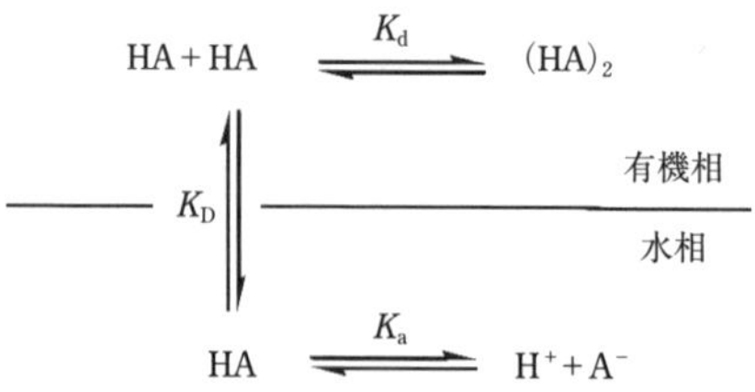

```
HA + HA  ⇌ Kd  (HA)₂
         ║
         ║ K_D                     有機相
         ║ ─────────────────────
         ║                         水相
         ║
HA       ⇌ Ka   H⁺ + A⁻
```

図 **4.1**　カルボン酸の分配平衡

$$K_D = \frac{[HA]_{org}}{[HA]_{aq}} \tag{4.9}$$

$$K_a = \frac{[H^+]_{aq}[A^-]_{aq}}{[HA]_{aq}} \tag{4.10}$$

$$K_d = \frac{[(HA)_2]_{org}}{[HA]^2_{org}} \tag{4.11}$$

有機相中でのカルボン酸の酸解離は無視できるとし，また水相中での二量体生成は起こらないと仮定すると，カルボン酸の分配比は次のように表される．

$$D = \frac{[HA]_{org} + 2[(HA)_2]_{org}}{[HA]_{aq} + [A^-]_{aq}} \tag{4.12}$$

式 (4.9) 〜 (4.11) を式 (4.12) に代入して整理すると次式が得られる．

$$D = K_D \frac{1 + 2K_d K_D [HA]_{org}}{1 + K_a/[H^+]_{aq}} \tag{4.13}$$

カルボン酸の水相中での形態は，水素イオン濃度によって変化するので，分配比も水素イオン濃度によって変化することがわかる．

次のような場合，式 (4.13) は簡略化できる．

(1) カルボン酸の濃度が低く，有機相中での二量体生成が無視できる場合：

$$D = \frac{K_D}{1 + K_a/[H^+]_{aq}} \tag{4.14}$$

この場合，水相の pH が低く，カルボン酸が HA 分子として存在するとき，$D = K_D$ となり，分配比は pH によらず一定値をとる．一方，水相の pH が高く，カルボン酸がカルボン酸イオンとして存在するときは，分配比は次式で表され，分配比が水素イオン濃度に一次に比例することがわかる．

4.1 抽出平衡の原理

図 4.2 カルボン酸抽出における $\log D$ と pH あるいは $\log[\text{HA}]_\text{org}$ との関係

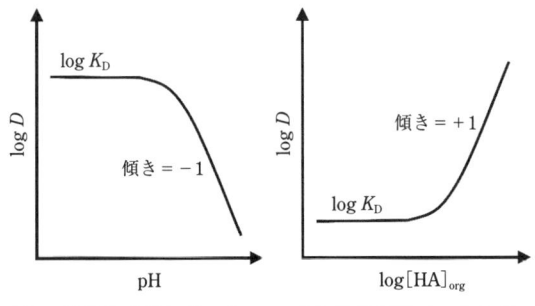

(a) 二量体形成が無視できるときのカルボン酸の $\log D$ と pH との関係

(b) 酸性領域でのカルボン酸の $\log D$ と $\log[\text{HA}]_\text{org}$ との関係

$$D = K_\text{D} \frac{[\text{H}^+]_\text{aq}}{K_\text{a}} \tag{4.15}$$

(2) 有機相中で二量体生成している場合：この場合，水相の pH が低いときには，式 (4.13) の分子の第 2 項は無視できるので，分配比は次式となり，分配比が水相中のカルボン酸濃度の関数となる．

$$D = K_\text{D}(1 + 2K_\text{d}K_\text{D}[\text{HA}]_\text{org}) \tag{4.16}$$

図 4.2 に分配比の常用対数値と pH あるいはカルボン酸濃度の常用対数値との関係を示す．このように対数-対数プロットを行い，切片や直線の傾きから分配係数や酸解離定数などを求める方法をスロープ解析法と呼ぶ．

4.1.3 金属イオンの抽出

金属イオンは水相中では，一般に水分子が配位した水和金属イオンとして安定に存在するので，金属イオンを含む水溶液を有機溶媒と振り混ぜても有機溶媒相には金属イオンはほとんど分配されない．金属イオンの電荷を中和し，配位している水分子を置換して有機溶媒と親和性のある化学種に変えることで，金属イオンを有機溶媒相に分配させることができる．この目的のために用いられる抽出試薬をキレート抽出剤という．キレート抽出剤は金属イオンに配位し，無電荷の金属キレートが生成する．この金属キレートは親油的であるので有機溶媒に容易に分配する．このように金属イオンを金属キレートとして溶媒抽出する方法をキレ

配位原子	名　称	構　造
O, O	β-ジケトン類 ・アセチルアセトン 　($R_1=R_2=CH_3$) ・α-アセチル-m-ドデシルアセトフェノン (LIX54) 　($R_1=C_{12}H_{25}-$, $R_2=CH_3-$)	
N, N	ヒドロキシオキシム類 ・2-ヒドロキシ-5-ノニルベンゾフェノンオキシム (LIX65N) 　($R_1=$ ⟨⟩ $-$, $R_2=C_9H_{19}-$) ・2-ヒドロキシ5-ノニルベンズアルドキシム (SME529) 　($R_1=CH_3-$, $R_2=C_9H_{19}-$)	
N, N	スルホンアミドキノリン類 ・N-8-キノリル-p-ドデシルベンゼンスルホンアミド (LIX34) 　($R=C_{12}H_{25}-$ ⟨⟩ $-$)	
S, S	チオカルバミン酸類 ・ジエチルジチオカルバミン酸	
O, N	オキシン類 ・7-ラウリル-8-ヒドロキシキノリン 　(Kelex 100) 　($R_1=H$, $R_2=C_{12}H_{25}-$)	

図 4.3　液液抽出に用いられる代表的なキレート抽出剤

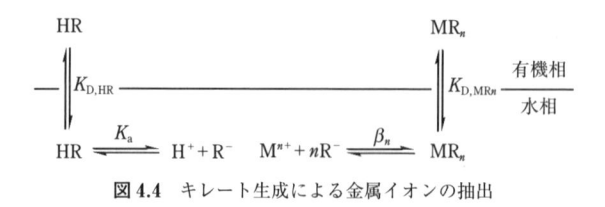

図 4.4　キレート生成による金属イオンの抽出

ート抽出という[2]．キレート抽出に用いられる代表的な抽出剤を図 4.3 に示す．

　金属イオン M^{n+} を含む水相と，弱酸であるキレート試薬 HR を含む有機相とを振り混ぜ，金属イオンを有機相に抽出する系を考える．金属イオンは水和イオンとして水相のみに存在すると仮定する．キレート試薬は水相に分配し，酸解離をして一部はキレート陰イオン R^- として存在する．水相中で金属イオンは，キレート陰イオンと錯生成反応をして無電荷の金属キレート MR_n を生成し，生成し

た金属キレートは有機相に分配する．このような金属キレート抽出平衡は図 4.4 に示すような四つの平衡から成り立つ．

金属キレート試薬の分配係数 $K_{\mathrm{D,HR}}$ は，

$$K_{\mathrm{D,HR}} = \frac{[\mathrm{HR}]_{\mathrm{org}}}{[\mathrm{HR}]_{\mathrm{aq}}} \tag{4.17}$$

キレート試薬の水相中での酸解離定数 K_{a} は，

$$K_{\mathrm{a}} = \frac{[\mathrm{H}^+]_{\mathrm{aq}}[\mathrm{R}^-]_{\mathrm{aq}}}{[\mathrm{HR}]_{\mathrm{aq}}} \tag{4.18}$$

金属キレートの全生成定数 β_n は，

$$\beta_n = \frac{[\mathrm{MR}_n]_{\mathrm{aq}}}{[\mathrm{M}^{n+}]_{\mathrm{aq}} + [\mathrm{R}^-]_{\mathrm{aq}}^n} \tag{4.19}$$

金属キレートの分配係数 $K_{\mathrm{D,MR}_n}$ は，

$$K_{D,\mathrm{MR}_n} = \frac{[\mathrm{MR}_n]_{\mathrm{org}}}{[\mathrm{MR}_n]_{\mathrm{aq}}} \tag{4.20}$$

で表される．ここで，金属イオンは水相および有機相中ではそれぞれ M^{n+} および MR_n として存在するので，金属イオンの分配比 D は次式で表される．

$$D = \frac{[\mathrm{MR}_n]_{\mathrm{org}}}{[\mathrm{M}^{n+}]_{\mathrm{aq}}} \tag{4.21}$$

分配比は式 (4.17)～(4.20) を用いて整理すると次式で表される．

$$D = \frac{K_{\mathrm{D,MR}_n} \beta_n K_{\mathrm{a}}^n [\mathrm{HR}]_{\mathrm{org}}^n}{K_{\mathrm{D,HR}}^n [\mathrm{H}^+]_{\mathrm{aq}}^n} \tag{4.22}$$

式 (4.22) の定数をまとめて，K_{ex} とおくと，

$$K_{\mathrm{ex}} = \frac{K_{\mathrm{D,MR}_n} \beta_n K_{\mathrm{a}}^n}{K_{\mathrm{D,HR}}^n} \tag{4.23}$$

となり，式 (4.22) は次式となる．

$$D = \frac{K_{\mathrm{ex}} [\mathrm{HR}]_{\mathrm{org}}^n}{[\mathrm{H}^+]_{\mathrm{aq}}^n} \tag{4.24}$$

K_{ex} は抽出定数と呼ばれ，次の抽出反応の平衡定数にほかならない．

$$\mathrm{M}^{n+}(\mathrm{w}) + n\mathrm{HR}(\mathrm{org}) \rightleftharpoons \mathrm{MR}_n(\mathrm{o}) + n\mathrm{H}^+(\mathrm{aq}) \tag{4.25}$$

$$K_{\mathrm{ex}} = \frac{[\mathrm{MR}_n]_{\mathrm{org}}[\mathrm{H}^+]_{\mathrm{aq}}^n}{[\mathrm{M}^{n+}]_{\mathrm{aq}} + [\mathrm{HR}]_{\mathrm{org}}^n} \tag{4.26}$$

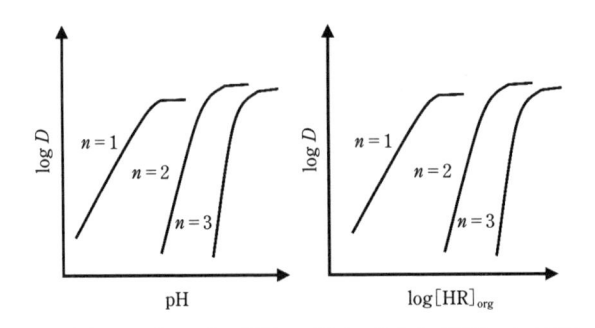

(a) $\log D$ と pH との関係　(b) $\log D$ と $\log[\mathrm{HR}]_{\mathrm{org}}$ との関係

図 4.5　キレート抽出における $\log D$ と pH および $\log[\mathrm{HR}]_{\mathrm{org}}$ との関係　n は金属イオンの価数.

式 (4.26) の両辺の対数をとると，次式が得られる.

$$\log D = \log K_{\mathrm{ex}} + n\log[\mathrm{HR}]_{\mathrm{org}} + n\mathrm{pH} \tag{4.27}$$

この式より，有機相中のキレート試薬の濃度が一定の場合は，$\log D$ は pH と傾き n の直線関係があり，また，pH が一定の場合は，$\log D$ は $\log[\mathrm{HR}]_{\mathrm{org}}$ に対して傾き n の直線となる．それぞれの関係を図 4.5 に示す．以上の対数-対数プロットの直線の切片から，スロープ解析法により抽出定数を求めることができる．

4.2　液液平衡関係の表現

抽出操作では，少なくとも溶質，希釈剤，溶剤の 3 成分が平衡に関わってくる．抽残相を x，抽出相を y で表し，溶質を A，希釈剤を B，溶剤を C とすると，各相の組成は $(x_\mathrm{A}, x_\mathrm{B}, x_\mathrm{C})$，$(y_\mathrm{A}, y_\mathrm{B}, y_\mathrm{C})$ と表すことができる．このとき

$$x_\mathrm{A} + x_\mathrm{B} + x_\mathrm{C} = 1, \qquad y_\mathrm{A} + y_\mathrm{B} + y_\mathrm{C} = 1 \tag{4.28}$$

である．x_i, y_i (i = A, B, C) は質量分率（wt%）あるいはモル分率を用いる．各成分の平衡関係は，図 4.6 のような直角二等辺三角形を用いた**三角線図**によって示すのが便利である．

三角形の頂点 A，B，C をそれぞれ溶質，希釈剤，溶剤の組成が 1 の点とし，横軸に x_C を，縦軸に x_A をとれば，式 (4.28) の関係から x_B が決まるため，三角形内部の点により，溶液の組成を表すことができる．

この直角三角座標を用いると，組成の異なる二つの 3 成分溶液を混合した場合の混合後の組成を容易に求めることができる．例えば，図 4.6 中の点 P で示す組

4.2 液液平衡関係の表現

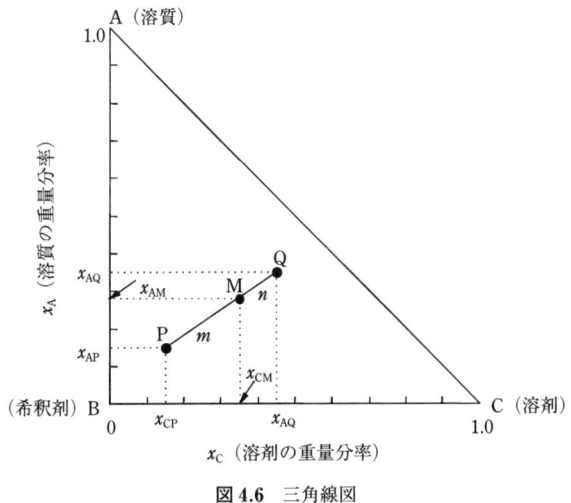

図4.6 三角線図

成 (x_{AP}, x_{BP}, x_{CP}) の溶液 n [kg] と点 Q で示される (x_{AQ}, x_{BQ}, x_{CQ}) の溶液 m [kg] を混合してできる3成分系の組成は，点 M を PM：QM＝m：n に内分する点にとる（**てこの原理**）ことによって，点 M の組成（x_{AM}, x_{BM}, x_{CM}）で与えられる．

液液抽出は，2相間の成分の溶解度差に基づく分離操作であるため，各成分の平衡関係が重要となる．図4.7 (a) の曲線 R′RSPEE′ は混合液の飽和組成を示す**溶解度曲線**（solubility curve）である．この溶解度曲線は実験的に求めることができる．点 F で示される組成の原料に純溶剤 C を加えていくと，溶液の組成は点 F から直線 FC 上を移動し，点 S で白濁が認められる．ここが相互溶解の限界であり，さらに溶剤 C を加えていくと溶液は2相に分離する．一定温度のもと，点 F の組成を変化させて同様な実験を行うことによって点 S で示される溶解度がそれぞれ求められ，これを結ぶことによりその温度での溶解度曲線が得られる．ここで辺 BC 上の点 R′ は，B 成分に対する C 成分の溶解度を，点 E′ は C 成分に対する B 成分の溶解度を示している．この曲線の内側は溶液が2相に分離する領域で，外側の領域では3成分が均一相となる．抽出はこの2液相領域で行うことになる．

図4.7中のM点の組成の混合溶液を調製すると，溶液は溶解度曲線上のR点，E点の組成の2相に分かれる．この2点を結ぶ線を**対応線**（**タイライン**，tie line）という．平衡にある種々組成の2相の溶液を分離し，それぞれの組成を分

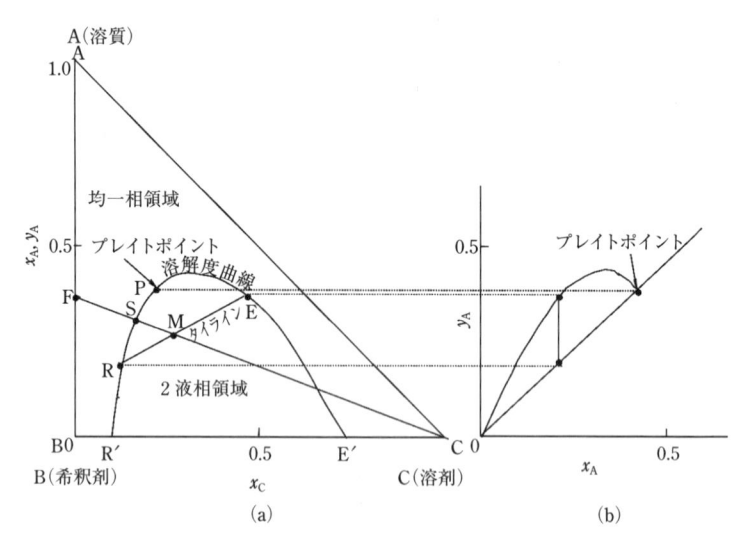

図 4.7 (a) 溶解度曲線とタイライン (b) 分配曲線

表 4.1 酢酸−ベンゼン−水の液液平衡 (298 K)[4]

ベンゼン相 (x)			水相 (y)		
酢酸 (x_A) [wt%]	ベンゼン (x_B) [wt%]	水 (x_C) [wt%]	酢酸 (y_A) [wt%]	ベンゼン (y_B) [wt%]	水 (y_C) [wt%]
0.15	99.85	0.00	4.56	0.04	95.40
1.40	98.56	0.04	17.70	0.20	82.10
3.27	96.62	0.11	29.00	0.40	70.60
15.00	84.50	0.50	59.20	4.00	36.80
22.80	76.35	0.85	64.80	7.70	27.50
31.00	67.10	1.90	65.80	18.10	16.10
35.30	62.20	2.50	64.50	21.10	14.40
44.70	50.70	4.60	59.30	30.00	10.70
52.30*	40.50	7.20	52.30*	40.50	7.20

*プレイトポイント

析して求めることにより，液液平衡のデータが得られる．表 4.1 は酢酸−ベンゼン−水の液液平衡である．これにより溶解度曲線内のさまざまな液組成に対して，タイラインを引くことができる．溶質の濃度を増加させると徐々にタイラインは短くなり，一点に収束する．この点 P を**プレイトポイント** (plait point) と呼び，

点Pで2相の組成は完全に一致する．なお，多くの液液平衡データがあれば，これをプロットすることにより，溶解度曲線を引くことができる．

平衡にある2相の溶質濃度 (x_A, y_A) を直角座標にプロットすると図4.7(b)のような**分配曲線**（distribution curve）が得られる．分配曲線上の点は，図(a)のタイラインの両端の値に対応し，点Pは対角線上にくる．

4.3 抽 出 操 作

4.3.1 単 抽 出

単抽出（single-stage extraction）は1回の抽出操作である．一定量の原料に溶剤を加えて両相の組成が平衡状態になるまで十分に攪拌し，静置して2相に分離した抽出液と抽残液を取り出す．分液ロートによる抽出を考えればよい．工業的には，図4.8に示すような混合攪拌部と相分離部が1ユニットとなったミキサーセトラー型の抽出装置が用いられ，連続的に抽出と相分離が行われる．

溶質Aと希釈剤Bを含む原料，溶剤Cの量をそれぞれF, Sとし，これらを混合して溶質が移動した抽出液の量をE, 抽残液の量をRとする．単位は回分操作では [kg]，連続操作では [kg·h^{-1}] である．全物質の収支は

$$F + S = M = E + R \tag{4.29}$$

ここで，Mは混合液の量である．溶質Aの各液相中の組成（質量分率またはモル分率）は，原料，溶剤，抽出液および抽残液中の組成をそれぞれx_F, y_0, y_Eおよびx_Rとし，混合液中の平均組成をz_Mとすると，混合液の溶質成分の物質収支は次のように表せる．

$$Fx_F + Sy_0 = Mz_M \tag{4.30}$$

単抽出では一般に$y_0 = 0$であるから

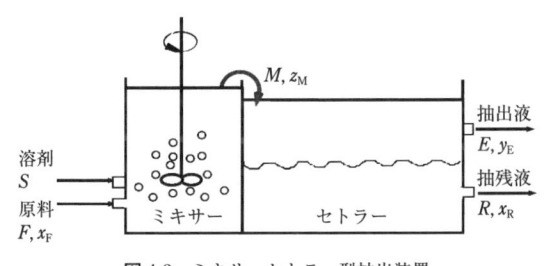

図 4.8 ミキサーセトラー型抽出装置

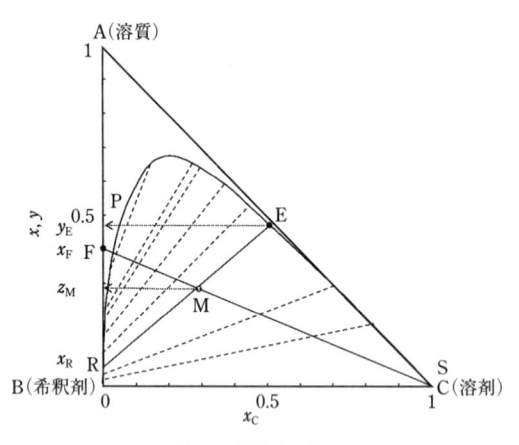

図4.9 単抽出の作図

$$z_\mathrm{M} = \frac{Fx_\mathrm{F}}{M} = \frac{Fx_\mathrm{F}}{F+S} \tag{4.31}$$

抽出後の溶質成分物質収支は

$$Mz_\mathrm{M} = Ey_\mathrm{E} + Rx_\mathrm{R} \tag{4.32}$$

であり，y_E と x_R は液液平衡関係にある．

解析には，図4.9に示すように3成分の液-液平衡関係をプロットした三角線図を利用する．まず辺AB上に原料を示す点F ($x = x_\mathrm{F}$) をとり，溶剤を示す点S($=$ C, $y_0 = 0$) と結ぶ．FとSの量が決まれば，式(4.31)より求めた溶質の組成が z_M の点を，線分FC上にとることにより点Mが求められる．点Mは線分FCを S/F に内分する点である（$S/F = (x_\mathrm{F} - z_\mathrm{M})/z_\mathrm{M} = FM/MC$）．点Mを通るタイラインを，分配曲線を用いて内挿し，これより点Rと点Eの組成 x_R と y_E をそれぞれ読み取ることができる．このときの抽出液と抽残液の量は，

$$E = M\left(\frac{z_\mathrm{M} - x_\mathrm{R}}{y_\mathrm{E} - x_\mathrm{R}}\right) \tag{4.33}$$

$$R = M - E \tag{4.34}$$

から求めることができる．

抽出操作では，原料中に含まれる溶質のうち，抽出液中に抽出された割合を抽出率 ε と定義する．

$$\varepsilon = \frac{Ey_E}{Fx_F} \tag{4.35}$$

金属イオンのように溶剤のみでは抽出がむずかしい場合，溶質との親和性が高い抽出試薬を溶剤に溶解することにより抽出を行う（4.1節参照）．抽質や抽出試薬が希薄で両相の体積変化がない場合は，各化学種の濃度は質量濃度 [kg·m^{-3}]，モル濃度 [mol·m^{-3}] で表すことができる．

【例題 4.1】 酢酸 40 wt%，ベンゼン 60 wt% の混合液 100 kg に，水 100 kg を加えて抽出した場合の抽出液，抽残液の組成と質量を求めよ．また，組成が酢酸 60 wt%，水 5 wt%，ベンゼン 35 wt% の原料 100 kg を抽出した場合の結果はどうなるか．平衡データは表 4.1 を用いよ．

[解答] 酢酸とベンゼンの混合液である原料 (F_1) と水である溶剤 (C) の，それぞれ 100 kg を混合した等量混合物の組成は，てこの原理により M_1 で表される．M_1 を通るタイラインを用いて求めると，R_1E_1 が得られる（図 4.10）．

抽出相 E_1 の組成：酢酸 (27%)，水 (72%)，ベンゼン (1%)

抽残相 R_1 の組成：酢酸 (4%)，水 (0.25%)，ベンゼン (95.75%)

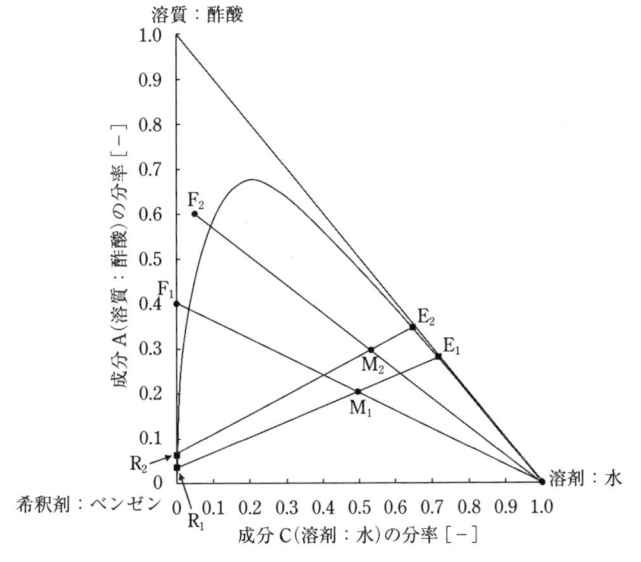

図 4.10 例題 4.1 の解答作図

抽出相の量：$E_1 = \dfrac{(200)(0.2-0.04)}{0.27-0.04} = 139 \text{ kg}$

抽残液の量：$R_1 = 200 - 139 = 61 \text{ kg}$

後半も同様に F_2 から出発して，混合物 M_2，抽出相 E_2，抽残相 R_2 が求まる．

抽出相 E_2 の組成：酢酸 (34.5%)，水 (63%)，ベンゼン (2.5%)

抽残相 R_2 の組成：酢酸 (6.5%)，水 (0.2%)，ベンゼン (93.3%)

抽出相の量：$E_2 = \dfrac{(200)(0.3-0.065)}{0.345-0.065} = 168 \text{ kg}$

抽残液の量：$R_2 = 200 - 168 = 32 \text{ kg}$

4.3.2. 並流多回抽出 (multistage crosscurrent extraction)

a. 解析法

図 4.11 に示すように，原料 F を供給する第 1 槽に溶剤 S_1 を加えて抽出を行ったのち，抽出液 E_1 と抽残液 R_1 に分離し，抽残液 R_1 を次の槽に移して新たに溶剤 S_2 を加えて E_2 と抽残液 R_2 を得る．この操作を n 回繰り返し行うのが，並流多回抽出である．単抽出を行っただけでは溶質の回収が不十分である場合に，このような繰り返し操作を行って回収率を上げることができる．多回抽出の各槽の操作は単抽出と同じであり，解析は単抽出の計算を繰り返すことにより行う．

j 槽目について物質収支をとると

全物質の収支　　　$R_{j-1} + S_j = M_j = R_j + E_j$ 　　　　　(4.36)

溶質成分の収支　　$R_{j-1} x_{j-1} = M_j z_{Mj} = R_j x_j + E_j y_j$ 　　(4.37)

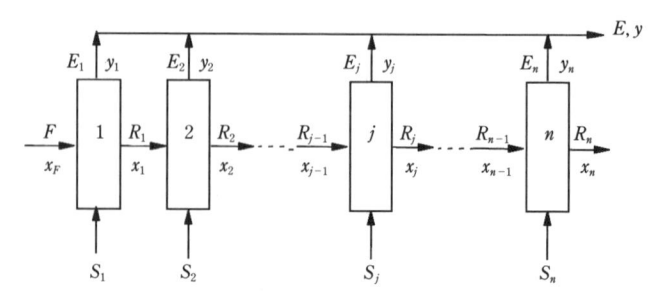

図 4.11　並流多回抽出

4.3 抽出操作

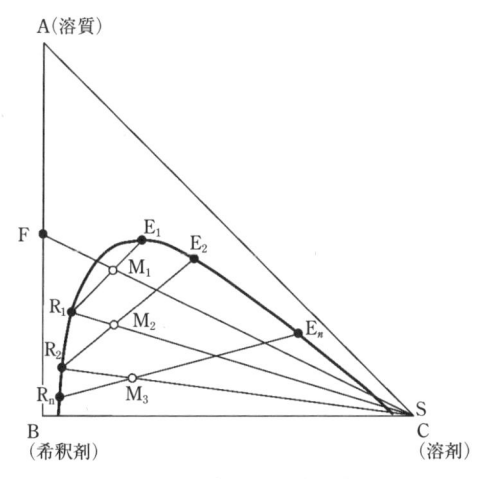

図4.12 多回抽出の作図法

$$z_{Mj} = \frac{R_{j-1}x_{j-1}}{M_j} = \frac{R_{j-1}x_{j-1}}{R_{j-1}+S_j} \tag{4.38}$$

$$E_j = M_j(z_{Mj}-x_j)/(y_j-x_j) \tag{4.39}$$

$$R_j = M_j - E_j \tag{4.40}$$

ここで M_j および z_{Mj} は j 槽の混合液の量と平均の溶質の組成である.

図 4.12 のように，1 段目の原料 F には溶剤が含まれていないので単抽出の場合と同じようにして点 M_1 が得られ，点 E_1 と R_1 の組成と量が求められる．次に R_1 に純溶剤 S_2 を加えるとすれば，式 (4.38) から求めた z_{M_2} の組成から線分 R_1C 上に点 M_2 を得，これを通るタイラインにより点 E_2 と R_2 の組成を求めて式 (4.39)，式 (4.40) よりその量を計算する．このように順次計算を繰り返すことにより x_n を求めることができる．このとき，溶質の抽出率 ε は次式で表される．

$$\text{抽出率 } \varepsilon = \frac{\sum_{j=1}^{n} E_j y_j}{F x_j} \tag{4.41}$$

【例題 4.2】 20 wt% の酢酸を含むベンゼン溶液 100 kg·h^{-1} を，1 回につき 20 kg·h^{-1} の水で多回抽出する．抽残液の酢酸の濃度を 1 wt% 以下にするのに必要な抽出操作の回数を求めよ．

[解答] 三角線図において点 F を $x_F = 0.2$ にとる．単抽出と同様に，点 C と

F 点を結んだ直線を S/F に内分する点 M_1 ($z_{M1} = 0.167$) を通るタイラインの両端から R_1 の $x_1 = 0.065$,E_1 の $y_1 = 0.410$ が得られる.式 (4.39),(4.40) から抽残相 R_1 は 84.5 kg となる.R_1C 上にこれを S/R_1 に内分する点 M_2 ($z_{M2} = 0.053$) が得られ,これを通るタイラインの両端から,R_2 の $x_2 = 0.015$ E_2 の $y_2 = 0.180$ が読み取れる.抽残相は 80.4 kg となる.さらに M_3 ($z_{M3} = 0.012$) から R_3 の $x_3 = 0.002$ が読み取れ,ここで酢酸濃度が 0.01 以下となる.したがって 3 回必要である.

b. 不溶解溶媒系

原料相と溶剤相が互いに溶解しない場合は溶質のみが移動し,それ以外の成分量は一定であるので,溶質を除いた各相の溶液量を P, Q_j とすると

$$R_j(1-x_j) = P, \qquad E_j(1-y_j) = Q_j \tag{4.42}$$

また,溶質を除いた溶液を基準にした溶質の組成を次のように設定する.

$$X_j = \frac{x_j}{1-x_j}, \qquad Y_j = \frac{y_j}{1-y_j} \tag{4.43}$$

式 (4.42),(4.43) を式 (4.37) に適用すると

$$\frac{P}{Q_j} = \frac{Y_j}{X_{j-1} - X_j} \tag{4.44}$$

したがって,液液平衡データから式 (4.43) により補正した分配曲線 Y_j, X_j を描くと (図 4.13),これは,分配曲線上の (X_j, Y_j) が $(X_{j-1}, 0)$ を通る傾き $-P/Q_j$ の直線上にあることを表す.そこで,$(X_{j-1}, 0)$ から傾き $-P/Q_j$ の直線を引くと,

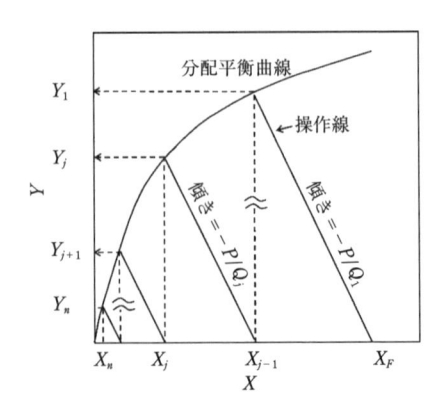

図 4.13 不溶解溶媒系の多回抽出

この直線と分配曲線との交点から下ろした垂線と X 軸の交点が X_j であるので,$(X_F, 0)$ から始めて,次々に j 段の組成 (X_j, Y_j) を求めることができる.

なお,溶質や抽出試薬が希薄で両相の体積変化がない場合は,$R_1 = R_2 = R_n = F$,$E_j = S_j$ であり,式 (4.44) は $F/S_j = y_j/(x_{j-1} - x_j)$ となる.溶質の組成は質量濃度 [kg·m^{-3}],モル濃度 [mol·m^{-3}] で表すことができる.

4.3.3. 向流多段抽出 (continuous countercurrent multistage extraction)
a. 解析法

図 4.14 に示すように,原料を第 1 段から,溶剤を第 n 段から向かい合う方向に連続的に供給して各段で抽出を行い,最終的に第 n 段から抽残液を,第 1 段から抽出液を取り出す抽出操作である.並流操作に比べ効率がよく,工業的に最もよく使用される.

供給する原料の流量を F [kg·h^{-1}],これと向流に送入する溶剤の流量を S [kg·h^{-1}] とし,取り出される抽出液を E [kg·h^{-1}],抽残液を R [kg·h^{-1}] とする.また原料中の溶質の組成を x_F,溶剤中の溶質の組成を y_S(純溶媒を用いる場合は $y_S = 0$),抽出液および抽残液中の組成を y および x とする.

装置全体の物質収支について考えると,入量は原料 F と抽剤 S,出量は最終抽出液 E_1 と最終抽残液 R_n である.

全物質の収支:$F + S = E_1 + R_n = M$ (4.45)

溶質成分の収支:$Fx_F + Sy_S = E_1 y_1 + R_n x_n = M z_M$ (4.46)

したがって,全体の溶質組成の平均 z_M は次式のようになる.

$$z_M = \frac{Fx_F + Sy_S}{F + S} = \frac{E_1 y_1 + R_n x_n}{E_1 + R_n} \quad (4.47)$$

次に j 段について考えると,物質の入量 $(R_{j-1} + E_{j+1})$ と出量 $(R_j + E_j)$ は等しい.これより $R_{j-1} - E_j = R_j - E_{j+1}$ となり,隣合った段と段の間での二つの液相量の差

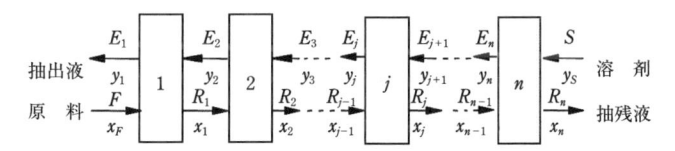

図 4.14 向流多段抽出

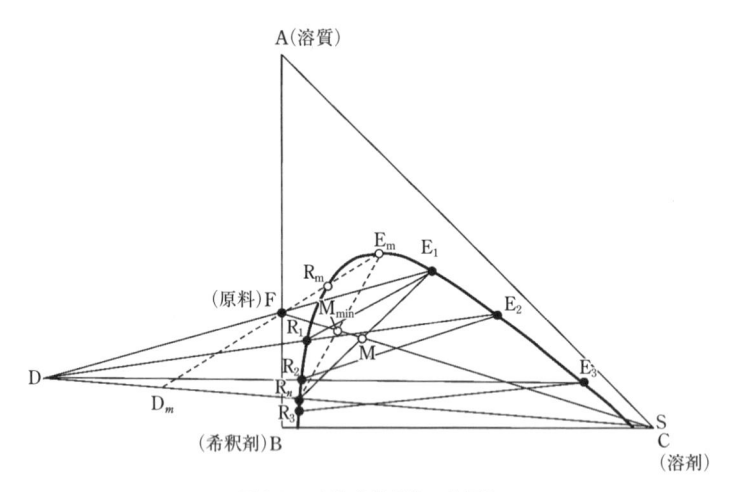

図 4.15 向流多段抽出の作図法

は等しく一定である．つまり，全物質の収支および溶質成分の収支より次式が得られる．

$$F - E_1 = R_1 - E_2 = R_j - E_{j+1} = R_n - S = \text{一定} = D \tag{4.48}$$

$$Fx_F - E_1 y_1 = R_1 x_1 - E_2 y_2 = R_j x_j - E_{j+1} y_{j+1}$$
$$= R_n x_n - S y_S = \text{一定} = D z_D \tag{4.49}$$

これは点 R_j と点 E_{j+1} を結んだ直線はすべてその延長上の点 D を通ることを意味する．そこでこの関係を利用して，分離に必要な理論段数を図 4.15 の三角線図により求めることができる．

① まず点 F と点 C ($= S$, $y_s = 0$ の場合) を結び，F と S の量から，その混合組成を示す点 M を定める．

② 最終抽残液組成 x_n により溶解度曲線上に点 R_n が定まる．点 R_n と点 M を結んだ直線と溶解度曲線の交点が E_1 であり，点 E_1 と点 F を結んだ直線，点 R_n と点 C を結んだ直線の交点として点 D を定める．この点 D を**操作点**（operating point）と呼ぶ．

③ 点 E_1 と平衡にある点 R_1 は，点 E_1 を通るタイラインの他端の点である．分配曲線を利用してこれを求め，点 R_1 と点 D を結んだ直線と溶解度曲線の交点として点 E_2 を定める．以下同様な方法で点 E_2 からこれと平衡にある R_2 を，R_2 から E_3 を，と点 R_j から読み取れる x_j が与えられた x_n 以下になるまで次々に求める

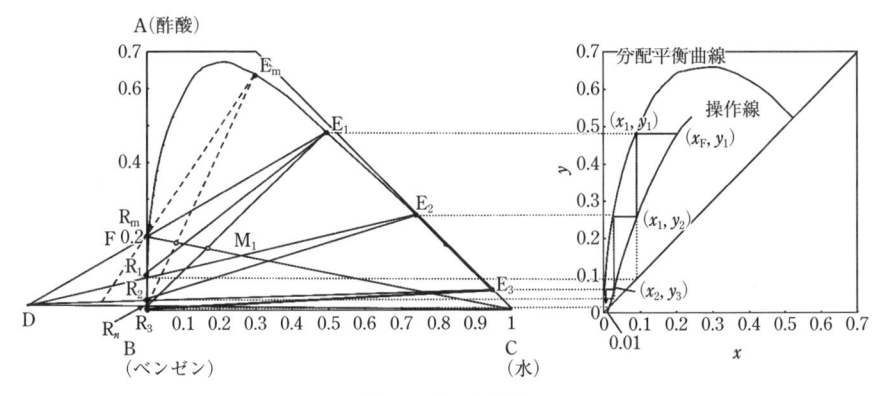

図 4.16 酢酸の抽出

と，j が理論段数となる．

段数が多くなる場合には，分配曲線を描いた xy 座標を利用して段数を求めるとよい．点 D から任意に引いた直線と溶解度曲線の交点から得られる 2 点の縦座標は x_j と y_{j+1} を与える．そこで点 D から多数の直線を引いて求めた (x_j, y_{j+1}) の点を xy 座標にプロットして結び，これを操作線（operating curve）とする．分配曲線上の $y=y_1$ の点から下ろした垂線と操作線との交点は (x_1, y_2) であり，この点から水平に引いた線と分配曲線との交点は (x_2, y_2)，以下順次階段状に $(x_{j-1}, y_j), (x_j, y_j),$ と x_j とが与えられた x_n になるまで操作を続ける（例題 4.3 および図 4.16 参照）．

b. 最小溶剤量

図 4.15 のように，溶剤量を減らせば FC 上の点 M はてこの原理でこの図では左へ移動し，これに伴って点 E_1 とこれに対応する点 R_1 も移動する．その結果操作回数が増え，理論段数は増加することになる．点 E_1 と点 R_1 を結ぶタイラインが操作線 DE_1 と重なれば（図中 $E_m R_m D_m$），理論段数は無限大となり，これ以上作図をすることはできない．このようになる S_{min} が最小溶剤量である．$y_S = 0$ とすれば式 (4.45), (4.46) より

$$Fx_F = (F + S_{min})z_{Mmin}, \qquad \frac{S_{min}}{F} = \frac{x_F}{z_{Mmin}} - 1 \qquad (4.50)$$

の関係が得られる．

【例題 4.3】 20 wt% の酢酸を含むベンゼン溶液 100 kg·h^{-1} を水により向流

多段抽出し，抽残液の酢酸の濃度を 1 wt% 以下にしたい．(1) 最小溶剤量を求めよ．(2) 20 kg·h^{-1} の水を供給するとき，必要な抽出段数を求めよ．

[**解答**] 図 4.16 参照．

(1) 点 F を $x_F = 0.2$ にとり，タイラインの延長線が点 F と重なる点 E_m より $y = 0.645$ と読める．CF と $E_m R_n$ の交点から $z_{Mmim} = 0.185$ が得られ，式 (4.50) より最小溶媒量 $S_{min} = 8.1$ となる．　　答　8.1 kg·h^{-1}

(2) 点 C と点 F を結んだ直線を 20/100 に内分する点 M_1 (0.167, 0.167)．点 M_1 と R_n ($x_n = 0.01$) を結んだ直線と溶解度曲線との交点 E_1 の $y_1 = 0.48$ であり，分配曲線を利用してこれと平衡関係にある R_1 の $x_1 = 0.088$ が得られる．E_1F の延長線と CR_n の延長線の交点を D とする．DR_1 の延長線と溶解度曲線との交点 E_2 の $y_2 = 0.26$，その他端 R_2 の $x_2 = 0.027$，DR_2 の延長線から E_3 の $y_3 = 0.07$ が得られ，これに対応する R_3 で $x_3 = 0.002$ が得られ，1 wt% 以下となる．分配曲線と操作線の間の階段作図でも同様の値が得られる．　　答 3 段

c. 不溶解溶媒系

多回抽出の場合と同様に補正した組成を用いて解析することができる．液液平衡データから式 (4.43) により補正した分配曲線と操作線 $Y_{j+1} - X_j$ を描く．式 (4.49) は (4.42)，(4.43) を用いると，次のように書き直される．

$$PX_F - QY_1 = PX_1 - QY_2 = PX_j - QY_{j+1} = PX_n - QY_S \tag{4.51}$$

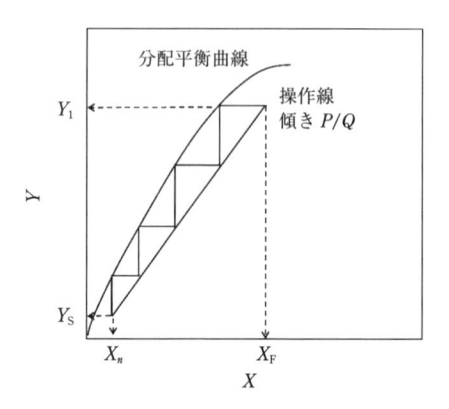

図 4.17　不溶解溶媒系の向流多段抽出作図法

$$\frac{P}{Q} = \frac{Y_{j+1} - Y_S}{X_j - X_n} \tag{4.52}$$

これは，操作線が (X_n, Y_S) を通る傾き P/Q の直線であることを示す．図 4.17 に示すように前出と同様の操作を行えばよい．

4.4 抽 出 装 置

4.4.1 抽出装置の分類および特徴

工業規模で連続的に抽出操作を行うにはミキサーセトラー型抽出装置や塔型抽出装置が用いられる．主な工業用抽出装置の分類を図 4.18 に示す．ミキサーセトラー型抽出装置では水溶液である原料と油相である溶剤（抽剤）がミキサー部で撹拌混合され，セトラー部では 2 相を相分離して抽出液と抽残液が取り出される．セトリングの方式には重力式と遠心式があるが，重力式セトリングは重力場で密度差を利用して 2 相間を分離する方法である[5]．遠心式セトリングは密度の異なる 2 相を遠心力場で効率的に分離する方法である．装置構造は複雑になるが，短い滞留時間で飛沫同伴のほとんどない高性能なセトリングが可能である[6]．

塔型抽出装置では，一方の相を分散相，他相を連続相として 2 相を向流接触させて連続抽出操作を行う．液液向流の駆動力として重力と遠心力が利用される．重力向流方式の抽出装置には分散相と連続相の密度差により生じる浮力を利用して分散相と連続相を向流接触させるもの（スプレー塔，充填塔，多孔板抽出塔など）[7]と，撹拌や脈動などの機械的手段によって分散相液滴の微粒化を図り，連

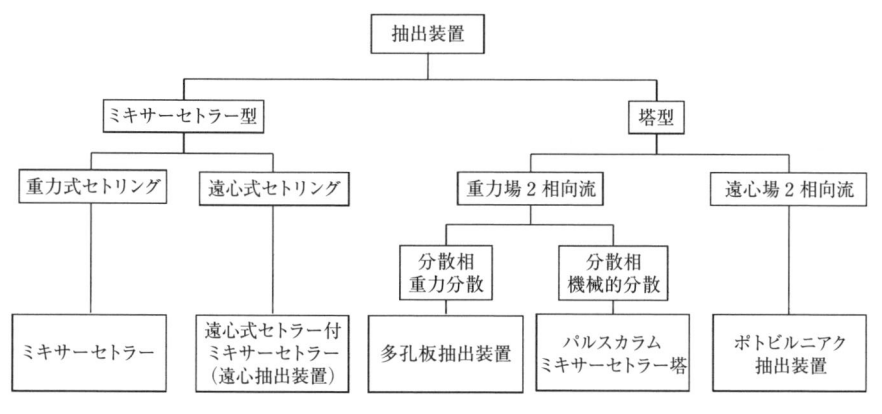

図 4.18 抽出装置の分類

続相との接触をさらに促進させるもの（回転円盤塔，脈動塔，振動板塔，ミキサーセトラー塔など）[8～13]がある．遠心向流方式の抽出装置では遠心力場で重液（高密度液）と軽液（低密度液）をより安定に向流接触させることができる．この方式の装置としては，ペニシリン生産で実際に使用されたポトビルニアク抽出装置がよく知られている[10]．

4.4.2 ミキサーセトラー型抽出装置[5]

ミキサーセトラーは図4.19(a)に示すように撹拌槽の混合部（ミキサー）と重力式の相分離部（セトラー）を組み合わせたものである．装置の構造が簡単で故障が少ないことから，金属の分離精製などに古くから利用されてきた．2相の流れは並流であることから，フラッディングの心配がなく，2相間の相対速度に制約がない．ミキサー部で分散相液滴を十分に撹拌して小さくすれば，比表面積が増加し，高い抽出効率を容易に達成できる．ただし，分散相液滴を小さくしすぎると，セトラー部での液滴の合一に長時間を要し，大きなセトラー部が必要になる．また，2相の流れが並流であるために1台の装置で1理論段分の抽出が達成されるだけなので，高度な物質の分離・精製を行うには多数のミキサーセトラーを直列に結合しなければならない．それゆえプロセス設備には広い床面積と撹拌設備や液輸送用ポンプなどの付帯設備を必要とする．

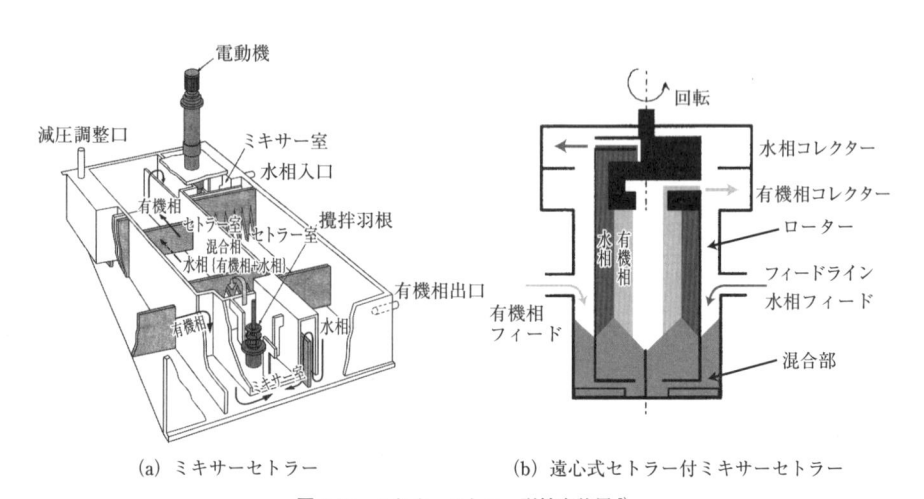

(a) ミキサーセトラー　　(b) 遠心式セトラー付ミキサーセトラー

図4.19 ミキサーセトラー型抽出装置[5]

攪拌槽(ミキサー)における液流動と物質移動について簡単にふれておく．攪拌速度を十分に速くすれば，槽内で両相の体積分率が一様になる．このとき両相の槽内平均滞留時間 τ は

$$\tau = \frac{V}{Q_C + Q_D} \tag{4.53}$$

で与えられる．ここで Q_C, Q_D, V は連続相の液流量，分散相の液流量とミキサー容積を表す．攪拌速度が大きく，均一な分散液滴径が得られる条件では，液滴内外の境膜物質移動係数 (k_D, k_C) は

$$k_D = \frac{d_P}{6\tau}\left[1\left/\left\{1-\sqrt{1-\exp\left(-\frac{4\pi^2 D_e \tau}{d_P^2}\right)}\right\}\right.\right] \tag{4.54}$$

$$\frac{k_C d_P}{D_C} = 0.052\left(\frac{d^2 N \rho_C}{\eta_C}\right)^{0.833}\left(\frac{\eta_C}{\rho_C D_C}\right)^{0.5} \tag{4.55}$$

で与えられる[11,14]．ここで d_P, D_e, D_C, d, N, ρ_C, η_C は分散相の平均液滴径，有効拡散係数，連続相中の溶質の拡散係数，槽径，攪拌槽回転数，連続相の密度，連続相の粘度をそれぞれ表す．分散相液滴の分散状態は攪拌翼や攪拌槽の大きさ，形状によって変化する．例えば邪魔板付き攪拌槽型ミキサーに翼として6枚翼タービンを用いた場合，2相間の比表面積 a は，

$$a = \frac{100\phi_D We^{0.6}}{(1+9\phi_D)d_R} \tag{4.56}$$

で記述される．ここで d_R は攪拌翼の直径，We はウェーバー数を表す．翼の回転数を N とすると We は下式で定義される．

$$We = \frac{d_R^3 N^2 \rho_C}{\sigma} \tag{4.57}$$

ここで，分散相の平均液滴径 d_P は比表面積 a と分散相ホールドアップ ϕ_D を用いて $d_P = 6\phi_D/a$ で表されることから，d_P と N の間には $d_P \propto N^{-1.2}$ の関係がある．攪拌槽の翼回転数を増加することで分散相の液滴径を容易に小さくでき，比表面積 a を増加できる．また翼回転数の増加によって同時に k_D と k_C も(特に k_C が)増加することから，十分な攪拌を行うことで高い物質移動速度が得られる．攪拌槽は一般に 0.8〜1.0 の高い段効率で運転される．

セトラー部では主に重力場を利用して重液と軽液を分相することから，十分な相分離が確保できるように設計する必要がある．しかしミキサー部で分散相液滴

を微粒化しすぎて相分離が不十分になると，一方の相に他相の一部が残るエントレインメント（飛沫同伴）が発生する．エントレインメントなどの液流動異常が発生すると抽出装置の性能が低下し，多数のミキサーセトラーを結合したプラントでは深刻な性能低下を起こす．そこで，セトラー部の相分離を促進するために遠心力場の利用が検討されている．図 4.19(b) には遠心式セトラー付きミキサーセトラー抽出装置（遠心抽出装置）を示す[6]．内部ローターと外壁の間に重液，軽液が供給され，十分攪拌される．攪拌された 2 相はローターの内側に吸い込まれ，ローターの内面で遠心力により短時間で重液と軽液に分相される．エントレインメントが少ないだけでなく，滞留時間が短いこと，油水両相のホールドアップが低いなどの特徴があるために，この抽出装置は放射線場での分離作業が要求される原子力分野への適用が検討されている．

4.4.3 塔型抽出装置

塔型抽出装置では 2 相を液液向流で流して物質移動の駆動力（2 相間の溶質の濃度差）を大きく維持することによる高い接触効率と多段効果による高度分離が可能である[9]．ここでは液液向流の駆動力として重力を利用している多孔板抽出塔，脈動塔（パルスカラム），ミキサーセトラー塔を紹介する．

a. 多孔板抽出塔 [11, 14]

多孔板抽出塔は図 4.20(a) に示すように塔内に多孔板と連続相の下降管を適当な間隔で設置しただけの簡単な装置である．この図では重液を連続相としているので，軽液（分散相）が多孔板で分散され，連続相中を押し出される．重液（連続相）は下降管を通して下段に送られる．多孔板で液滴の分散，合一が繰り返され，かつ連続相による逆混合が起こりにくい．

この抽出装置設計の考え方を簡単に述べる．多孔板の孔径 d_0 は $3 \sim 6\,\mathrm{mm}$ を用い，界面張力の小さい系では大きい孔径を，一方，界面活性が大きく，界面張力が大幅に低下する場合は，小さい孔径を用いる．また多孔板 1 枚当たりの孔数 N_0 は孔通過時の分散相流速 V_D を $15 \sim 30\,\mathrm{cm \cdot s^{-1}}$ として分散相流量 Q_D を用いて $Q_D = N_0 (\pi d_0^2 / 4) V_D$ の関係から求められる．孔通過時の最適な分散相流速は

$$V_D = \sqrt{3}\left[1 - \left(\frac{d_0}{d_P}\right)\right]^{1/2}\left(\frac{\sigma}{\rho_D d_0}\right)^{1/2} \tag{4.58}$$

で与えられる[14]．孔の配置はピッチ $15 \sim 20\,\mathrm{mm}$ の正三角形配置であることが

4.4 抽 出 装 置

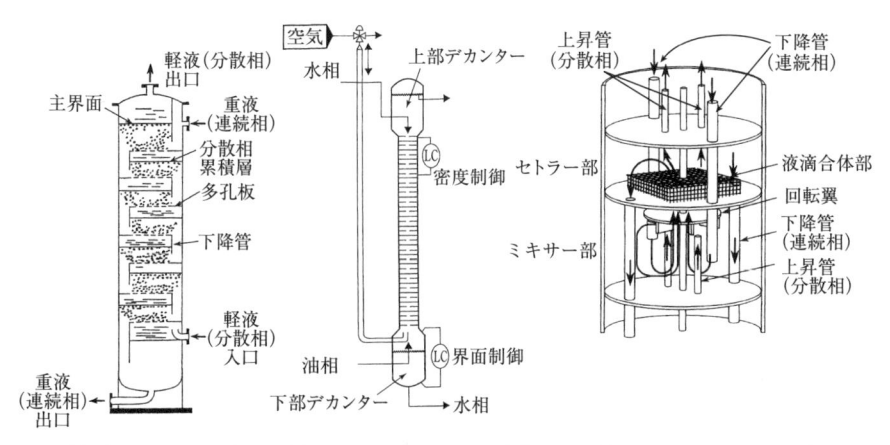

(a) 多孔板抽出塔[9,14]　(b) 脈動塔（パルスカラム）[10]　(c) ミキサーセトラー塔[11]

図 4.20　塔型抽出装置

表 4.2　塔径 d と段間隔 l_0 の関係

塔径 d [m]	0.15	0.30	0.50	1.00〜
段間隔 l_0 [m]	0.20	0.30	0.40	0.50

多く，作図などによって多孔板断面積 S_P を求める．ついで下降管の連続相流速 V_C が滴径 0.8 mm の分散相液滴の終末速度と等しくなるように下降管断面積 S_d を決定する．こうすることで飛沫同伴による逆混合をほぼ避けることができる．S_P, S_d から塔径 d は

$$d = \sqrt{\frac{4}{\pi}(S_P + 2S_d)} \tag{4.59}$$

で評価できる．塔径 d と段間隔 l_0 の間には経験的に表 4.2 のような関係が知られている．総括段効率 η_0 は下記の実験式

$$\eta_0 = \frac{7.35 \times 10^4 \, l_0^{0.5}}{\sigma} \left(\frac{V_D}{V_C}\right)^{0.42} \quad \text{(M.K.H. 単位系)} \tag{4.60}$$

で推定できる．したがって所要理論段数 n の多孔板抽出塔の有効塔高 L は

$$L = \frac{n \cdot l_0}{\eta_0} \tag{4.61}$$

で表される[7,11,14]．連続相の流れに抗して浮力のみで分散相を上昇させて多孔板

を通過させることから,分散相液滴をあまり微粒化できない.したがって物質移動速度の向上には限度があり,段効率は一般に低い.

b. 脈動塔(パルスカラム)[8]

液液系の物質移動はガス液系に比べて遅く,多孔板抽出装置のような分散相の移動が浮力によってのみ起こる抽出塔では高い段効率を得ることができず,装置規模が大きくなる(例題 4.4 参照).そこで物質移動を改善するために塔内の滞留液に脈動を加えることで 2 相界面を乱して,物質移動速度を促進する脈動塔が開発されている[8].

図 4.20(b)には脈動塔(パルスカラム)の装置構造を示す.装置は,塔頂と塔底にセトラー部をもち,塔内に多数のシーブプレートが設置されている.脈動は塔下部より与えられる.分散相(軽液)はカラムの可動部の真下から,連続相(重液)は塔頂より供給され,両相は向流で流される.分散相は各段の上部で合一され,脈動によってシーブプレートを通して再分散される.図 4.21 には脈動の強度と液処理量($V_D + V_C$)の関係を示す[8].脈動の強度によって塔の運転様式が異なる.脈動強度が低い領域ではアップストロークとダウンストロークで分散相と連続相が相互に分散合一を繰り返す(ミキサーセトラー領域).強度を高めると分散相の液滴が小さくなり,かつパルセーションのサイクル時間が減少するために,液滴が合一する十分な時間がなく,分散状態のまま分散相液滴が上昇する(分散領域).さらに強度を増すと分散相は小さな液滴のまま塔全体が均一な分散状態となる(エマルジョン領域).しかし,脈動強度が不足か過剰すぎる場合や液処理量が過度に増加した場合には,連続相に抗して分散相が安定に上昇できないフラッディング現象が観察され,向流操作ができなくなる.一般に,フラッディング流量の 70〜80% 程度で運転することが物質移動促進の観点から好ましいとされている.脈動塔は青森県六ヶ所村に建設された核燃料再処理工場のウラン・プルトニウム分離工程で採用されている.

c. ミキサーセトラー塔[9,12,13]

塔型抽出装置の比表面積を大きくするには攪拌や脈動などの機械的手段で分散相の液滴を小さくすることが有効ではあるが,液滴の微粒化は軸方向の混合拡散効果による抽出性能の低下を引き起こし,かつ分散相液滴と連続相の相対速度を低下させて安定な向流操作をむずかしくする.塔型抽出装置では接触効率と操作性は二者択一の関係にあるといえる.

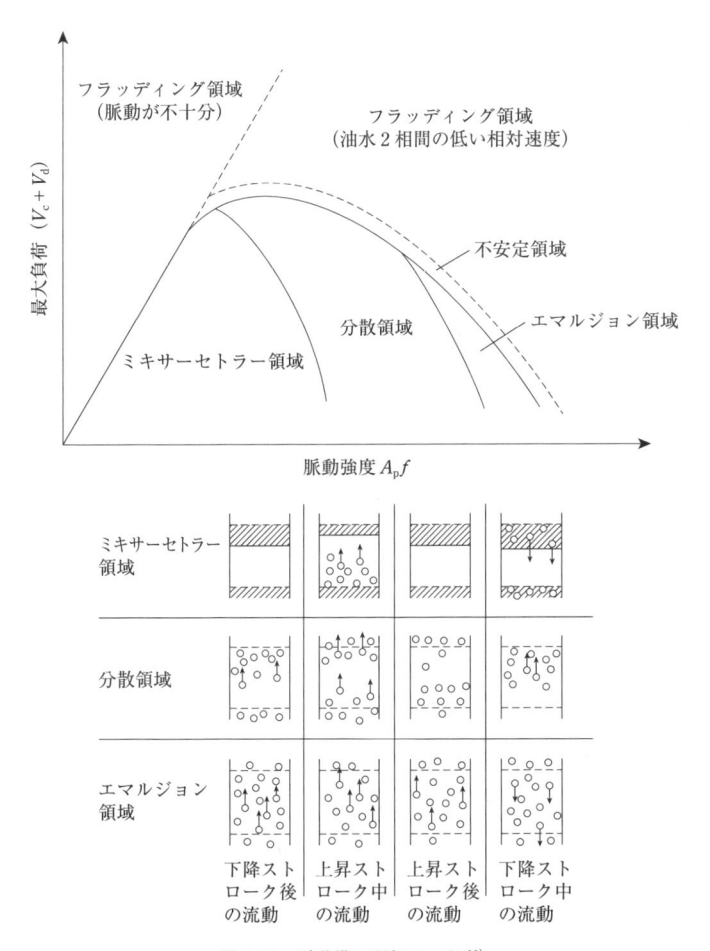

図4.21 脈動塔の運転モード[10]

こうした欠点を克服するために，図4.20(c)に示すようなミキサーセトラー塔が開発されている[9]．ミキサーセトラー塔は前節で説明したミキサーセトラーを縦に並べた構造をしており，ミキサー部とセトラー部が交互に設置される．前段で述べた通り，塔型抽出装置では一般的に比表面積を増加するために分散液滴を小さくすると塔の安定操作がむずかしくなるが，ミキサーセトラー塔ではミキサーで分散相液滴を小さくしてもセトラー部への分散相と連続相の輸送が並流で行われるために微細液滴による混合拡散などの問題が起こらない．セトラー部で分

相された連続相は下降管によって下段ミキサー部に送られ，分散相は上昇管により上段ミキサー部に送られる．また，一般の塔型抽出装置ではフラッディングにより運転条件が制約されるが，ミキサーセトラー塔では分散相の浮力のほかに回転翼による吸引力が作用するためにミキサー部の攪拌速度を増加してもフラッディングが起こりにくくなる．段効率は高速攪拌条件で0.9以上になる．ミキサーセトラー塔は他の塔型抽出装置と比較して接触効率と操作性の両方に優れた塔型抽出装置であるといえる．ミキサーセトラー塔の設計，操作に関しては高橋らの一連の研究を参考にしてほしい[12,13]．

【例題4.4】 安息香酸を少量含む水溶液（連続相，流量 10 ton·h^{-1}）からトルエン（分散相，流量 10 ton·h^{-1}）を用いて安息香酸を抽出するとき，所用理論段数 7 段の多孔板抽出装置の塔径 d，総括段効率 η_0，実段数 N，有効塔高 L を求めよ．ただし，多孔板には孔（孔径 3 mm）が正三角形配置（ピッチ 1.5 cm）で開けられている．孔を通過する分散相速度 u_M は 720 m·h^{-1} であり，下降管の面積は 0.053 m^2 である．塔径 d と最適な段間隔 l_0 の間には表4.2の関係が知られている．

物性値　　水相（連続相）密度 $\rho_C = 997$ kg·m^{-3}，水相粘度 $\eta_C = 3.20$ kg·mh^{-1}
　　　　　油相（分散相）密度 $\rho_D = 875$ kg·m^{-3}，油相粘度 $\eta_D = 1.91$ kg·mh^{-1}
　　　　　界面張力 $\sigma = 3.24 \times 10^5$ kg·h^{-2}，重力加速度 $g = 1.27 \times 10^8$ m·h^{-2}

[解答]　多孔板の一つの孔面積 A_0 は 7.1×10^{-6} m^2．分散相流量 Q_D は 11.4 m^3·h^{-1} なので，多孔板 1 枚の孔数 N_0 は $N_0 = Q_D/(A_0 u_M) = 2246$ 個である．この孔がピッチ $P = 0.015$ m で正三角形に配置されているので，多孔板の面積 S_P は $S_P = NP^2 \sin(\pi/3) = 0.44$ m^2 である（実際の設計は開孔部の外側に若干の余裕をもたせるが，本例では無視する）．ここに下降管の面積 S_d を考慮すると，塔径 d は式(4.59)より $d = 0.83$ m．表4.2の値を補間すると最適な段間隔 l_0 は 0.49 m となる．本抽出系に実験式(4.60)が適用できるとして，かつ $Q_D/Q_C = V_D/V_C$ の関係が成り立つとすれば，総括段効率 η_0 は約 0.17 となる．所用理論段数 n が 7 段なので実段数 N は $7/0.17 = 41.2 \sim 42$ 段となる．また段間隔 l_0 が 0.49 m なので式(4.61)より有効塔高は $L = 42 \times 0.49 = 20.6$ m である．

多孔板抽出装置は構造が簡単でかつ操作が容易であるが，本例題に示すように段効率が低く，装置が大型化する．大きい理論段数（10段以上）を必

要とする場合には脈動塔やミキサーセトラー塔などの利用を検討する必要がある．

■引用文献

1) 田中元治，赤岩英夫：溶媒抽出化学，裳華房，2000．
2) 合原 眞，今任稔彦，岩永達人，氏本菊次郎，吉塚和治，脇田久伸：環境分析化学，三共出版，2004．
3) 化学工学会関東支部・分離技術会編：抽出技術集覧，化学工業社，1997．
4) D.B. Hand：*J. Phys. Chem.*, **34**, 961-2000, 1930.
5) C. Godfrey and M.J. Slater：Principles of Mixer-settler Design, Chapter 9 in Handbook of Solvent Extraction (T.C. Lo, M.H.I. Baird and C. Hanson eds.), Wilkey, New York, 1983.
6) S.T. Arm and J.A. Jenkins：Proc. of ISEC '96, 1167, 1996.
7) R.E. Treybal：Mass Transfer Operations, 3rd ed., p.531, McGraw-Hill, 1980.
8) H. Hartland and M.J. Slater：Pulsed Sieve-plate Column, Chaper 10 in Liquid-liquid Extraction Equipment (J.C. Godfrey and M.J. Slater eds.), Wilkey, New York, 1994.
9) 高橋勝六：抽出装置の最近の動向，抽出技術集覧，p.9-18, 化学工学会関東支部・分離技術会編，1997．
10) E. Blass：Centrifugal Extracors, Chapert 14 in Liquid-liquid Extraction Equipment (J.C. Godfrey and M.J. Slater eds.), Wilkey, New York, 1994.
11) R.E. Treybal：Liquid Extraction, 2nd ed., p.413-414, McGraw-Hill, 1963.
12) K. Takahashi, *et al.*：*Chem. Eng. Sci.*, **57**, 469, 2002.
13) R. Nishiyama, *et al.*：*Solv. Ext. Res. Dev.* **8**, 223, 2001.
14) 化学工学会編：化学工学便覧（改訂5版），p.144-153, 丸善，1988．

■演習問題

4.1 酢酸60 wt%，水5 wt%，ベンゼン35 wt%の原料100 kgに水50 kgを加えて得られた抽残相にさらに50 kgの水を加えて抽出を行った．2回抽出後の抽残相の組成と量を求めよ．またこのときの酢酸の回収率を求め，〔例題4.1〕の結果と比較せよ．

4.2 $0.5\ \text{kmol}\cdot\text{m}^{-3}$ の高分子量アミンを含むベンゼン溶液を溶剤として，$4\ \text{kmol}\cdot\text{m}^{-3}$ の酢酸水溶液から酢酸を抽出する．1回抽出で $1\times 10^{-3}\ \text{m}^3$ の原料溶液から酢酸を95%抽出するのに必要な溶剤の量はいくらか．また，原料と等体積の溶剤で多回抽出により酢酸95%を抽出するのに必要な溶剤量を求めよ．ただし，原料溶液の水と溶剤は互いに混じり合わず，酢酸の抽出に伴う両相の体積変化はない

とする．酢酸の抽出平衡値は表 4.3 に示す．

表 4.3 酢酸の抽出平衡

水相中の酢酸濃度 [kmol·m^{-3}]	0.1	0.5	1.0	1.5	2.0	2.5	3.0	3.5	4.0
ベンゼン相中の酢酸濃度 [kmol·m^{-3}]	0.257	0.949	1.33	1.54	1.68	1.78	1.87	1.94	1.98

4.3 問 4.2 と同じ原料を 1×10^{-3} m^3·s^{-1} で，ミキサーセトラーに供給し，同じ溶剤により向流多段抽出を行い，95%の酢酸を抽出する．
(a) 最小溶剤量を求めよ．
(b) 溶剤を 2×10^{-3} m^3·s^{-1} で供給する場合の必要段数を求めよ．

4.4 銅イオン 0.1 mol·m^{-3} の水相から銅イオンを LIX65N (2-hydroxy-5-nonylbenzophenone oxime) 50 mol·m^{-3} を含む n-ヘプタン相に 1 回で抽出する．両相の体積が等しいとき，99.5%以上の抽出率を得るために pH はいくらに設定する必要があるか．抽出平衡反応は $Cu^{2+}{}_{aq} + 2HR_{org} \rightleftarrows CuR_{2org} + 2H^{+}{}_{aq}$ のように表され (HR：LIX65N)，抽出平衡定数 K_{ex} は 30 [−] である．水相には緩衝液を用い，反応前後の pH 変化はないものとする．

4.5 前問と同じ抽出で，水相の pH を 1.3 に設定する．このときの抽出率を求めよ．抽出相の体積を 1/2 にして 2 回抽出した場合の抽出率を求めよ．

5

晶　　　析

5.1　平 衡 と 晶 析

　晶析は過飽和溶液で操作され平衡状態で操作されることはないが，溶液の過飽和度は重要な操作因子となる．溶液の過飽和度は溶解度を基準に，どれだけ過剰の溶質を溶かし込むかで調整できる．よって，晶析操作で最も基礎的かつ重要な溶液物性は，固液平衡，あるいは溶解度である．

　晶析の場合の固液平衡が，蒸留の気液平衡や抽出の液液平衡などと大きく違うのは，結晶相の濃度を平衡値から推定することが困難であることである．多くの場合，平衡論として結晶相は純粋と扱うことができるが，結晶は成長するために不純物を取り込んでしまうことになる．よって，晶析における固液平衡は液相の濃度を求めることだけに使われ，その値から，成長速度や核発生速度の推進力が算出できる．

　結晶化させたい物質や溶液の種類によって溶液中の溶質濃度を表す単位はさまざまであるが，熱力学関係式で溶解度を整理することを考えると，モル分率（x [−]）やモル濃度（m [mol・L^{-1} or kg-solvent・L^{-1}]）を使用し，また温度も絶対温度で表すことが望ましい．これらの溶解度は溶液中に溶けることのできる溶質の最大濃度で，一般に温度とともに増加する．晶析操作で扱う溶液は大きく2種類に分けられ，一つは，塩，糖，アミノ酸などの溶質の性質が水や有機溶媒などの溶媒の性質と大きく違う溶液，もう一つは，有機混合物や溶融金属などのように溶媒と溶質が同じような物質の溶液（融液）である．溶液はモル濃度，融液ではモル分率や重量分率で表現することが一般的である[1]．

5.1.1　溶解度の測定

　溶解度を測定する際に溶液と純粋結晶との平衡が成立していることが大切であ

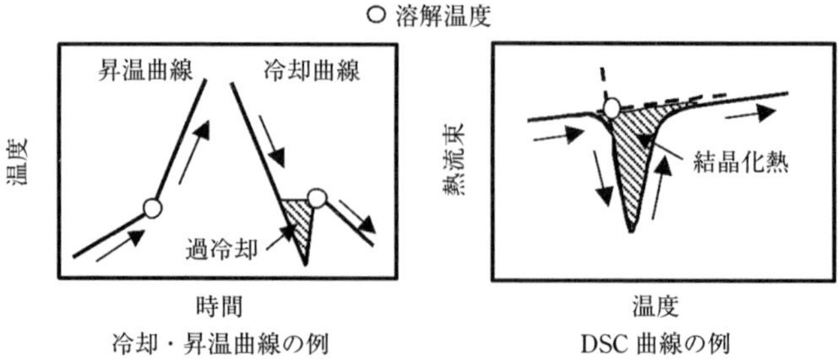

図5.1 冷却曲線とDSC曲線

る．具体的には，溶液中に溶けきれない結晶が残っていればその溶液は飽和溶解度になっていると考えられる．また，そのような溶液をつくるときの保温や攪拌，さらに溶液のサンプリングなど慎重にしなければならない．溶液中の溶質濃度の分析は，GC, HPLC などのクロマトグラフ，UV, IR, 屈折率など光学的方法，電気伝導度，誘電率など電気的な方法，さらに DSC, DTA, TG など熱分析のように数多くの方法が考えられる．一般的な水溶性物質の場合は溶液分析が必要で，既知成分が溶け込んでいる溶液の屈折率を測定する方法が簡便であるが，多種のイオンが溶け込んだ溶液では原子吸光や ICP などのイオン分析が必要になる．晶析操作で扱う溶液はイオン分析には高濃度すぎるのでかなり希釈しなければならない．有機混合物の固液平衡を測定する場合，溶液分析でも測定できるが，図 5.1 に示すようなダイナミックな方法が迅速で非常に便利である．簡単なものでは冷却曲線からも固液平衡関係を決定できるが，DSC を使った方法がより厳密で，さらに少量のサンプル測定で決定できる方法も提案されている．将来的には，DSC の昇温分析が，2 成分系混合物の固液平衡関係を系統的に簡単に測定するための標準測定法になる[2,3]．

結晶相が固溶体である場合，結晶相の濃度測定は原理的に不可能である．しかし，できる限りゆっくりとした成長速度で生成した少量の結晶相が得られるならば，その結晶相の濃度は平衡に近い値が得られていると考えられる．結晶相はさまざまな要因により濃度が変化するので，測定データは熱力学モデルと合わせて検討する必要がある．

5.1.2 電解質溶液の溶解度

一般に，溶解度 (m, x) は温度 (T) の関数であるので，下記のように多項式で近似的に表現される．

$$m = A + BT + CT^2 + DT^3 \cdots \tag{5.1}$$

$$\ln m = A + \frac{B}{T} + \frac{C}{T^2} + \frac{D}{T^3} \cdots \tag{5.2}$$

このような関係式は純溶質成分の溶解度を表現する．溶液中に添加物など他の成分が存在しない場合はこれらの関係式から晶析操作の過飽和度を調整すればよい．複雑な場合では，実際の晶析操作で取り扱われる溶液の多くは多種のイオンが溶解している電解質溶液である．厳密に考える場合は，他の成分が存在するときの溶解度を考えるには溶解度積 (K_{sp}, K_{asp}) に加えて塩あるいはイオンの活量係数を考慮することになる．溶解度積は下記の式で表現される．

$$K_{sp} = m^- \cdot m^+, \qquad K_{asp} = (m^- \gamma^-) \cdot (m^+ \gamma^+) \tag{5.3}$$

これらの電解質溶液の活量係数 (γ^-, γ^+) は溶液に存在するカチオン，アニオンの種類や濃度により変化し，多成分系の無機塩の溶解度を考える場合に必要になる．電解質溶液の活量係数は希薄領域ではイオン強度（イオン価数×イオン濃度）の関数であるデバイ-ヒュッケル（Debye-Huckel）[4] 式で十分に表すことができるが，実際の工業晶析操作で扱われている多成分の高濃度電解質溶液では，デバイ-ヒュッケル式に局所組成モデル[5] を加えたものが必要になるかもしれない．これで電解質の溶解度に対する溶媒の影響や塩析・塩入効果も検討できる．

図 5.2 はリン酸 2 水素カリウムの溶解度を示したものである．計算値は式 (5.2) による相関でほぼうまく再現できていることがわかる．

> **【例題 5.1】** リン酸 2 水素カリウム KDP の単一結晶を図 5.3 に示すような回分操作で平衡に近い状態で育成したい．
> (1) 40℃の KDP 飽和水溶液をつくる場合，2 kg の水に何 g の KDP を溶解させればよいか．
> (2) 冷却法により重さの無視できる KDP 種結晶から育成させる場合，272 g の KDP 結晶を得るには，何度まで冷却すればよいか．
> (3) 蒸発法により重さの無視できる KDP 種結晶から育成させる場合，40℃ で 272 g の KDP 結晶を得るには，何 g の水を蒸発させればよいか．
>
> **[解答]** (1) 図 5.2 の溶解度の図より 40℃ の溶解度は 2.4 mol·(kg-water)$^{-1}$

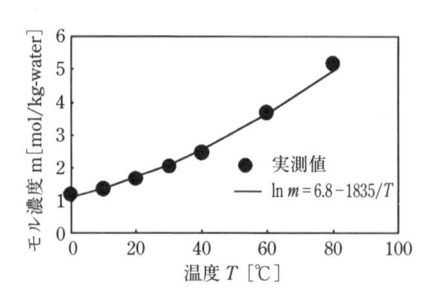

図 5.2 リン酸 2 水素カリウム (KDP) の溶解度

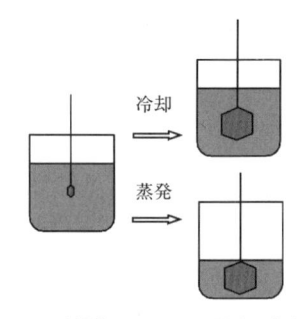

図 5.3 回分操作による KDP 結晶の育成実験

であるので，2 kg の水には，
$$2 \times 2.4 = 4.8 \text{ mol}$$
の KDP が溶解できる．よって，KDP の分子量は 136 であるので，
$$136 \times 4.8 = 653 \text{ g}$$
の KDP を溶解させればよい．

(2) 272 g の KDP は 2 mol に相当するので，溶液から 2 mol の過飽和を冷却によりつくればよいことになる．現在の飽和溶液では溶媒が 2 kg あるので，1 mol の過飽和を冷却によりつくればよいことになる．図 5.2 に従って，40 ℃の溶解度 2.4 mol・(kg-water)$^{-1}$ の溶解度から 1 mol 下がった 1.4 mol・(kg-water)$^{-1}$ の溶解度になる温度は，15℃ である．

(3) 等温度蒸発では KDP の溶解度は変わらないので，272 g，あるいは 2 mol の KDP に相当する過飽和を蒸発により作成すればよい．2 kg の水では，
$$\{4.8/(2-x)\} = 4.8 + 2 = 6.8$$
になるような水の量 x を求めればよい．$x = 1.29$ kg

5.1.3 融液の固液平衡

一般に，純粋溶質の融点と融解熱が入手できるような融液では，次の関係式が使いやすい[6]．

$$\ln \frac{x^L \gamma^L}{x^S \gamma^S} = \frac{H_{mi}}{R}\left(\frac{1}{T_{mi}} - \frac{1}{T}\right) \tag{5.4}$$

ここで，H_{mi}, T_{mi} は純正分 i の融解熱と融点である．上付き添え字の L は液相，S は結晶相を示す．これは，固溶体に対しても表現できる式であるが，結晶相の

5.1 平衡と晶析

$$\ln(1-x) = \frac{H_m(11600)}{8.314}\left(\frac{1}{T_m(225.4)} - \frac{1}{T}\right)$$

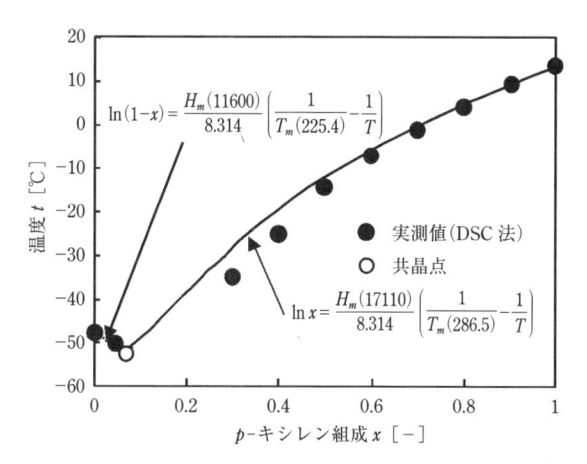

$$\ln x = \frac{H_m(17110)}{8.314}\left(\frac{1}{T_m(286.5)} - \frac{1}{T}\right)$$

● 実測値（DSC法）
○ 共晶点

図 5.4　p-キシレン+m-キシレンの固液平衡関係

濃度を純粋にすれば（$x^S = 1$），純粋結晶の溶解度を表現するものになる．なお，厳密に考える場合は，ここでも活量係数を考慮すれば，多成分系溶液を扱う晶析操作時での溶解度変化を表現できる．そして，貧溶媒，良溶媒の影響を明らかにできる．一般に，理想溶液として扱うことができ，結晶も純粋と考えられる場合は，次の関数で簡単に表現できる．

$$\ln x^L = \frac{H_{mi}}{R}\left(\frac{1}{T_{mi}} - \frac{1}{T}\right) \tag{5.5}$$

図 5.4 は p-キシレン+m-キシレンの 2 成分系の固液平衡を示したものである．実測値は DSC による決定値であり，計算値は式（5.5）による単純な計算結果である．なお，このような共晶系の場合，p-キシレンと m-キシレンの二つの溶解度関数を使って共晶点を求める必要がある．キシレン混合物の場合，十分に理想溶液として溶解度を再現できることがわかる．

【例題 5.2】　p-キシレンが 50 wt％の m-キシレンとの 2 成分系混合物から，図 5.5 のような連続晶析により p-キシレン結晶を分離しようと考えた場合，晶析槽での懸濁密度（結晶率）を 20 wt％にしたい．
(1) そのときの母液の p-キシレン濃度はいくらになるか．
(2) 晶析槽の温度を何度でコントロールすればよいか．
(3) 最大懸濁密度はどこまで高くできるか．

[解答]　(1) 異性体混合物なので，モル分率と質量分率は同じになる．原料

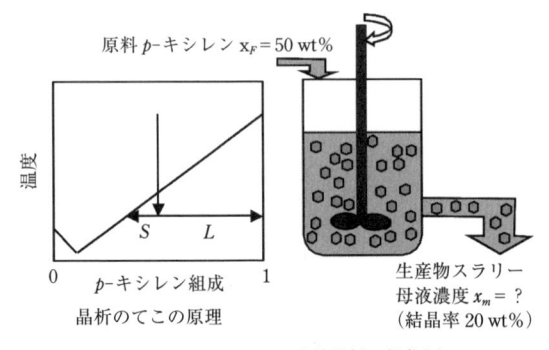

図 5.5 p-キシレンの連続晶析の操作例

の濃度が p-キシレン 0.5 モル分率であるので，結晶が純粋である場合，てこの原理より

$$\frac{S}{S+L} = 0.2 \,(\text{結晶率})$$

となる．相図から母液の濃度 x_m と原料の濃度 x_F から

$$\frac{x_F - x_m}{1 - x_m} = 0.2$$

$$\frac{0.5 - x_m}{1 - x_m} = 0.2$$

の関係が成立して，

$$x_m = 0.375$$

となる．

(2) 図 5.4 より母液の p-キシレン濃度が 0.375 に相当する温度 -22℃ にすればよい．

(3) 図 5.4 の共晶組成までであるので，その組成を p-キシレン 0.08 とすれば，

$$\frac{0.5 - 0.08}{1 - 0.08} = 0.456$$

温度は -52℃ で結晶率 45 wt% までである．

5.2 結晶の諸特性と晶析原理

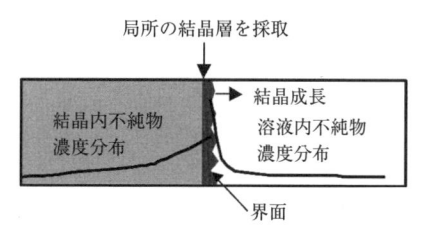

図5.6 結晶成長時の液側濃度境界相
（局所の結晶層を採取／結晶内不純物濃度分布／結晶成長／溶液内不純物濃度分布／界面）

5.1.4 結晶純度 [7〜9]

晶析操作では，結晶の粒度や晶癖（crystal habit，結晶の外面的形状のことを意味する．すなわち，結晶が，球状，針状，棒状，板状などのこと）が主なテーマであり，式(5.4)の結晶が固溶体の場合以外では結晶はほとんど純粋なものとして扱われる．結晶は，理想的には純粋な場合も多いが，過飽和でかつ有限の時間で結晶が発生，成長する以上，厳密には不純物が混入する．結晶成長時の結晶−溶液の成分分配比（分配係数 $k = x^S/x^L$）は，熱力学的平衡関係のみでは表現できず，溶質の物質移動や熱移動に関する物性が影響する．つまり，成長速度の関数として整理する必要がある．よって，結晶は成長速度を把握するか，できるだけゆっくりと成長させたうえで，濃度測定することが重要となる．結晶中の不純物成分の濃度を測定する方法は，結晶を溶媒で溶かせば溶液分析と同様に分析できる．結晶のまま不純物成分の濃度を分析する方法にはX線回折がある．いずれにしても結晶の純度は溶液よりも不均一である本質があるので，具体的には，図5.6のように測定したい場所の結晶をできるだけ少量採取することが大切である．結晶純度を評価する場合，不純物成分が非常に微量であるため，純度の再現性について複数の方法で検証することが望ましい．結晶純度測定時の現象を考慮した純度解析を併用することにより，正確な結晶純度分布が求められる．

5.2 結晶の諸特性と晶析原理

5.2.1 結晶の諸特性

結晶は，周期構造をもっており，基本単位（単位格子）の繰り返しで構成されている．基本単位は，物質固有のものであり，人為的に変えることはできない．単位格子の形によって結晶は，表5.1に示すように七つの晶系（crystal system）に分類される．

表5.1 晶系の分類と定義

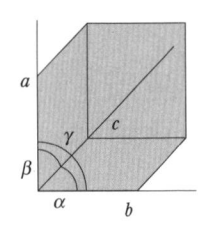

晶系	軸角	単位長さ
立方	$\alpha = \beta = \gamma = 90°$	$a = b = c$
正方	$\alpha = \beta = \gamma = 90°$	$a = b \neq c$
斜方	$\alpha = \beta = \gamma = 90°$	$a \neq b \neq c$
単斜	$\alpha = \gamma = 90°$	$a \neq b \neq c$
三方	$\alpha = \beta = \gamma \neq 90°$ (<120°)	$a = b = c$
六方	$\alpha = \beta = 90°$, $\gamma = 120°$	$a = b \neq c$
三斜	$\alpha \neq \beta \neq \gamma$	$a \neq b \neq c$

　加えて，単位格子には，単純格子，体心格子，面心格子，底心格子の4通りがあり，晶系との組み合わせは14通りしかない．そして，さまざまな物質を規則正しく並べるには230通りの方法があることが，群論により数学的に証明されており，空間群と呼ぶ．

　結晶の形状・形態はこの単位格子の形を反映したものではあるが，これのみでは決まらない．成長条件（温度，過飽和度，添加物・不純物の有無，流動状態など）によって変わる．これは，結晶の形が，各結晶面の成長速度の相対的違いで決まるからである．このように，速度論的に決まる形を，**成長形**（growth form）といい，成長速度の遅い結晶面が発達する．これに対して，液滴が球になるのと同様に，表面エネルギー最小の条件を満たすべく，平衡論的に決まる形を**平衡形**（equilibrium form）という．平衡形は特殊な条件下でしか実現されず，実際の晶析プロセスではほとんど問題にならない．

　結晶構造が異なると，結晶密度や形状のほかに，融点や溶媒に対する溶解度，あるいは溶解速度といった物性が変わってくる．そのほかにも，粉体流動性・圧縮性・濾過性・吸湿性も異なることが予想される．溶液からの結晶化の場合，① 溶媒の選択のほかに，② 混合溶媒組成・極性の有無，③ 過飽和度，④ 冷却速度，⑤ 添加物，⑥ 種晶，⑦ pH，⑧ 攪拌条件，が異なる構造の結晶の析出条件となることがある．なお，同一の化合物でありながら結晶構造の異なる現象を多形現象，あるいは結晶多形現象（polymorphism）といい，また多形現象を示す結晶そのものを多形（polymorph）ともいう．

5.2.2 結晶多形の析出

a. 溶媒の種類変更による手法 [10] ほか

有機物結晶の場合,室温での溶質の溶解度は5〜200 mg·mL^{-1} 程度で,200 mg·mL^{-1} 以上では高粘度となり,ガラス状生成物の可能性がでてくる.高い溶解度をもつ結晶多形は熱力学的に不安定である.そのため,高い沸点をもった,すなわち,溶解度を高くできるような溶媒は準安定な多形を析出させるのに有効となる.極性の異なる溶媒の使用は,水素結合が多形析出に関与している場合[11]ほか,これに影響を与えるため結晶多形の可能性を調査するには有効である.

また,液相を介さず結晶化を起こす,すなわち昇華を利用することで多形を析出させる例もある[12].この場合,溶媒との相互関係はない.

b. 貧溶媒添加による手法

貧溶媒(あるいは非溶媒)は,液相内の溶質を溶解しない溶媒で,この溶媒を溶質の溶解した溶液に添加すると,結晶化の推進力である過飽和度を大幅に変化させることで,多形が析出する場合がある.この現象を積極的に利用する方法として,混合溶媒を用いる方法と貧溶媒を添加する方法がある.前者は,溶媒の混合比を変化させることで,溶解度を変更し,後者は貧溶媒を導入することで急激に溶解度を変更することが可能である.

c. 酸あるいは塩基性物質に対する急激な pH 変更による手法

弱塩基あるいは弱酸の有機物の場合,水溶液に酸や塩基を添加することでpHが変化し,結晶化が起きる.このときもやはり溶解度が変化することになるので,その際,多形出現の可能性がある.

d. 添加物の利用による方法

添加物を利用して,ある特定結晶面の成長を阻害させることで結晶形態を制御する手法として,tailor-made additive(結晶面の表面構造と添加物の相互作用を考えて,希望の結晶を仕立てる添加物のこと)を多形制御に利用した研究もある[13〜15].

一方で,溶媒和状態が違うものは擬多形として分類される.擬多形が異なっていても溶解度などに違いが生ずるため,その制御もまた重要である.例えば,医薬品の場合,①結晶化,②凍結乾燥,③湿式造粒,④水溶性フィルムコーティング,の工程で水との接触の機会が生ずる.

無水の結晶多形を水に懸濁するだけで水和が生ずる可能性もあり,このような

多形を有する結晶を扱う際には，湿度管理が重要となる．

溶媒和化合物の場合は，加熱によって脱溶媒し，多形が析出することがある．まず，熱によって結晶格子にひずみが生じ，次に溶質-溶媒間の水素結合がゆるむことで，新たな固相が出現する可能性が考えられる．

さらに，結晶多形に関しては次のようなことについても議論されている．
① 転移現象：溶液媒介転移や固相転移などの速度論
② メカノケミストリ：粉砕や圧縮時の多形析出現象の解明
③ 溶液構造を含めた多形の検出技術：多形の分析には，粉末X線回折が多く利用されるが，そのほかにも赤外分光を用いた研究や，X線回折-DTA同時測定技術，テラヘルツ測定技術もある．

5.2.3 晶析現象

例えば，氷は，0℃以下で生成する水（H_2O）の結晶である．また，食塩（NaCl）は，食塩水溶液を蒸発濃縮し生成した結晶である．このように結晶が析出するのは，結晶相が溶液相よりもエネルギー的に有利（安定）だからである．そして，安定・不安定を支配するのが，固液平衡値であり溶解度である．

固液には平衡関係があり，実際に結晶化するためには，液相線あるいは溶解度曲線よりも低い温度領域あるいは溶解度曲線よりも高い濃度領域で，液相の状態にしなければならない．これは，温度が一定のときに液相濃度が結晶化成分に対して濃くなっているので，過飽和状態という．過飽和状態では，固相における結晶化成分のケミカルポテンシャルが，液相におけるそれよりも小さくて，対象となる系は結晶化することにより全体の自由エネルギーを下げようとする．すなわち，結晶化のドライビングフォースは，固-液相間のケミカルポテンシャル差である．ケミカルポテンシャル差 $\Delta \mu$（$=\mu_L-\mu_S$）は，次式により濃度と関係付けられる．

$$\Delta \mu = \mu_L - \mu_S = kT \ln\left(\frac{C}{C_S}\right) = kT \ln\left(1 + \frac{C-C_S}{C_S}\right) = kT \ln(1+\sigma) \tag{5.6}$$

ここで，過飽和度が十分小さく，$\sigma \ll 1$ であれば，式 (5.6) は近似的に

$$\Delta \mu = kT\sigma \tag{5.7}$$

となり，これを変形すると式 (5.8) が得られる．

$$\sigma = \frac{\Delta\mu}{kT} \tag{5.8}$$

晶析現象は，大きく分けて，核発生と結晶成長から成り立っている．核発生（核化ともいう）は，**一次核化**（primary nucleation）および**二次核化**（secondary nucleation）に分けられる．一次核化は，溶液の濃度ゆらぎにより起こる（真の）核化であるが，二次核化は，「溶液中に存在する結晶により引き起こされる核化」であり，必ずしも真の核化ではない．

a. 一次核発生

2種類の機構がある．溶液中に混入した異物あるいは容器の壁などによって誘発される不均質核化（heterogeneous nucleation）と，それとは全く無関係に起こる均質核化（homogeneous nucleation）である．異物，器壁の影響を完全に除くのは実際上不可能で，現実の一次核化はほとんど不均質核化と考えてよい．

ここで，均質一次核化の速度について考えてみる．過飽和溶液中で熱的ゆらぎによって形成された結晶粒子（半径 r の球とする）1個のもつ全自由エネルギーは，溶液に対して ΔG だけ大きい．

$$\Delta G = \frac{4\pi r^3}{3}\Delta G_v + 4\pi r^2 \gamma \tag{5.9}$$

ここに，ΔG_v は結晶・溶質間の自由エネルギー差（結晶単位体積当たり）である．γ は結晶粒子の表面エネルギーである．ΔG_v ($= -N\Delta\mu/v$) の値は負であるから，ΔG と半径 r の関係は，図5.7のように極大値をもつ（図中には，参考のために，

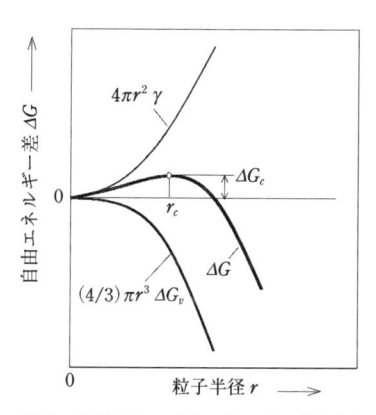

図5.7 粒子1個当たりの自由エネルギー差と半径の関係

式(5.9)の第1項および第2項単独の値もそれぞれ示した）．結晶粒子半径 r が

$$r = r_c = \frac{2\gamma v}{RT \ln(C/C_s)} \tag{5.10}$$

のとき極大値 ΔG_c となる．ここに，v は結晶のモル体積，N はアボガドロ数，R は気体定数である．

$$\Delta G_c = \frac{16\gamma^3 v^2}{(RT)^2 \ln^2(C/C_s)} \tag{5.11}$$

過飽和溶液中で熱的ゆらぎによって粒子が形成されたとしてもそれが半径 r_c（臨界半径）以下の寸法であれば，この粒子はエネルギー的に安定な方向すなわち粒子径減少の方向に戻ってしまう．たまたま，ゆらぎが大きくて半径 r_c 以上になった粒子は，さらに粒径を増加させる（すなわち，成長する）ことで安定化して結晶となる．これが一次核化である．

ΔG_c および r_c はいずれも，過飽和比 C/C_s が減少すると増大する．その結果，粒子サイズがゆらぎにより臨界半径 r_c を超えるチャンスは過飽和度の減少に伴って小さくなる．すなわち，核化は起こりにくくなる．

ところで，式(5.10)の C は見方を変えれば半径 r の粒子の溶解度を示しているともいえる．粒径 r の粒子は，濃度 C で溶液と平衡でそれより少しでも濃度が高ければ成長し低ければ溶けてしまうからである．溶解度と考えた場合，次式のように書き改めて，これをジュール–トムソン（Joule–Thomson）の式と呼んでいる．なお，半径 r の関数であるため C を $C(r)$ と置き換えた．

$$\ln\left(\frac{C(r)}{C_s}\right) = \frac{2\gamma v}{RTr} \tag{5.12}$$

核化とは粒子径がエネルギーの山を越えることである．その速度すなわち山を越える頻度は，エネルギー ΔG_c の粒子の存在確率すなわちボルツマン因子 $\exp(-\Delta G_c/kT)$ に比例し，次式で与えられる．

$$J = A \cdot \exp\left(\frac{-\Delta G_c}{kT}\right) \tag{5.13}$$

上式を，整理すると次式が得られる．

$$J = A \cdot \exp\left(\frac{-16M^2\gamma^3 N}{3\rho^2(RT)^3(\ln(C/C_s))^2}\right) \tag{5.14}$$

ここで，M は分子量である．

右辺には表面エネルギー γ の3乗の項が入っているため，核化速度に対する γ の効果は非常に大きい．ギブズは界面の性質を研究し，界面に固有な現象を説明する際に，界面構造の概念を提出している．表面張力は粒径に従属であることから，安定なクラスターおよび核発生に対する障壁が消失するという興味深い現象も予測されている．

不均質核化が均質核化に比較して起こりやすいのは，異物あるいは器壁上に核を形成することで表面エネルギー γ を小さくしているためと解釈できる．均質核化速度に対する理論は存在するが，実際に起こっている不均質核化の速度を与える理論式は存在しない．

これらの論理は，結晶粒子径により，溶解度に違いが生じることも示している．

【例題 5.3】 KCl（表面エネルギー $\gamma = 25$ [$J \cdot m^{-2}$]）と $BaSO_4$（表面エネルギー $\gamma = 130$ [$J \cdot m^{-2}$]）の結晶粒子径と溶解度の相関を示せ．さらに，この結果を，実験的に調べる方法を提案せよ．

[解答] 図5.8にその結果を示す．これをみると，0.1 μm 以下になるとその溶解性に違いが大きく現れることがわかる．これは，結晶構造に起因した結晶粒子（胚珠ともいう）の表面エネルギー γ が大きく影響しているものと考えられる．これは，言い換えれば，結晶表面構造が，大きく影響を及ぼしているものと思われる．さらに，そのほかにも，溶解性は表面張力・結晶強度などにより異なってくることも示唆される．そのため，通常の懸濁溶液を用いた溶解度実験ではむずかしい．その理由としては，完全な単一微小粒径

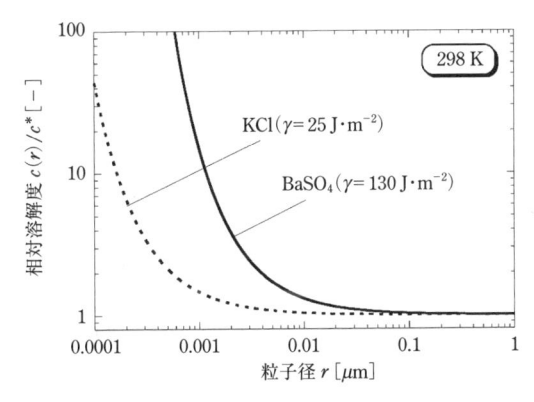

図 5.8 結晶粒子径による溶解度の相関

の粒子を得ることは，非常に困難であると思われる．さらに，表面状態も影響することから，なおさら，むずかしいと思われる．そのため，所定の過飽和溶液を作成し，そのなかに，微粒子を数個入れ，その溶解の様子をその場で観察することが，適切な実験検討であると思われる．

b. 二次核発生

二次核化は，その機構により数種類に分類されている．まず，イニシャルブリーディング（initial breeding）は，乾いた結晶を過飽和溶液に投入した場合に，結晶に付着していた微結晶がはがれ落ちる現象で，これは，結晶の洗浄で簡単に防止できる．また，多結晶体および針状結晶が機械的衝撃により壊れる現象（polycrystalline or needle breeding）と流体力学的剪断作用によって起こされる核化（fluid shear nucleation）もあるが，後者については工業的装置内ではそれほど顕著ではない．工業装置内で顕著に起こる現象として，機械的衝撃によるコンタクトニュークリエーション（contact nucleation）がある．機械的衝撃を引き起こすのは，撹拌翼・結晶間の衝突のほかに，結晶・結晶間，結晶・器壁間の衝突などであるが，支配的な機構は撹拌翼・結晶間の衝突である．機械的衝撃に伴う結晶表面の微視的破損あるいは吸着層（成長中の結晶に吸着されていると考えられている擬似固体層）の離脱が二次核化と考えられている．

5.3 晶析操作

晶析操作は分離精製と結晶粒子群製造の二つの目的をもっており，医薬品や食品をはじめとして，さまざまな化学工業で利用されている．目的製品が結晶性の粒子群である場合には，粒径分布，平均粒径，結晶形状（形態），結晶多形などの品質に注意しながら晶析操作が行われている．この節では結晶化の推進力である過飽和と，結晶品質との関係に着目しながら晶析操作の概念を紹介し，次に結晶粒子群の粒径分布について，その数式的な取り扱い方を述べる．

5.3.1 晶析操作の概念

ここに，ある溶質が溶けている溶液を晶析装置に入れ，その溶液を冷却することを考えてみよう．ある時点で核が発生して溶液が懸濁し，その後も冷却を行えば結晶粒子群が成長する．この様子を相図上で考えると図5.9のようになる．初期溶液濃度がC_0で温度T_0の溶液（点S）を，温度T_Eまでゆっくりと冷却する．

5.3 晶析操作

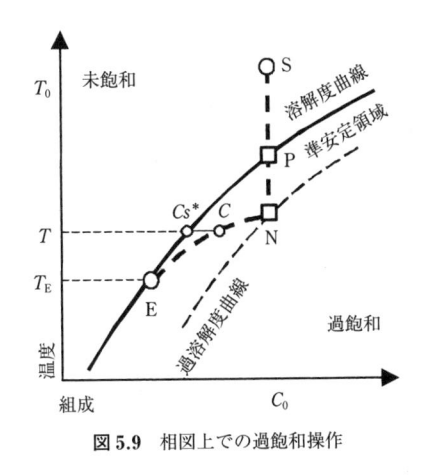

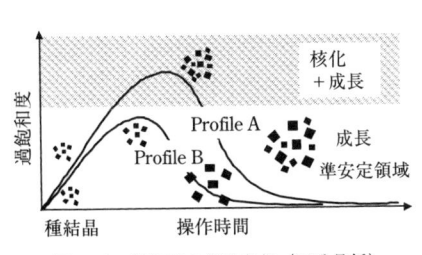

図 5.9 相図上での過飽和操作

図 5.10 過飽和の経時変化（回分晶析）

まず点 P で溶液は飽和となるが，結晶は溶液が過飽和状態にならないと核化しない（過溶解度曲線を越えないと核化しない）．点 N で核が発生すると，同時に結晶は成長するので，溶液濃度が下がり始める．このように，常に非平衡状態で結晶は析出する．

この溶液濃度の変化の様子は冷却速度や結晶の成長速度によって変わる．溶液濃度と平衡濃度の差（過飽和）の経時変化は回分晶析の多くの場合，図 5.10 のようになる．Profile A では過飽和のピークが高く，準安定領域（図 5.9 の溶解度曲線と過溶解度曲線の間で，成長のみが起きる領域）を超えているので，核化が次々に起きることとなる．すると，それ以前に発生し成長している結晶との間に粒径の差が生じ，結果として粒径分布は悪くなる．一方 Profile B は過飽和のピークが低いので成長が支配的になり，核発生を抑制することができる．例えば，晶析操作初期に種結晶を導入し，過飽和のピークを低く抑える操作を行うと，種結晶のみを大きくすることが可能となり，粒径の揃った種結晶を用いると，製品結晶の粒径も揃うこととなる．このように，過飽和をどのように操作するかが晶析操作では重要となる．

過飽和操作の概念を図 5.11 に基づいて，もう一度整理してみよう．原料供給速度や蒸発速度などによって溶質濃度が決まる．また，冷却操作などによって，その条件での平衡濃度が決まる．そして，その両者から過飽和が決定される．過飽和が決まると，成長速度や核発生速度も決まるので最終的な結晶品質も決定さ

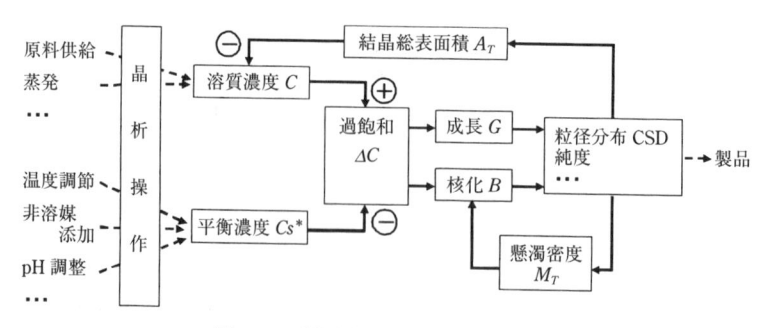

図 5.11 過飽和操作（晶析操作）の概念

れる．実際には懸濁している結晶粒子の総表面積からも溶質濃度の変化速度が決まるし，懸濁密度によっても核発生速度が影響を受ける．粒径分布をよくするために核発生速度を抑えるように過飽和のピークを下げたい場合，冷却速度を下げれば平衡濃度の低下速度が遅くなり，過飽和の増加速度を抑えることができるし，あらかじめ種結晶を多く入れておけば[16]，初期の溶質濃度の消費速度が上がり，結果として過飽和の増加速度を遅くすることが可能となる．

過飽和をマイナス，すなわち未飽和にすることで発生した微結晶を溶解して粒径分布を改善する工夫も行われている[17,18]．これも溶質濃度と平衡濃度の差の変化速度を操作していることになる．

結晶粒子群の品質では粒径分布のほかに，結晶多形や結晶純度，結晶形態などが重要である．それらの品質を制御するためにも過飽和操作は重要である．例えば結晶多形ではそれぞれの結晶形で溶解度が異なっているので，選択的に所望の結晶多形を得るためには，多形の溶解度を考慮した過飽和操作が必要になるし，成長速度によって結晶中への母液含有量が変化し，結晶純度が変わることもあるので，結晶純度改善のためにも過飽和操作は重要である．

5.3.2 完全混合型晶析装置

次に具体的な粒径分布の数式的な取り扱い方を連続装置の場合を例に考えてみる．完全混合型晶析装置は MSMPR（Mixed Suspension Mixed Product Removal）型晶析装置と呼ばれ，定常状態での理論的な解析が容易であり，結晶粒子群の解析結果から結晶成長速度 G [m·s^{-1}] と，核化速度 $B°$ [#·m^{-3}·s^{-1}]（単位体積当たり，単位時間当たり発生する核の数，#は number（個数）を表現する）を同

時に求めることが可能であることから晶析の基礎研究[19]で用いられている.

a. 母集団密度

晶析装置内の結晶粒径分布を解析するためには母集団密度（population density）の考え方が必要になる．晶析装置内に懸濁している結晶は，一粒ごとに粒径が異なっているので，分布を表現するためには，ある粒径幅を決め，その粒径幅に含まれる大きさの結晶について，その個数を扱うことになる．そこで，懸濁液（スラリー）単位体積当たり，粒径幅 $L \sim L+\Delta L$ [m] に含まれる結晶粒子数 ΔN [#] を，粒径幅 ΔL で割ったものを粒径 L の母集団密度関数（population density function）$n(L)$ [#·m^{-3}·m^{-1}] として定義する．

b. 母集団収支

結晶粒子群を取り扱う場合，個数の収支を取ることができ，それを母集団収支（population balance）と呼ぶ．母集団収支は，物質収支やエネルギー収支と同様の考え方で，

$$蓄積項 = 入力項 - 出力項 + 生成項 - 消滅項$$

で表現できる．ここで容積 V_c [m^3] の晶析装置に流量 Q [m^3·s^{-1}] で過飽和溶液（原料）が供給され，同じ流量でスラリーが抜き出されている MSMPR 型晶析装置の母集団収支を考えてみよう（図 5.13 参照）．MSMPR 型晶析装置を用いた粒径分布の理論的解析では以下の仮定がなされている．

① 晶析装置は定常状態で運転されている．
② 結晶装置内の懸濁状態と抜き出しスラリーの懸濁状態は同じである（製品結晶の分級はない）．
③ すべての結晶は同じ形状で，成長速度（$dL/d\theta = G$）も等しい．

ここで，晶析装置内の，代表長さ L の結晶粒子数の，時間 $\Delta\theta$ [s] の間での変化を考える．ただし，結晶の破損，凝集は無視でき，発生する核の粒径はゼロとする．

晶析装置内の粒径 L の結晶粒子数の変化 $\Delta n(L, \theta) V_c \Delta L$ は，入力個数と出力個数の差となり，また，原料に結晶が含まれていない場合，

$$\frac{\partial n(L,\theta)}{\partial \theta} + G\frac{\partial n(L,\theta)}{\partial L} + \frac{n(L,\theta)}{\tau} = 0 \tag{5.15}$$

となる．ここで $\tau = V_c/Q$ である．式 (5.15) が MSMPR 型晶析装置の基礎式である．

c. 定常状態の結晶粒径分布

定常状態では，晶析装置内の結晶粒子数は変化しないので，式(5.15)は次式となる．

$$G\frac{dn(L)}{dL} + \frac{n(L)}{\tau} = 0 \tag{5.16}$$

式(5.6)を$L=0$のとき$n(0)=n°$の初期条件から解くと，式(5.16)が得られる．

$$n(L) = n° \exp\left(-\frac{L}{G\tau}\right) \tag{5.17}$$

定常の製品結晶粒子群について各粒径で$n(L)$の値を算出し，Lに対して$\ln n(L)$をプロットすると，切片が$n°$，傾きが$-1/(G\cdot\tau)$の直線になる．これはpopulation density plotと呼ばれる．切片の$n°$は核化速度と成長速度の比に等しく，このプロットから結晶成長速度Gと核発生速度$B°$を求めることができる．

ここで得られる核発生速度は，同種の結晶が懸濁した条件下なので，二次核発生に分類され，溶液の過飽和や結晶の懸濁密度M_Tのべき関数として，実験的に整理されている．

MSMPR型晶析装置の特性も図5.11のように関連づけられる．過飽和を推進力に，核発生速度と成長速度が決まり，粒径分布が決まることになる．しかし，同時に結晶の総表面積が定まることになり，それが過飽和に影響を及ぼすことになる．このような現象間のフィードバックを通じて定常状態に移行していく．

【例題5.4】 実験室で小型のMSMPR型晶析装置を用い結晶粒子群を作成し，得られた結晶を篩い分けで分析したところ，表5.2の結果が得られた．結晶成長速度と核発生速度を求めよ．ただし，実験条件での滞留時間τは20分であった．

[解答] 表5.2をpopulation density plotすると，図5.12となる．切片から$n°$を読み取ると，$n° = 6.3 \times 10^{13}$ #·m^{-3}·m^{-1}．図5.12の傾きは-4.86×10^3であるので，$-4.86 \times 10^3 \times 2.303 = -1/(G \times 1200)$となり成長速度$G$は$7.4 \times 10^{-8}$ m·s^{-1}となる．

表5.2 MSMPRの実験結果

粒径 $L \times 10^3$ m	0.0525	0.127	0.163	0.217	0.3	0.425	0.605
$n \times 10^{-12}$ [#·m^{-3}·m^{-1}]	35.1	13.8	12.2	5.54	2.18	0.44	0.08

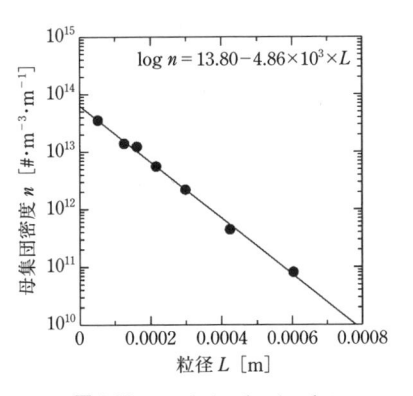

図 5.12 population density plot

また，$n° = (B°/G)$ より，$B°$ は $4.7×10^6$ $\#\cdot m^{-3}\cdot s^{-1}$ となる．

5.3.3 MSMPR 型晶析装置の定常特性

粒径分布の関数（母集団密度関数）が式 (5.17) で与えられていると，次のように結晶粒子群の平均粒径などを導くことができる．個数基準の平均粒径 L_N は結晶の総長さ L_T を求めて，結晶の総個数 N_T で割れば算出できる．

$$L_T = \int_0^\infty Ln\,dL = n°(G\tau)^2 \tag{5.18}$$

$$N_T = \int_0^\infty n\,dL = n°G\tau\,(=B°\tau) \tag{5.19}$$

$$L_N \equiv \frac{L_T}{N_T} = G\tau \tag{5.20}$$

すなわち，平均粒径は成長速度と平均滞留時間の積となる．

結晶粒子群の粒径分布の解析にはモーメントを用いた方法がある．モーメントは式 (5.21) で定義される．

$$m_k = \int_0^\infty L^k n(L)\,dL = \int_0^\infty L^k n° \exp\left(\frac{-L}{G\tau}\right)dL = k!\cdot n°(G\tau)^{k+1} \tag{5.21}$$

各モーメントはそれぞれ表 5.3 に示す物理的意味と関連しているので，各次数のモーメントを算出しておくと便利である．

結晶粒子群を扱う場合，平均粒径のみでなくその分布幅も議論する必要があり，

表5.3 物理量とモーメント m_k との関係

関係式	物理量の意味	単位
$N_T = m_0$	スラリー単位体積当たりの結晶総個数	$\# \cdot m^{-3}$
$L_T = m_1$	スラリー単位体積当たりの結晶総長さ	$m \cdot m^{-3}$
$A_T = k_a \cdot m_2$	スラリー単位体積当たりの結晶総面積	$m^2 \cdot m^{-3}$
$M_T = k_v \cdot \rho_c \cdot m_3$	スラリー単位体積当たりの結晶質量（懸濁密度）	$kg \cdot m^{-3}$
$L_N = m_1/m_0$	個数基準の平均粒径	m
$L_M = m_4/m_3$	質量基準の平均粒径	m

k_a は面積形状係数，k_v は体積形状係数，ρ_c は結晶密度である．

その一つの指標が CV 値（coefficient of variation）である．モーメントを使うと，個数基準（N）および質量基準（M）の CV 値はそれぞれ式(5.22)，(5.23)のように表現できる．

$$CV_N = \left(m_0 \cdot \frac{m_2}{m_1^2} - 1\right)^{1/2} \tag{5.22}$$

$$CV_M = \left(m_3 \cdot \frac{m_5}{m_4^2} - 1\right)^{1/2} \tag{5.23}$$

CV 値の値が小さいほど単一分散に近いことを意味している．MSMPR 型晶析装置の場合，質量基準の CV_M は定常状態で 0.5 である．

5.4 晶析装置・プロセスおよび利用例

5.4.1 晶析装置・プロセスの設計のための基本的な考え方

希望の結晶を効率的に製造する装置を設計するためには，平衡関係（固液，固気の状態図），晶析速度（核発生速度，結晶成長速度など），収支（物質，熱など）が必須要件になる．晶析装置の有効容積を決定する基本的な考え方は，以下の2項目を満足するように装置の容積（装置内の結晶平均滞留時間）を決めることである．

(1) 装置内の結晶の平均滞留時間と，希望の粒径に成長するのに要する時間を同じにする．

(2) 得られる製品結晶数を，初期に投入する種結晶数あるいは発生する結晶核数と同一にする（あるいは，製品結晶数の生成速度と，装置内で生成する核発生速度を同一にする）．

■【例題5.5】 代表粒径 l_d [m]，形状係数 k_v [-]，結晶密度 ρ_c [kg·m^{-3}] の

5.4 晶析装置・プロセスおよび利用例

結晶を，生産速度 P [kg·h^{-1}] で製造するための晶析装置の有効容積 V [m^3] を求めなさい．ここで，形状係数 k_v は，結晶1個の体積 v [m^3] を求める係数で，$v = k_v \cdot l^3$ で定義する．

また，装置内の平均核発生速度を F_v [number·m^{-3}·h^{-1}]，装置内平均結晶成長速度を $(dl/d\theta)_{AV}$ [mm·h^{-1}] と表す．装置内に懸濁可能な結晶の懸濁率を $(1-\varepsilon)$，回分装置の場合の最大懸濁率を $(1-\varepsilon)_{max}$ とする．

結晶懸濁率 $(1-\varepsilon)$ は，装置容積当たり懸濁している結晶体積の比率を示す．ε は，装置容積当たりの溶液体積の比率である．

[解答] ●連続晶析装置の場合（結晶を連続的に生産する場合，定常状態，完全混合を仮定，図5.13参照）:

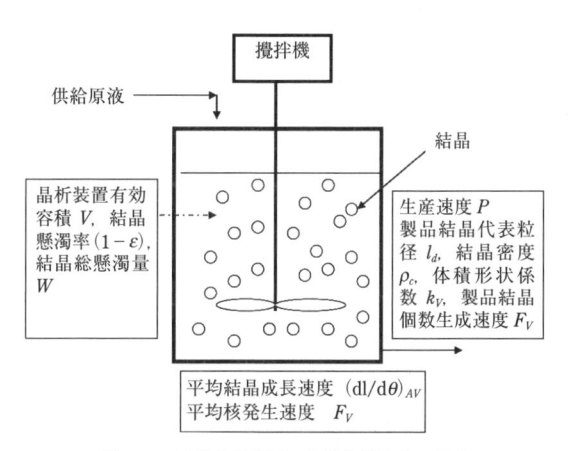

図5.13 連続晶析装置の有効装置容積の設計

平均結晶滞留時間 = 装置内結晶重量(kg) ÷ 生産速度 $P = \rho_c \cdot V \cdot (1-\varepsilon) \div P$

成長に要する時間 = 製品結晶代表粒径 l_d ÷ 装置内平均結晶成長速度 $(dl/d\theta)_{AV}$

$\qquad = l_d \div (dl/d\theta)_{AV}$

上記より，

$$\rho_c \cdot V \cdot (1-\varepsilon) \div P = l_d \div (dl/d\theta)_{AV} \tag{5.24}$$

さらに，製品結晶数の生成速度と，装置内で生成する核発生速度を同一にすることから，

$$\frac{P}{V}[\mathrm{kg\cdot m^{-3}\cdot h^{-1}}] = \rho_c[\mathrm{kg\cdot m^{-3}}]\cdot k_v\cdot l^3[\mathrm{m^3}]\cdot$$
$$F_v[\mathrm{number\cdot m^{-3}\cdot h^{-1}}] \tag{5.25}$$

を満たす必要がある.

　上記の二つの関係を満たす装置有効容積を決定することになる.そのために必要な因子は，$(1-\varepsilon)$ を許容最大の値（通常 0.25 ～ 0.40 の一定の値を設定する）とすると，**平均核発生速度 F_v** と**装置内平均結晶成長速度（$\mathrm{d}l/\mathrm{d}\theta$）$_{AV}$** を決定すると，装置容積が決定できる.したがって，晶析装置容積を決定するには，核発生速度，結晶成長速度が重要な因子になる.

● 回分晶析装置の場合（1 回の操作ごとに，結晶を取り出す場合）:

平均結晶滞留時間 = 装置内結晶重量 [kg] ÷ 生産速度 P
$$= \rho_c\cdot V\cdot (1-\varepsilon)_{\max} \div P$$

成長に要する時間 $\theta_c = \dfrac{\text{製品結晶代表粒径 } l_d}{\text{装置内平均結晶成長速度}(\mathrm{d}l/\mathrm{d}\theta)_{AV}}$

$$= \frac{l_d - l_s}{(\mathrm{d}l/\mathrm{d}\theta)_{AV}}$$

上記の関係から，

装置容積当たりの生産速度（生産性） $\dfrac{P}{V} = \dfrac{\rho_c\cdot (1-\varepsilon)_{\max}\cdot (\mathrm{d}l/\mathrm{d}\theta)_{AV}}{l_d - l_s}$

を満たす装置有効容積を決定することになる.

　回分装置の場合，結晶成長に要する時間 θ_c に加えて，原料の投入時間，操作温度に設定する時間，結晶の取り出し時間，洗浄時間などの操作時間 θ_o を必要とする.

$$P\cdot (\theta_0 + \theta_c) = \rho_c\cdot (1-\varepsilon)_{\max}\cdot V$$

$$\frac{P}{V} = \frac{\rho_c\cdot (1-\varepsilon)_{\max}}{\theta_0 + \theta_c} = \frac{\rho_c\cdot (1-\varepsilon)_{\max}}{\theta_0 + (l_d - l_s)/(\mathrm{d}l/\mathrm{d}\theta)_{AV}}$$

種結晶を結晶核生成で供給する場合は，l_s は 0 m とみなしてよい.得られる製品結晶数を，初期に投入する種結晶数あるいは発生する結晶核数を同一にすることの原則より，

必要な種結晶数（結晶核数） $N = \rho_c\cdot \dfrac{(1-\varepsilon)_{\max}}{k_v}\cdot l_d^3$

で与えられることになる．

いずれにしても，連続装置も回分装置も，基本的な考え方は同じであり，装置内の平均結晶成長速度と平均核発生速度（あるいは必要な種結晶の供給）が，装置容積を決定する重要な要件になる．

5.4.2 晶析操作設計の基本的な考え方

希望の結晶，ここでは希望の平均粒径（結晶の大きさ）を得るための操作法を考える．5.3項で晶析操作について学んだが，再度5.4.1項の基本式（5.24）および式（5.25）に基づいた操作手法を示す．

図5.14に装置内を想定した核発生速度と成長速度の関係について，過飽和度比をパラメータにして示した．この図より，核発生速度が成長速度に比べ，過飽和度の影響を受けやすいことがわかる．このことから，ある操作過飽和度以上に操作すると，核発生速度が成長速度に比べて速くなり，小さい粒径の結晶が得られることになる．一方，ある操作過飽和度以下で操作すると，成長速度が速く，核発生速度が遅い状態になり，大きな粒径の結晶を得ることができる．このように，成長速度と核発生速度の関係により，希望の粒径の結晶を生産することができる．粒径を制御することが，結晶品質（純度，固液分離特性，乾燥特性など）とも大きく関連するので，晶析においては，粒径を希望のサイズにすることが基本である．

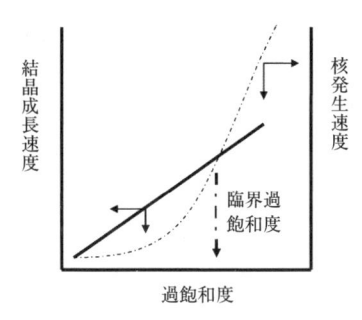

図5.14 核発生速度（個数・m^{-2}・h^{-1}），および結晶成長速度（m^3・m^{-2}・h^{-1}）]に対する過飽和度の影響

【例題 5.6】 連続晶析操作において，成長速度と核発生速度の関係が，平均

粒径に対してどのように影響を及ぼすのか，式で示しなさい．

[解答] 基本式(5.24)および式(5.25)が同時に成立する必要があることから，以下の両式を連立すると

$$\frac{P}{V}[\text{kg}\cdot\text{m}^{-3}\cdot\text{h}^{-1}] = \rho_c[\text{kg}\cdot\text{m}^{-3}]\cdot k_v\cdot l_d^3[\text{m}^3]\cdot F_v[\text{number}\cdot\text{m}^{-3}\cdot\text{h}^{-1}]$$

$$\frac{P}{V} = \frac{\rho_c\cdot(1-\varepsilon)\cdot(\text{d}l/\text{d}\theta)_{AV}}{l_d}$$

以下の式が得られる．

$$l_d^4 = \frac{(1-\varepsilon)\cdot(\text{d}l/\text{d}\theta)_{AV}}{k_v\cdot F_v}$$

上記のように，粒径の4乗になるので，粒径を大きく変化させるためには，成長速度か核発生速度を大きく変化させる必要がある．ところが，成長速度を大きく変化させることはむずかしいので，核発生速度を制御することが有効な対策になる．具体的には，核発生を大きくして，小さい粒径の結晶を得たい場合，結晶核を増加させる（種を添加する）ことになる．また，核発生速度を減少させ，大きな結晶を得たい場合，微結晶の溶解操作（ファイントラップ：加温して溶解する場合，蒸気の吹き込み，あるいは水差し/水の注入）が効果的になる．

5.4.3 晶析装置の選択

晶析装置には，図5.15に示すように，回分晶析装置と連続晶析装置がある．多品種少量生産（同じ晶析装置でさまざまな製品を生産する場合，また生産速度2000～3000 kg·d^{-1}以下が目安）の場合は，回分装置になる．回分装置は，装置の洗浄が容易な点や，時間的に操作条件を変更できるので，緻密な晶析操作が必要な機能化学品，医薬品，食品分野の結晶生産に広く利用されている．また，結晶製品の抜き出し時間の関係で，生産速度に限界がある．一方，大量生産が要求される場合，連続装置を選択する．これにより，大量の結晶を安く，安定して生産できる．ただし，操作条件を変化させることがややむずかしい．

結晶の懸濁状態で，混合層型，分級層型（図5.16）がある．そのほかに，結晶層が静止している静置型も提案されている．粒子の沈降速度が2～3 cm·s^{-1}以下の場合，混合層型，以上の場合は，分級層を選択することになる．混合層型

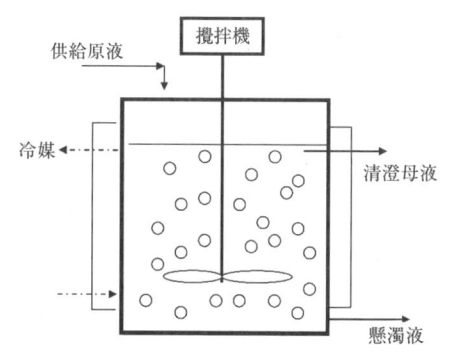

図 5.15 混合型晶析装置（間接冷却方式）

連続式は，供給原液，懸濁液が連続的に流れる．回分式は，供給原液流入の後，晶析操作を行い，懸濁液を槽外に流出させる．

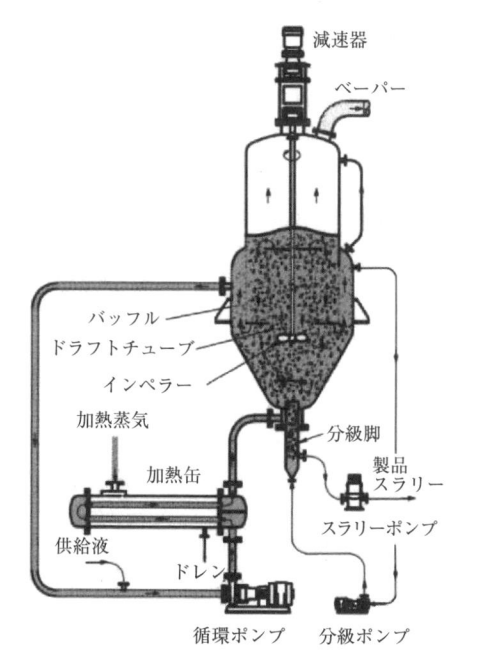

図 5.16 (a) 混合層型晶析装置：DTB 型

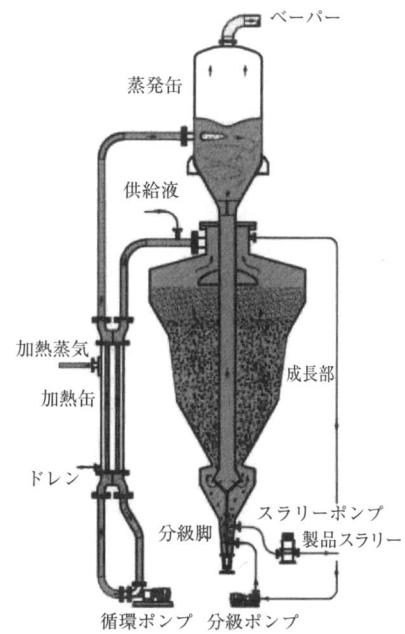

図 5.16 (b) 分級層型晶析装置：逆円錐型

は，比較的小さい結晶（粒径分布幅がやや広い）を生産する場合，分級層型は，比較的大きな結晶（粒径分布幅が狭い）を生産する場合に選択されることが多い．

また，図中に，蒸気の注入部があるが，これは粒径操作のための微結晶溶解（ファイントラップ）のために設けている．装置上部の蒸発部（減圧，加温）や，装置外部や配管の熱交換部は過飽和度を生成するための設備である．

5.4.4 装置の利用例と晶析プロセス

アミノ酸結晶の生産工程を図5.17に，医薬品の生産工程を図5.18に示す．これらのように，工業製品の大半は結晶製品であるので，生産工程の最後に設けられ，晶析工程の後に，固液分離（遠心分離，濾過など），乾燥，篩い分けなどの工程が必須になる．後段の工程を効率的に操作するには，晶析工程で，操作しやすい粗大な結晶を得る必要があり，その意味で晶析工程への要求は大きい．

また，晶析工程の前段には，濃縮工程あるいは精製工程（不純物を分離する）が設けられている．前段の工程では，蒸留，晶析，抽出，吸着，イオン交換，膜分離，固液分離を必要に応じて設置し，対象成分の濃縮，不純物の分離がなされる．

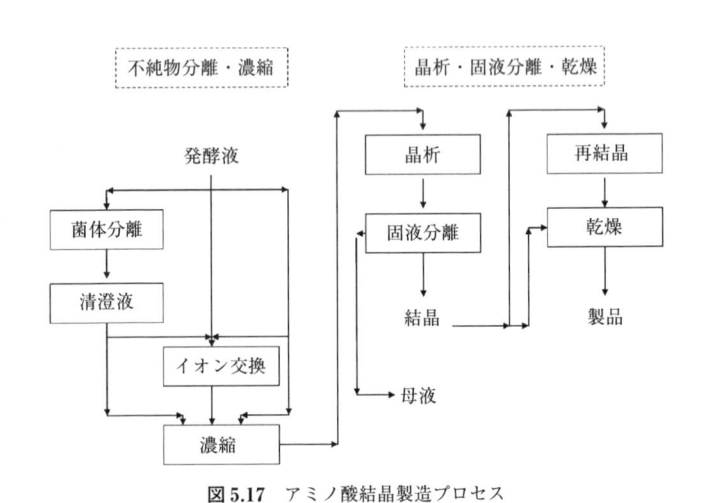

図5.17 アミノ酸結晶製造プロセス

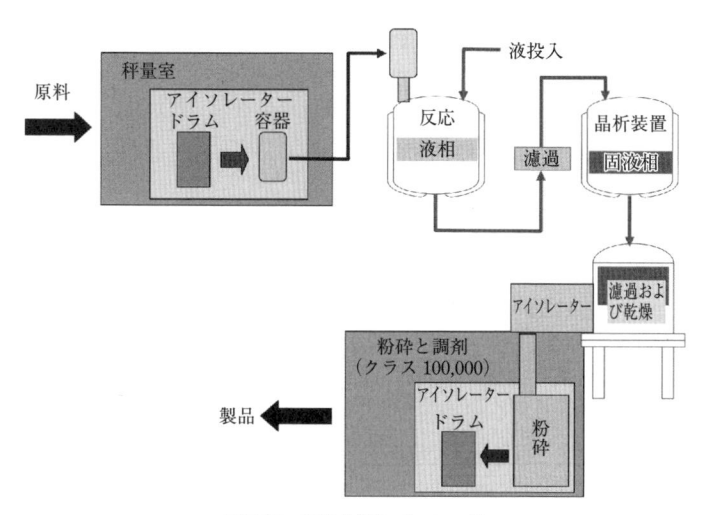

図5.18 医薬品製造プロセス例

5.4.5 晶析の利用対象

晶析操作は，溶液内から対象成分を分離するとともに，希望品質の結晶を創製（ビルドアップ：積み上げる）することができる分離操作である．20世紀前半においては，晶析は操作することがむずかしく，スケーリング，つまりなどの課題があり避けるべきとの意見も多かったが，20世紀後半から，晶析の原理や速度論の進歩，装置・操作の設計およびプロセス開発が進み，広く工業操作に利用されている．近年，ナノ結晶，機能結晶の創製法として，晶析の活用が進みつつある．あわせて，成分分離・精製操作としても，環境，原子力核燃料サイクル，石油化学製品，食品などの分野で新展開をみせている．

■引用文献

1) J.M. Mullin：Crystallization, 4th ed., Butterworth-Heinemann, Oxford, UK, 2001.
2) R. Ozawa and M. Matsuoka：*J. Crystal Growth*, **96**, 570, 1989.
3) H. Takiyama, H. Suzuki, H. Uchida and M. Matsuoka：*Fluid Phase Equilibria*, **194** (197), 1107, 2002.
4) K.S. Pitzer and G. Mayorga：*J. Phys. Chem.*, **77**, 2300, 1973.
5) J-L. Cruz and H. Renon：*AIChE J.*, **24**, 817, 1978.

6) J.M. Prausnitz, R.N. Lichtenthaler and E.G. Azevedo：Molecular Thermodynamics of Fluid Phase Equilibia, 2nd Ed., Prentice-Hall, New Jersey, 1986.
7) 松岡正邦：結晶化工学，培風館，2001.
8) 中井　資：晶析工学，培風館，1986.
9) 佐藤清隆：溶液からの結晶成長，共立出版，2002.
10) S. Khoshkhoo and J. Anwar：*J. Phys. D：Appl. Phys*, **26**, B90, 1993.
11) N. Blagden, R.J. Davey, H.F. Lieberman, L. Williams, R. Payne, R. Roberts, R. Rowe and R. Docherty：*J. Chem. Soc., Faraday Trans.*, **94**, 1035, 1998.
12) S.Y. Tsai, S.C. Kuo and S.Y. Lin：*J. Pharm. Sci.*, **82**, 1250, 1993.
13) E. Staab, L. Addadi, L. Leiserowitz and M. Lahav：*Adv. Mater*, **2**, 40, 1990.
14) A. Domopoulou, A. Michaelides, S. Skoulika and D. Kovala-Demertzi：*J. Crystal Growth*, **191**, 166, 1998.
15) R.J. Davey, N. Blagden, G.D. Potts and R. Docherty：*J. Am. Chem. Soc.*, **119**, 1767, 1997.
16) D. Jagadesh, N. Kubota, M. Yokota, N. Doki and A. Sato：*J. Chem. Eng. Japan*, **32**, 514-520, 1999.
17) S.K. Heffels and E.J. de Jong：*AIChE Symp. Series*, **87**, 170-181, 1991.
18) H. Takiyama, K. Shindo and M. Matsuoka：*J. Chem. Eng. Japan*, **35**, 1072-1077, 2002.
19) A.D. Randolph and M.A. Larson：Theory of Particulate Processes, 2nd ed., Academic Press, 1988.
20) A. Mersmann：Crystallization Technology Handbook, Marcel Dekkkar, 1995.
21) S. Alan：Myerson, Handbook of Industrial Crystallization, Butterworth Heinemann, 1993.
22) O. Sohnel and J. Garside：Precipitation, Butterworth Heinemann, 1992.
23) 分離技術会編：新版 工業晶析操作，分離技術会，2006.
24) 豊倉　賢，青山吉雄：改訂 晶析，化学工業社，1988.
25) 化学工学会編：最近の化学工学 53 晶析工学・晶析プロセスの進展，化学工業社，2001.

■演習問題

5.1 粒径分布が式(5.17)で与えられている場合，質量基準の粒径分布 $m(L)$ は次式で表現できる．このときのモード径 L_{mode} を成長速度 G と滞留時間 τ を使って表現せよ．モード径とは粒径分布で最も高い頻度をもつ粒径（最頻径）である．

$$m(L) = \frac{1}{6}\left(\frac{L}{G\tau}\right)^3 \exp\left(-\frac{L}{G\tau}\right)$$

5.2 発酵生成物から目的の成分を高純度に取り出し，結晶製品を取り出すプロセスについて説明せよ．

5.3 一般的に，晶析プロセスでは，装置内で結晶を成長させ，大きな結晶を得ることが要求される．この理由を説明せよ．

6

吸着・イオン交換

6.1 吸着操作

吸着（adsorption）とは，固─液，固─気，液─液および気─液などの相と相の界面に成分が集まり，界面流体中に存在する成分の濃度が流体本体のそれよりも大きくなる現象をいう．また吸着質が界面から離れ吸着量が減少する現象を**脱着**（desorption）という．吸着される物質を**吸着質**（adsorbate），吸着する方を**吸着剤**，**吸着材**あるいは**吸着媒**（adsorbent）という．吸着剤は一般に多孔質の内部表面積が大きい固体（粒子，粉末，繊維など）で，これらを用いて気体あるいは液体混合物の分離，精製，不要成分の除去，有用成分の回収などが行われる．

以上のような吸着現象を利用した分離操作を一般に**吸着操作**と呼んでいる．吸着操作は，気相吸着と液相吸着に分けられる．気相吸着には，空気またはガスの脱湿，有害成分の回収・除去，排ガスからの希薄な溶剤の回収操作などがある．また，空気中の酸素と窒素の分離などにも広く用いられている．液相吸着には，ショ糖やアミノ酸発酵液の脱色，石油製品の脱色や微量成分の除去，上下水や工業廃水の三次処理，あるいは芳香族と脂肪族炭化水素混合体の成分分離などがあげられる．

なお，イオン交換操作も吸着操作の一分野として取り扱われている．イオン交換とは，固相と液相の間で可逆的にイオンの交換が起こる現象をいい，吸着とは異質の現象を利用した分離操作であるが，操作論的には同様に取り扱うことができる．

6.2 吸着はなぜ起こるか

先に述べたように，分子が界面に濃縮される現象を吸着という．界面と吸着質間には，ファン・デル・ワールス（van der Waals）力，静電気引力，水素結合，

イオン交換，電荷移動などの相互作用力が働き吸着が起こる．吸着質が無極性分子のときはファン・デル・ワールス力が主力となり，いわゆる**物理吸着**が起こる．分子が吸着サイトの官能基と化学結合によって吸着する**化学吸着**と物理吸着とを比較すると，前者の方が後者に比べ吸着力は強い．一般に，分離操作に用いられるのは物理吸着であるが，最近では，化学吸着も用いられるようになっている．可逆的な**化学吸着**（弱い化学吸着）の一例として，固体アミン（多孔性の弱塩基性陰イオン交換樹脂など）による空気中からの炭酸ガスの吸着（宇宙ステーションや潜水艦キャビン内の生命維持装置），また，不可逆的な化学吸着の例として，猛毒ガス除去用吸着剤などがあげられる．

6.3 吸 着 剤

表6.1に代表的な吸着剤の特性と用途を示す．吸着は界面で起こるため，工業的に用いられる吸着剤は界面の面積を大きくする工夫，すなわち多孔性の粒子をうまくつくる，あるいはうまく利用する工夫がなされている．図6.1に典型的な2種類の吸着剤の粒子内構造を示す．(a)はシリカやアルミナなどに代表される

表6.1 代表的な吸着剤の特性と用途

名 称	粒径 [mm]	比表面積 [$m^2 \cdot g^{-1}$]	平均孔径 [nm]	用 途
活性炭				
成型	2.4 ~ 4.8	900 ~ 1500	1.5 ~ 2.5	溶剤回収，触媒担体，ガス精製，空気浄化
破砕状	0.42 ~ 4.8	900 ~ 1500	1.5 ~ 3.0	ガス精製，浄水，触媒担体，溶剤回収，空気浄化，液相脱色
粉末	0.15以下	2500 ~ 3500	1.0 ~ 1.4	天然ガス吸蔵剤，電極材，キャニスター用
繊維	0.006 ~ 0.017	500 ~ 2500	0.35 ~ 4.5	オゾン除去，溶剤回収，浄水，脱臭，化学防護衣，ガス防護服，SO_x，NO_xの除去，除湿器用電極材
シリカゲル	2 ~ 4.8	550 ~ 700	2.0 ~ 3.0	ガスの脱湿，溶剤，冷媒の脱水，炭化水素の脱水
活性アルミナ	2 ~ 4.8	150 ~ 330	4.0 ~ 12.0	ガスの脱湿，液体の脱水
合成ゼオライト5A	1.6, 3.2		0.5	0.5 nm以下の分子の吸着，炭化水素系の分離精製
活性白土	1.2 ~ 2.4	120	8.0 ~ 18.0	石油製品，油脂の脱色

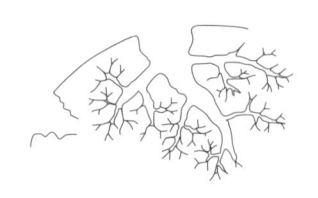

(a) 広範囲の細孔分布を有する均質体

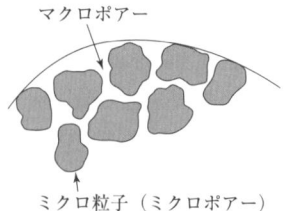

(b) マクロポアーを有するミクロ粒子の集合体（二元細孔構造）

図 6.1 典型的な2種類の多孔性吸着剤

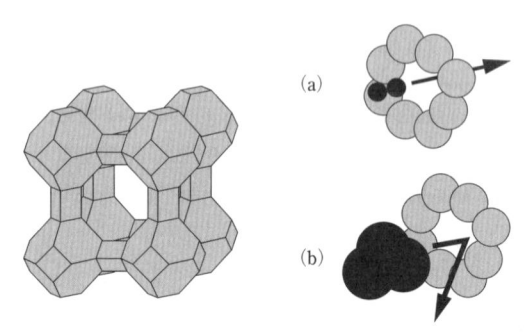

図 6.2 A型ゼオライトの細孔構造と分子篩効果
ゼオライト NaA 型の8員酸素環の孔は水素分子 (a) は通すが，プロパン分子 (b) は通さない．

 もので広範な細孔径分布をもつ．(b) はゼオライトや MR 型イオン交換樹脂などに代表される．工業的に用いられるゼオライトは，ゼオライト結晶（ミクロ粒子）を粘土などの結着剤と混ぜ加熱して球形あるいは円柱状に焼成したもので，細孔径分布は，ミクロ粒子のもつ均一なマイクロ孔とミクロ粒子間の大きな細孔からなり，**二元細孔構造**をもつ吸着剤と呼ばれる．

6.4 吸 着 平 衡

　界面で吸着質の分子やイオンは吸着と脱着を動的に繰り返している．吸着平衡とは，吸着する量と脱着する量が動的に等しい状態をいう．吸着平衡の状態での吸着量と気相の圧力あるいは液相の溶質濃度の関係を吸着平衡関係という．吸着平衡関係は温度，圧力および濃度に依存する．温度一定の条件下で求めた吸着平

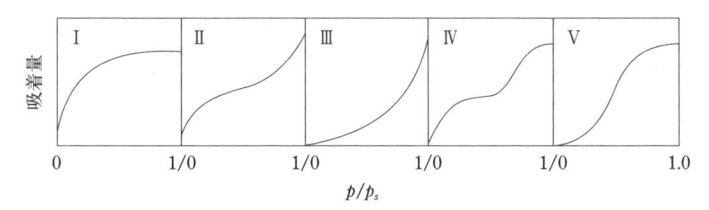

図 6.3 吸着等温線のブルナウアー分類

表 6.2 ポアーサイズの分類

	D/d	D
ウルトラマイクロ孔	$3>D/d$	$\sim 0.5>D$
マイクロ孔	$5>D/d>3$	$2>D>0.5$
メソ孔	$D/d \cong 10$	$50>D>2$
マクロ孔	$D/d>\sim 10$	$D>\sim 50$

D：ポアーサイズ [nm], d：分子サイズ [nm]

衡関係を特に**吸着等温線**（adsorption isotherm）といい，平衡関係を示す方法として一般的に用いられている．吸着等温線は吸着質と吸着剤の組み合わせからさまざまな曲線となる．その形は固体表面の物理的および化学的状態，細孔（ポアー）の大きさと吸着分子の大きさに強く依存する．

図 6.3 にブルナウアー（Brunauer）らが提案した吸着等温線の形状の分類を示した．また，表 6.2 に吸着剤のポアーサイズの分類を示した．

吸着剤のポアーサイズ（D）が分子の大きさ（d）に比べそれほど大きくないマイクロ孔（$5>D/d>3$, D：ポアーサイズ [nm], d：分子サイズ [nm]）あるいはウルトラマイクロ孔（$3>D/d$）で，しかも細孔表面積が外表面積に比べて圧倒的に大きいとき，等温線は一般に I 型となる．この場合，孔が完全に分子で満たされると吸着はそれ以上起こらないため，$p/p_S \rightarrow 1$ で吸着量は限界値に収れんする．この限界値を飽和吸着量という．

II 型および **III 型**は，ポアーサイズに大きな幅をもっている場合に起こる．吸着量の増加とともに，単分子層から多分子層吸着さらに毛細管凝縮へと連続的に移行する．高圧部の吸着量の増加は，より大きなポアーへの毛細管凝縮によるものである．なお，II 型は，吸着熱が吸着質の液化熱より大きいとき，すなわち固体と吸着質の相互作用が吸着質間のそれよりも大きい場合に，III 型はその逆の場合に現れる．

IV型の等温線は，メソ孔をもつ固体にみられる．I, II, III 型と異なり，脱着曲線は吸着曲線と一致せず，ある相対圧範囲で吸着等温線より上になる．これを吸着履歴現象または**吸着ヒステリシス**と呼び，これが現れる理由は毛細管凝縮機構により説明されている．

V型は，固体と吸着質との相互作用が吸着質間の相互作用より小さいときにみられ，それ以外はIV型とほとんど変わらない．

以下に代表的な吸着等温式について説明する．

6.4.1 ヘンリー (Henry) の吸着式

吸着量 q [mol・(m³−吸着剤)⁻¹, kg・(kg−吸着剤)⁻¹] と平衡圧 p [Pa] あるいは液相濃度 C [mol・m⁻³, kg・m⁻³] が原点を通る直線関係にあるとき，吸着式はヘンリーの式 (6.1) で表される．

$$q = Hp\ (気相吸着) \quad あるいは \quad q = HC\ (液相吸着) \qquad (6.1)$$

ここで H は定数である．ヘンリー式は最も簡単な等温式であり，低濃度域では気相，液相を問わず多くの系で近似的に成立する．

6.4.2 フロインドリッヒ (Freundlich) の吸着式

フロインドリッヒの吸着式は次式で表される．

$$q = kp^{1/n}\ (気相吸着) \quad あるいは \quad q = kC^{1/n}\ (液相吸着) \qquad (6.2)$$

フロインドリッヒ式は，実測値をうまく相関できる場合が多く，よく用いられる．なお，この式は本来経験式であるが，固体表面上で吸着が起こる場合，吸着熱が固体表面の場所によって異なるとする，いわゆる不均一表面で吸着が起こるとして理論的に導出することもできる．

6.4.3 ラングミューア (Langmuir) の理論

ラングミューアの理論は，単一成分系の気相吸着に対する最も簡単な単分子層吸着モデルである．基本的な仮定は，① 分子は固体表面上の固定サイトに吸着する．② 各サイトは分子1個を吸着できる．③ すべてのサイトにおける吸着の強さは同じである．④ 隣接するサイトに吸着している分子間の相互作用はない．以上の仮定のもとでは，吸着は式 (6.3) の反応式で表される．

$$M + S \underset{k_d}{\overset{k_a}{\rightleftarrows}} MS \tag{6.3}$$

Mは分子，Sは吸着サイトである．吸着速度と脱着速度は次式で表される．

$$\text{吸着速度} \quad k_a p (1-\theta) \tag{6.4}$$

$$\text{脱着速度} \quad k_d \theta \tag{6.5}$$

$\theta = q/q_S$ は分子が吸着サイトに吸着されている割合，q は吸着量 [kg・(kg − 吸着剤)$^{-1}$]，q_S は飽和吸着量 [kg・(kg − 吸着剤)$^{-1}$] で全吸着サイトの数に相当する．平衡時においては吸着速度と脱着速度は等しくなるため，式 (6.4) および式 (6.5) から式 (6.6) のラングミューア式が得られる．

$$q = q_S \theta = \frac{q_S b p}{1 + b p} \tag{6.6}$$

$b = k_a/k_d$ は平衡定数である．式 (6.6) は，$p \to \infty$ のとき，$q \to q_S (\theta \to 1)$ という単分子層吸着の挙動を示す．一方，低濃度域ではヘンリーの法則に漸近する．

$$\lim_{p \to 0} \left(\frac{q}{p} \right) = b q_S = k \tag{6.7}$$

ラングミューア式は化学吸着の仮定のもとに導出されたものであるが，物理吸着の場合でも $D/d < 3$（D：細孔の直径，d：吸着分子の直径）のウルトラマイクロ孔では単分子層吸着となりラングミューア式に従う．なお，液相吸着の場合は式 (6.6) の圧力 p の代わりに液相濃度 C を用いればよい．

6.5 イオン交換平衡

固相と液相の2相間で可逆的にイオンの交換が起こる現象をイオン交換という．イオン交換樹脂で直接イオン交換に関与する部分は，固相に固定されたイオン交換基で交換するイオン種と逆の符号の電荷をもつ．例えば，H型強酸性陽イオン交換樹脂とNaCl水溶液と接触させると，式 (6.8) のイオン交換反応により，H$^+$ は液相に，またそれと等当量のNa$^+$ は固相にそれぞれ移動する．

$$R-SO_3^- H^+ + Na^+ \rightleftarrows R-SO_3^- Na^+ + H^+ \tag{6.8}$$

ここで，$-SO_3^-$ はイオン交換樹脂の三次元網目構造 (R) に固定されたイオン交換基であり，Rを含む項が固相を，またRを含まない項が液相を表す．H$^+$ およびNa$^+$ は対イオン，交換に関与しないCl$^-$ は非対イオンと呼ばれる．イオン交換樹脂内では，対イオンの合計はイオン交換基の数と一致する．これを電気的中性

の条件という．また，非対イオンはドナン（Donnan）排除によりイオン交換樹脂の中に入ることができない（厳密にはわずかに入るが，通常は無視する）．

対イオンの電荷の正負により陽イオン交換樹脂と陰イオン交換樹脂に大別される．また，イオン交換基の種類により，強酸性，強塩基性，弱酸性，弱塩基性，キレート樹脂などに分類される．

式(6.8)に質量作用の法則を適用すると，イオン交換平衡式として次式が成立する．

$$K_H^{Na} = \frac{q_{Na}C_H}{q_H C_{Na}} \tag{6.9}$$

K_H^{Na} は Na^+ の H^+ に対する選択係数である．C および q はそれぞれ液相および固相のイオン濃度 [$kmol \cdot m^{-3}$] である．電気的中性の条件は次式で与えられる．

$$q_H + q_{Na} = Q \tag{6.10}$$
$$C_H + C_{Na} = C_o \tag{6.11}$$

ここで，Q は全交換容量 [$kmol \cdot m^{-3}$] でイオン交換基の濃度に相当する．C_o 液相全対イオン濃度 [$kmol \cdot m^{-3}$] である．$x = C/C_o$, $y = q/Q$ とすると，式(6.9)は式(6.12)となる．

$$K_H^{Na} = \frac{y_{Na}(1-x_{Na})}{(1-y_{Na})x_{Na}} \tag{6.12}$$

イオン交換法は，超純水の製造，有害重金属イオンの除去や希少金属イオンの分離回収，希土類元素の分離，ウランの同位体分離，アミノ酸やタンパク質などのバイオセパレーション，糖類の分離，脱色などに幅広く用いられている．

【例題6.1】 表6.3に示した吸着平衡データが，ヘンリー式，フロインドリッヒ式あるいはラングミューア式のいずれの式で相関できるかを見つける方法を示し，最適な平衡式の平衡定数を求めよ．

表6.3 モレキュラーシーブ13Xにおけるエタンの吸着平衡データ（298K）

p [kPa]	149	121	88.6	69.6	46.4	29.4	17
q [$mol \cdot kg^{-1}$]	2.27	2.23	2.1	2.03	1.75	1.39	0.971

[解答] 吸着量を平衡圧に対して普通グラフにプロットし原点を通る直線になればヘンリー式に従う．直線の勾配がヘンリー定数を与える．吸着量と平

衡圧を両対数グラフにプロットし直線関係を示せばフロインドリッヒ式で相関できる．直線の勾配が $1/n$ を，$p=1$ における q の値が k を与える．ラングミューア式に従うかどうかは，式 (6.6) を変形した式 (6.13) あるいは (6.14) に基づいてプロットするとよい．

$$\frac{p}{q} = \frac{1}{bq_S} + \frac{p}{q_S} \tag{6.13}$$

$$\frac{1}{q} = \frac{1}{q_S} + \frac{1}{bq_S}\frac{1}{p} \tag{6.14}$$

これらのプロットをラングミューアプロットという．図 6.4 に，式 (6.13) に基づくプロット例を示した．直線関係が得られていることから，平衡データはラングミューア式で相関できる．直線の勾配から $1/q_S = 0.366$，切片から $1/bq_S = 10.1$ が得られ，これらの値から平衡定数 $b = 3.62 \times 10^{-2}$ [kPa^{-1}] と飽和吸着量 $q_S = 2.73$ [mol·kg^{-1}] が求まる．

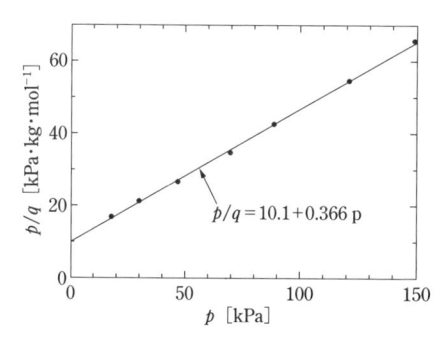

図 6.4 モレキュラーシーブ 13X におけるエタンの吸着平衡データのラングミューアプロット

6.6 吸着速度

図 6.5 に，図 6.1 に示したような多孔性吸着剤粒子への吸着拡散過程を，また，図 6.6 に着目成分の濃度分布を示す．吸着過程は一般に，(i) 粒子外表面を取り巻く流体境膜内での流体本体から粒子表面への拡散，(ii) 粒子内の**細孔拡散**（pore diffusion），(iii) 細孔壁面の吸着サイトへの吸着，(iv) 吸着状態のまま壁の表面を拡散する**表面拡散**（surface diffusion），からなる．(i) と (ii) および (i) と (iv)

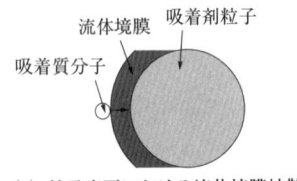

(a) 粒子表面における流体境膜拡散

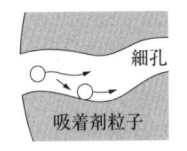

(b) 粒子内における吸着と拡散

図 6.5　多孔性吸着剤への拡散

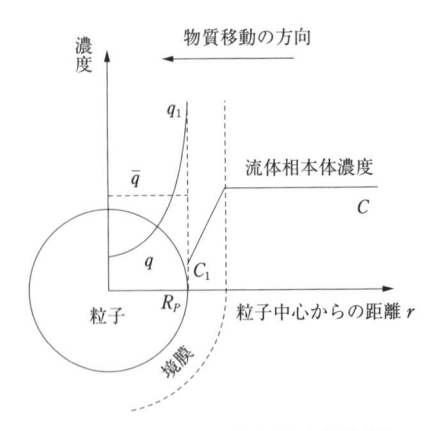

図 6.6　吸着における濃度分布と物質移動

はそれぞれ直列的に，(ii) と (iv) は並列的（競争的）に進行する．(iii) の吸着（反応）速度は迅速で，通常，吸着質の細孔内濃度と細孔壁面での吸着量との間に局所平衡が成立する．

6.6.1　流体境膜における物質移動

吸着が進行しているとき，吸着剤粒子表面近傍で流体相の吸着質の濃度が減少する（図 6.6）．粒子を取り巻くこの領域を境膜と呼ぶ．境膜における吸着分子の移動速度（流束，flux）J [mol·m^{-2}·s^{-1}] は次式で示される．

$$J = k_f(C - C_i) \tag{6.15}$$

ここで，k_f は流体相物質移動係数 [m·s^{-1}]，C は流体本体における吸着質の濃度 [mol·m^{-3}, kg·m^{-3}]，C_i は粒子表面における吸着質の流体相濃度 [mol·m^{-3}, kg·m^{-3}] である．

6.6.2　粒子内拡散

粒子内の拡散は非定常的に起こるので，濃度分布は時間の経過とともに変化する．ある時間における粒子内の濃度分布は例えば図 6.6 のようになる．一般に，粒子表面で，瞬時に液相濃度（C_i）と固相濃度（q_i）は平衡になると考えてよい．粒子表面で濃度が最も高く，中心に向かうほど濃度は低くなる．時間の経過に伴い，濃度は高くなり，最終的に粒子内のすべての位置の濃度が表面濃度に等しく

なる.

　多孔性吸着剤内の拡散現象は非常に複雑である．均質媒体中におけるフィックの拡散の法則と類似の式が適用できるとすると，球状吸着剤中の拡散方程式は次式で示される．

$$\frac{\partial q}{\partial t} = \frac{D_e}{r^2}\frac{\partial}{\partial r}\left(r^2 \frac{\partial q}{\partial r}\right) \tag{6.16}$$

ここで D_e は粒子内有効拡散係数 [m²·s⁻¹] で，多孔性粒子を均質体とみなしたことによる影響がすべてこのなかに含まれている．また，表面拡散律速の場合も式 (6.16) で表され，D_e は表面拡散係数 D_S [m²·s⁻¹] となる．q は細孔壁面に吸着した吸着質の濃度 [mol·(m³−吸着剤)⁻¹，kg·(kg−吸着剤)⁻¹]，r は粒子半径方向距離 [m]，t は時間 [s] である．初期条件 $t=0$ で $q=0$，境界条件 $r=R_p$ で $q=q_0$，$r=0$ で $\partial q/\partial r = 0$ で解き，得られた粒子内濃度分布から平均濃度 $\bar{q}$ を求めると

$$\bar{q} = q_0\left\{1 - \frac{6}{\pi^2}\sum_{n=1}^{\infty}\frac{1}{n^2}\exp\left(-n^2\pi^2\frac{D_e t}{R_p^2}\right)\right\} \tag{6.17}$$

粒子内拡散に対し式 (6.16) を用いると，後述する固定層などの各種吸着操作の解析はかなり複雑となる．そこで粒子の拡散速度を固相界面濃度 q_i と粒子内平均濃度 $\bar{q}$ の差を推進力としたいわゆる次式の**線形推進力近似**がよく用いられている．

$$J = k_p \rho_p (q_i - \bar{q}) \tag{6.18}$$

この近似により，式 (6.16) は

$$\frac{\partial \bar{q}}{\partial t} = k_p a (q_i - \bar{q}) \tag{6.19}$$

のように簡単化される．k_p は粒子内物質移動係数 [m·s⁻¹]，ρ_p は吸着剤密度 [kg·(m³−吸着剤)⁻¹]，$k_p a$ は粒子内物質移動容量係数 [s⁻¹] である．a [m²·(m³−吸着剤)⁻¹] は粒子単位体積当たりの表面積で，球形粒子の場合，粒子半径を R_p [m] とすると，$a = 3/R_p$ となる．粒子内濃度分布を二次曲線で近似すると，$k_p a$ と粒子内有効拡散係数 D_e の間に次の関係が成立する．

$$k_p a = \frac{15 D_e}{R_p^2} = \frac{60 D_e}{d_p^2} \tag{6.20}$$

6.7 回分吸着（バッチ吸着）

　ガス吸着，液相吸着において吸着質を含む流体と吸着剤がある時間に接触を始め，時間的に吸着が進行していくような場合を回分吸着という．特に液相の分離に工業的にも簡便な方法としてよく用いられ，通常，撹拌槽中で溶液と吸着剤を接触させ平衡に達した後，吸着剤と溶液を分離する．吸着は非定常で進行するが，最終的に平衡に達することから，吸着等温線の決定や，平衡に到達するまでの吸着量の経時変化などから吸着速度を決定するための実験的手法としても多用されている．

　初濃度 C_{A0} [mol·m^{-3}] の成分 A を含む体積 V [m^3] の溶液中に，A を吸着していない吸着剤 m [kg] を投入し撹拌して平衡に達したとき，物質収支から式 (6.21) の関係が得られる．

$$mq_A = V(C_{A0} - C_A) \tag{6.21}$$

q_A [mol (kg-吸着剤)$^{-1}$, kg (kg-吸着剤)$^{-1}$] は液相平衡濃度 C_A [mol·m^{-3}, kg·m^{-3}] に対応する固相平衡濃度である．図 6.7 の吸着等温線を用いると，C_{A0} から勾配 $-V/m$ の直線を引くことによって平衡到達時の両相の濃度を求めることができる．この操作を1回のみ行う操作を **1 回吸着** という．1 回では不十分な場合，吸着平衡後，溶液から吸着剤を分離し，さらに新たな吸着剤を加えて撹拌し平衡にするという操作を繰り返す（**多回吸着**）．j 回目の物質収支

$$m_j q_{A,j} = V(C_{A,j-1} - C_{A,j}) \tag{6.22}$$

で示されるため，1 回吸着と同様の作図を図 6.7 のように繰り返せば，各回の濃

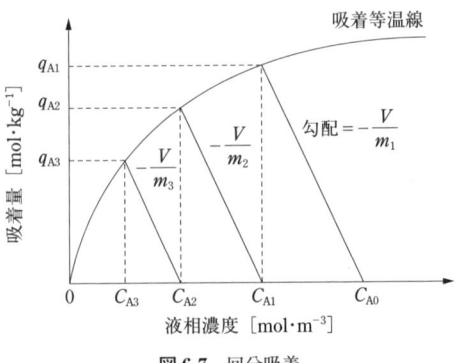

図 6.7 回分吸着

度が求められ，最終回の成分 A の濃度や必要回数を決めることができる．

【例題 6.2】 染色工場で染色後，タンクにためられた染料排液 V [m³] の処理をある吸着剤を用いて行う．平衡関係が式 (6.1) のヘンリー式 ($q = HC$) に従うとき，同じ量の吸着剤を用いて 1 回吸着を行う場合と 3 回吸着で各回等しい量の吸着剤を用いて多回処理する場合の最終濃度の比を求めよ．ただし，吸着剤は何も吸着していない新品を用い，また，ヘンリー定数は吸着操作中一定とする．

[解答] 吸着剤全量を m [kg] とする．3 回吸着の場合の 1 回目の収支は式 (6.22) から

$$\frac{m}{3} q_1 = V(C_0 - C_1) \tag{6.23}$$

式 (6.1) が成立するので

$$C_1 = \frac{C_0}{1 + Hm/3V} \tag{6.24}$$

2 回目の吸着は

$$\frac{m}{3} q_2 = V(C_1 - C_2) \tag{6.25}$$

式 (6.1) を q_2 に適用し，さらに式 (6.24) を用いると

$$C_2 = \frac{C_0}{(1 + Hm/3V)^2} \tag{6.26}$$

同様に，3 回目の吸着後の最終液相濃度は

$$C_3 = \frac{C_0}{(1 + Hm/3V)^3} \tag{6.27}$$

で与えられる．一方，1 回吸着の場合，式 (6.21) とヘンリー式から最終平衡濃度 C' は

$$C' = \frac{C_0}{1 + Hm/V} \tag{6.28}$$

したがって

$$\frac{C_3}{C'} = \frac{1 + Hm/V}{(1 + Hm/3V)^3} < 1 \tag{6.29}$$

となり，3 段で処理した方が染料濃度を低くすることができる．

6.8 固定層吸着

粒状や繊維状の吸着剤をカラムに充填し,気体または液体を連続的に供給して特定成分を吸着させる操作を固定層吸着と呼ぶ.また,吸着剤が充填されている部分を充填層と呼ぶ.一般に工業的な吸着分離操作は固定層吸着による場合が多い.濃度 C_0 の溶液が塔に流入しているとすると,ある瞬間における固定層内の流体相濃度分布を模式的に示すと図 6.8 のようになる.固定層内は,すでに吸着量が入口濃度 C_0 [mol·m^{-3}, kg·m^{-3}] に対する平衡吸着量 q_0 [mol·(kg−吸着剤)$^{-1}$, kg·(kg−吸着剤)$^{-1}$] に達した部分 ($\bar{q}=q_0$, $C=C_0$),吸着が起こっている部分 ($0<\bar{q}<q_0$, $0<C<C_0$),まだ吸着が起こっていない部分 ($\bar{q}=0$, $C=0$) に分かれる.ここで $\bar{q}$ は吸着剤粒子内平均濃度 [mol·(kg−吸着剤)$^{-1}$, kg·(kg−吸着剤)$^{-1}$] である.これは,イオン交換の場合も同様である.濃度 C_B (通常 $0.05C_0$) から C_E (通常 $0.95C_0$) の部分で主に吸着(イオン交換)が進行しており,この部分を**吸着帯(イオン交換帯)**と呼ぶ.流体の送入を続けると,吸着剤は入口の方より逐次飽和されていき,層入口における吸着質濃度に平衡な吸着量に達し,吸着帯は流体の線速度に比べてはるかに遅い速度で層出口に向かって図の時間 $t_1 \to t_2 \to t_3$ のように移動する.吸着帯の先端が層出口に到達すると,図 6.9 に示すように層出口より流出する流体中に吸着質が現れ,その濃度は上昇して最終的に入口濃度に等しくなる.流出液内の吸着質濃度を縦軸にとり,流出流体量あるいは流出時間を横軸にとった濃度変化曲線を**破過曲線**(breakthrough

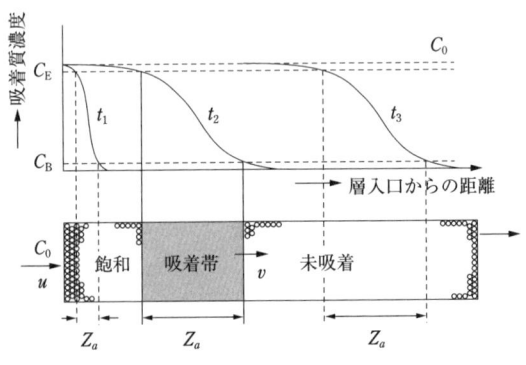

図 6.8 固定相吸着塔内の状態

6.8 固定層吸着

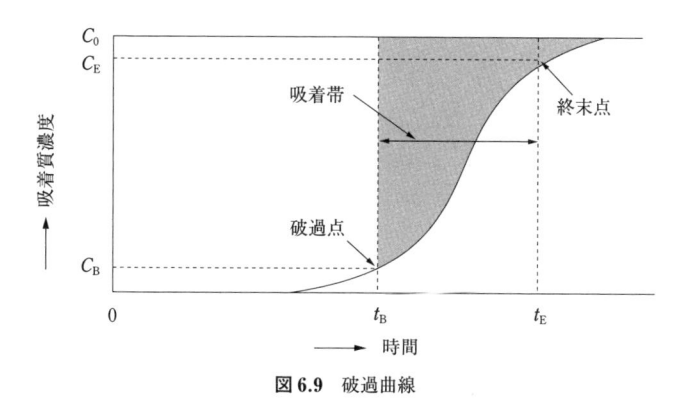

図6.9 破過曲線

curve）と呼ぶ．破過曲線の形は図6.9に示すようにS字形曲線になるが，平衡関係，粒子内拡散速度，流体境膜における移動速度および操作条件によって変化する．

出口濃度がある許容された濃度 C_B に達した点を**破過点**，破過点に達するまでの時間を**破過時間**（breakthrough time）t_B と呼ぶ．$C_E = C_0 - C_B$ で与えられる終末濃度に達する点を終末点，それまでの時間を終末時間 t_E という．吸着操作の目的によっても異なるが，一般に，$C_B = 0.05C_0 \sim 0.1C_0$ にとられる．通常，破過点で吸着操作を終了し，吸着剤の再生操作に移る．

固定層吸着装置の設計においては，入口濃度に対応して，所定出口濃度および処理量を満たす充塡高さを求めるために，破過時間とその破過容量（破過時間までに充塡層に吸着した量）を求めることが必要となる．

6.8.1 基礎式と定形濃度分布

図6.8に示したように，層内濃度分布は入口から下流に進むにつれて広がっていくが，吸着等温線が吸着量 q の軸に対して凸状（好ましい平衡関係）で表される場合，ある距離以上になると一定の形状（定形濃度分布）を示すようになる．平衡関係が直角平衡に近いほどより短い距離で定形濃度分布に到達する．定形濃度分布が形成されると，吸着帯の長さ Z_a も一定となる．

吸着質濃度が希薄で，吸着に伴う容積変化が無視できるとき，吸着帯全体およびその濃度 C_0 の位置からの任意面 z（濃度 C，吸着量 $\bar{q}$）までの部分に関する物質収支をとると，

$$u(C_0 - 0) = v\rho_b(q_0 - 0) \tag{6.30}$$

$$u(C_0 - C) = v\rho_b(q_0 - \bar{q}) \tag{6.31}$$

ここで，u は空塔速度 [m·s^{-1}]，v は吸着帯の移動速度 [m·s^{-1}]，ρ_b は吸着剤充填密度 [kg·(m^3-層)$^{-1}$] である．両式より次式が得られる．

$$\frac{C}{C_0} = \frac{\bar{q}}{q_0} \quad \text{あるいは} \quad \bar{q} = \frac{q_0}{C_0}C \tag{6.32}$$

この式は，固定層内部における任意の一点における吸着質濃度 C と $\bar{q}$ の関係を表しており，操作線と呼ばれる．

吸着帯の移動速度 v は式(6.30)より

$$v = \frac{uC_0}{\rho_b q_0} \tag{6.33}$$

6.8.2 線形推進力近似と総括物質移動係数

吸着速度 $\partial \bar{q}/\partial t$ は，近似的には線形推進力に基づく式(6.19)を固定層基準に変形した次式によって表現できる．

$$\rho_b \frac{\partial \bar{q}}{\partial t} = k_p a \rho_b (q_i - \bar{q}) = k_p a_v \rho_b (q_i - \bar{q}) \tag{6.34}$$

a_v は層単位体積当たりの粒子外表面積 [m^2·(m^3-層)$^{-1}$] である．$k_p a_v$ は式(6.20)，(6.34)より

$$k_p a_v = \frac{15 D_e (1 - \varepsilon_b)}{R_p^2} \tag{6.35}$$

ε_b は固定層内空隙率である．流体境膜および粒子内の物質移動は直列に起こり，それらは総括の物質移動速度に等しいから，次式の関係が成立する．

$$\rho_b \frac{\partial \bar{q}}{\partial t} = k_f a_v (C - C_i) = k_p a_v \rho_b (q_i - \bar{q}) \tag{6.36}$$

粒子表面における C_i と q_i を求めることは困難であるので，$\bar{q}$ に平衡な吸着質濃度 C^* を導入し，$(C - C^*)$ を推進力にとり吸着速度を表すと

$$\rho_b \frac{\partial \bar{q}}{\partial t} = K_{fm} a_v (C - C^*) \tag{6.37}$$

ここで，K_{fm} は総括物質移動係数と呼ばれる．式(6.36)と式(6.37)から

6.8 固定層吸着

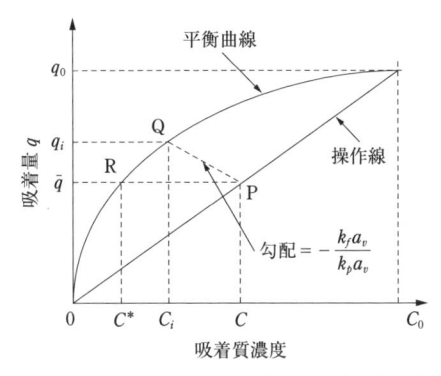

図 6.10 平衡濃度 C^* と界面濃度 (c_i, q_i) の求め方

$$\frac{1}{K_{fm}a_v} = \frac{1}{k_f a_v} + \frac{1}{k_p a_v} \cdot \frac{1}{(\rho_p q_0/C_0)} \tag{6.38}$$

上式右辺第 2 項の q_0/C_0 は，平均的な平衡定数に対応する項であり，線形平衡の場合ヘンリー定数 H となる．

図 6.10 に平衡曲線，操作線および濃度と吸着量の関係を示す．操作線上の一点 P $(C, \bar{q})$ に対応する粒子表面濃度を表す点 Q (C_i, q_i) は平衡曲線上にあり，式 (6.36) から求められる．また，平衡曲線上の点 R から $\bar{q}$ に平衡な C^* が求まる．

6.8.3 吸着帯の長さと破過時間の近似計算法

式 (6.37) に式 (6.32) を代入して積分すると

$$t_E - t_B = \frac{\rho_p q_0}{K_{fm} a_v C_0} \int_{C_B}^{C_E} \frac{dC}{C - C^*} \tag{6.39}$$

を得る．吸着帯の長さ Z_a は式 (6.33) と式 (6.39) より

$$Z_a = v(t_E - t_B) = \frac{u}{K_{fm} a_v} \int_{C_B}^{C_E} \frac{dC}{C - C^*} = \frac{u}{K_{fm} a_v} \cdot N_{of} = [\text{HTU}]_o N_{of} \tag{6.40}$$

ここで，$[\text{HTU}]_o$ は移動単位高さ [m] である．N_{of} は移動単位数と呼ばれ，その値は図 6.10 に示すように吸着等温線と操作線を用いて数値積分法あるいは図積分法により計算できる．なお，吸着等温線がフロインドリッヒ式で表される場合，N_{of} の解析解が式 (6.41) で与えられる．

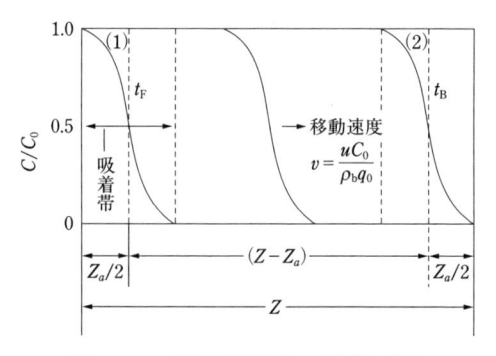

図6.11 固定層吸着装置内の吸着帯の移動

$$N_{of} = \ln \frac{C_E}{C_B} + \frac{1}{n-1} \ln \frac{1-(C_B/C_0)^{(n-1)}}{1-(C_E/C_0)^{(n-1)}} \tag{6.41}$$

図 6.8 に示したように，固定層に流体を流し始めた初期の段階では，固定層入口付近では定形濃度分布が形成されていない．図 6.11 に示すように，流体を流し始めてから t_F 後に固定層入口部にカーブ (1) で示される定形濃度分布が形成される．層出口の流出流体の濃度が破過濃度 C_B に達した時点における吸着層内の分布はカーブ (2) で示される位置に達する．したがって $(Z-Z_a)$ の距離を v の速度で $(t_B - t_F)$ 時間かかって移動したことになり

$$t_B - t_F = \frac{Z - Z_a}{v} \tag{6.42}$$

の関係が成立する．多くの場合，破過曲線は点対称となり，t_F は式 (6.43) で与えられる．

$$t_F = 0.5(t_E - t_B) = 0.5\left(\frac{Z_a}{v}\right) \tag{6.43}$$

式 (6.33) と式 (6.43) を式 (6.42) に代入すると

$$t_B = \frac{\rho_b q_0}{uC_0}(Z - 0.5Z_a) \tag{6.44a}$$

Z_a に式 (6.40) を代入すると

$$t_B = \frac{\rho_b q_0}{uC_0}\left[Z - \frac{0.5u}{K_{fm}a_v}N_{of}\right] = \frac{\rho_b q_0}{uC_0}(Z - 0.5[\text{HTU}]_o N_{of}) \tag{6.44b}$$

とも書き表せる．式 (6.44a) あるいは式 (6.44b) が破過時間を計算する最も簡単

な式である．

【例題 6.3】 活性炭を充填したカラムを用いてフェノールを $200\,\mathrm{g\cdot m^{-3}}$ 含む排水を処理したい．排水の空塔速度は $3\times10^{-4}\,\mathrm{m^3\cdot s^{-1}\cdot m^{-2}}$ である．破過時間を $500\,\mathrm{h}$ とした場合の充填高さを求めよ．ただし，破過濃度は $10\,\mathrm{g\cdot m^{-3}}$，終末濃度は $190\,\mathrm{g\cdot m^{-3}}$ にとるものとする．活性炭の充填密度は $480\,\mathrm{kg\cdot m^{-3}}$ で，この充填塔の $[\mathrm{H.T.U}]_0 = 0.03\,\mathrm{m}$ とし，吸着は $20℃$ 一定のもとで行われるものとする．吸着平衡関係は次式のフロインドリッヒ式で与えられる．ただし，q の単位は $[\mathrm{g\cdot kg^{-1}}]$ である．

$$q = 130 C^{0.17}$$

[解答] 式 (6.41) に $C_0 = 200\,\mathrm{g\cdot m^{-3}}$, $C_E = 190\,\mathrm{g\cdot m^{-3}}$, $C_B = 10\,\mathrm{g\cdot m^{-3}}$, $n = 1/0.17 = 5.88$ を代入すると $N_{of} = 3.25$ が得られる．

式 (6.40) より，$Z_a = [\mathrm{HTU}]_0 N_{of} = 0.03 \times 3.25 = 0.0975\,\mathrm{m}$

また，平衡式より C_0 に平衡な吸着量は，$q_0 = 320\,\mathrm{g\cdot kg^{-1}}$ となる．式 (6.44a) を変形すると

$$Z = \frac{uC_0 t_B}{\rho_b q_0} + 0.5 Z_a = \frac{(3\times10^{-4})(200)(500\times3600)}{(480)(320)} + 0.5\times0.0975 = 0.75\,\mathrm{m}$$

6.9 装置および利用例

6.9.1 圧力スイング吸着

高圧で吸着，常圧で脱着を行う混合気体の分離操作を圧力スイング吸着（pressure swing adsorption；PSA）と呼ぶ．圧力変化による再生の方が加熱再生に比べて短い切り替え時間で吸脱着繰り返し操作ができる．シリカゲルによる空気の除湿に始まり，空気からの酸素と窒素の分離，メタンガスの濃縮分離，悪臭ガスの除去，水素精製，天然ガスの分離などに広く用いられている．空気分離では工業的規模のものから在宅医療用の小型酸素濃縮器まで幅広い応用がなされている．

図 6.12 に 2 塔式 PSA の例を示した．①A 塔が加圧吸着のとき B 塔は減圧再生，②A 塔は再生工程に向けて減圧，B 塔は吸着工程に向けて昇圧，③A 塔が減圧再生，B 塔が加圧吸着，④A 塔は昇圧を経て ① の吸着に戻る，B 塔は減圧を経て ① の再生に戻る．さらに，最近では，より速い吸脱着サイクルを達成するため車のエンジンのような構造をもったピストン高速 PSA などの装置の開発，

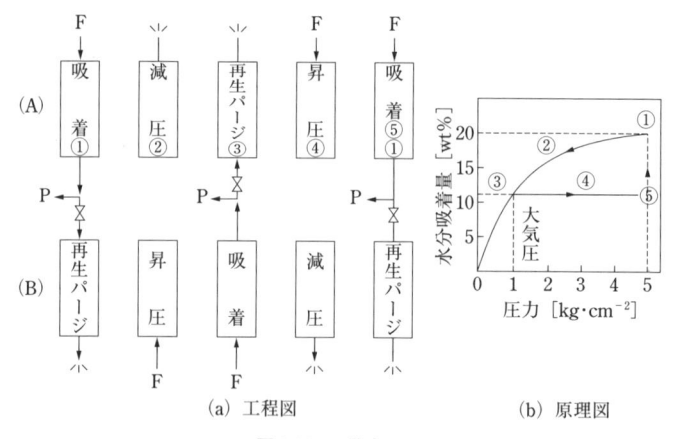

図 6.12　2 塔式 PSA

(a) 工程図　　(b) 原理図

図 6.13　メタン発酵により生成したメタンガスと
二酸化炭素を分離する 2 塔式 VSA 装置
（大阪府立大学 21 世紀 COE プログラム）

PSA は常圧と数気圧をスイングさせる装置であるが，さらに効率を上げるため真空と常圧をスイングさせる VSA（vacuum swing adsorption），さらにそれに加えて温度もスイングさせる VTSA（vacuum temperature swing adsorption）などの研究も活発に行われている．PSAR（PSA reactor，PSA 反応器）によるシクロ

―― コラム 2 ――

吸着式バイオメタンガスバイク

　図 6.14 に吸着式バイオメタンガスバイクにメタンガスを給ガスしているところの写真を示した．市販ガソリン用 50 cc バイクのガソリンタンクを活性炭充塡タンク（20 L）に取り換えたもので，図 6.13 の VSA で精製したメタンガス $1\,m^3$ をバイオメタンガスバイクのタンク内活性炭に吸着させる．このとき，タンク内圧は約 1 MPa になる．吸着式バイオメタンガスバイクの原理を図 6.15 に示した．エンジン入口は 0.1 MPa であり，ガスタンクのメタンガスが活性炭から脱着してエンジンに入る．エンジンの走行に使うことができるガス量は 1 MPa と 0.1 MPa における平衡吸着量の差である．ちなみに，乾燥おから 2 kg からメタンガスが $1\,m^3$ 生成し，このメタンガスで 50 km 走行することができる．活性炭の吸着性能が上がれば，さらに走行距離を延ばすことができる．

図 6.14　吸着式バイオメタンガスバイクとメタンガス充塡装置
（大阪府立大学 21 世紀 COE プログラム）

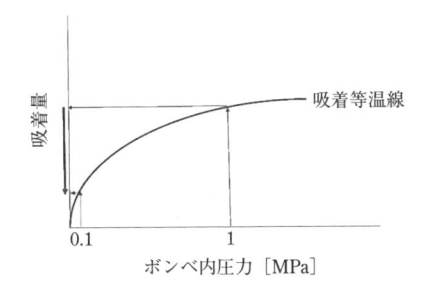

図 6.15　吸着式バイオメタンガスバイクの原理

ヘキサンの脱水素反応など，PSAと反応を組み合わせた新たな展開もみられる．図6.13にメタン発酵により生成したメタンガスと二酸化炭素混合ガスからのメタン濃縮用2塔式VSA装置を示した．吸脱着を210秒ごとに切り替えている．

6.9.2 クロマトグラフィー分離

現在，分析法として広く用いられているクロマトグラフィーは，1906年に植物学者ツウェット（Tswett）が次のような実験で色素を分離したことに端を発している．彼が行った実験をみてみよう．まず，植物の葉の色素であるクロロフィルを石油エーテルに溶かし，それを図6.16に示すような固体の吸着剤（これを固定相という）を詰めたカラムの上部からしみ込ませた（①）．固定相として，シリカゲルあるいはアルミナなどを使用した．①で，色素はシリカゲルの上端に吸着される．次に，石油エーテル（移動相）をカラム上部から流し続けると，クロロフィルは，bの黄色の縞（吸着帯）とaの緑色の吸着帯に分かれ，それぞれ下方に移動する．より強く固定相に吸着されるクロロフィルbの方が移動速度は遅いため，二つの吸着帯は完全に分離した状態になる（③〜⑤）．つまり，より強く吸着される成分ほど移動相に存在する確率が小さいので，移動相の流れに

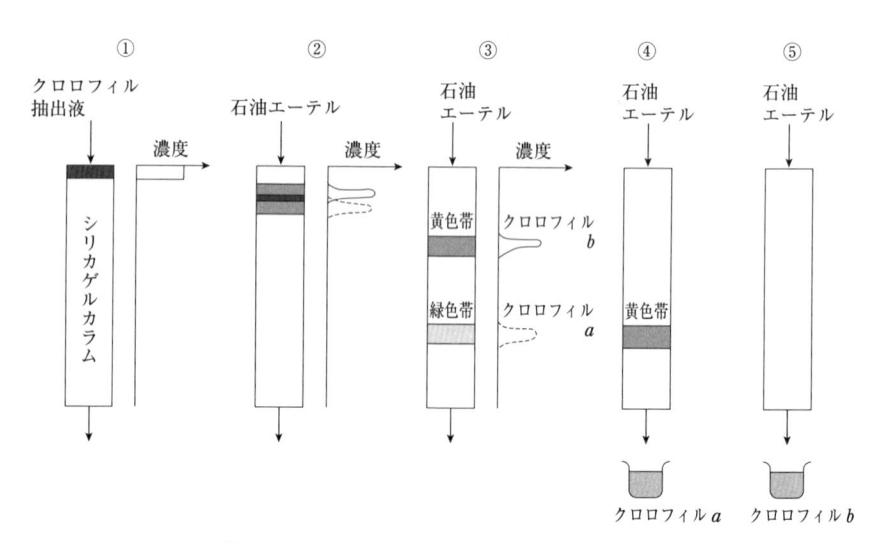

図6.16 クロマトグラフィーによる植物色素の分離
実際には他の成分の吸着帯もできるが省略した．

よって運ばれる速度が小さく，逆に，あまり吸着されない成分はほとんど移動相に存在するので，カラム内を移動する速度が大きい．最後に，④ でクロロフィル a の，また ⑤ で b の純成分を得られる．ツウェットは，このようにしてクロロフィルが単一でなく，a と b の 2 種を含むことを初めて明らかにした．

以上のクロマト分離は，少量の試料をカラム入口に注入した後，移動相を流して分離するというもので，回分クロマト分離といわれている．馬と人の競争を例にとって，まずその概念を理解することにしよう．

馬は人よりはるかに速く走るため，馬と人を走らせると短い距離で分離できる．馬と人をそれぞれカラムを移動する成分と考えれば，人は馬に比べかなり強く固定相に吸着される成分とみなすことができる．このように各成分の吸着の強さに十分差があれば，短いカラムで分離することができる．

次に，競馬を思い起こしていただきたい．ほとんど速度の変わらない白馬と黒馬は，短距離ではもちろん，かなり長い競馬のコースでも顔の差程度でゴールに達し，完全に分離することができない．完全に分離するには，もっと長い距離が必要である．このように，性質の似ている物質を分離しようとすると，かなり長いカラムが必要となる．

もう一つ注意しなければならないのは，馬と人の短距離競走のように，性質のかなり違う物質は短いカラムで分離できるが，移動速度の遅い成分（人）がカラム出口に到着してからでないと次の試料を注入できない（次の人と馬がスタートできない），すなわち大量の試料を連続的に分離することができないという欠点がある．

それでは，性質のよく似た大量の工業生産物を連続的に分離するのに，この優れた分離法であるクロマトグラフィーが使えないのだろうか．

6.9.3 クロマトグラフィーの連続化——擬似移動層型吸着装置

速度のほとんど変わらない白馬と黒馬の分離には長い距離が必要であった．それでは，図 6.17 に示すようなコンベアを使えばどうであろうか．つまり，41 km·h^{-1} で走る白馬と 39 km·h^{-1} で走る黒馬をコンベアの中央に乗せ，コンベアを 2 頭の馬の平均速度（40 km·h^{-1}）で馬と逆向きに何回でも回せば，コンベアの長さが短くても，白馬が前に進み，黒馬が後退し，2 頭の馬の間に距離が生じて分離できることになる．これは，馬を成分，コンベアを吸着剤と考えると，カ

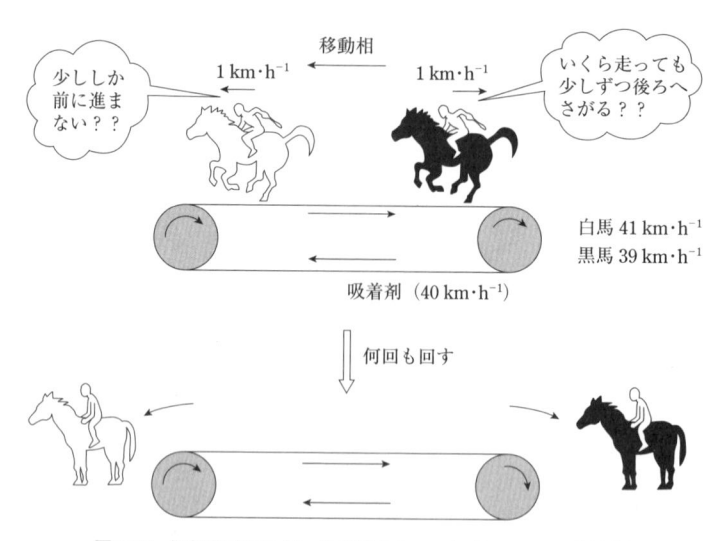

図 6.17 擬似移動層を用いる連続式クロマトグラフィーの概念図

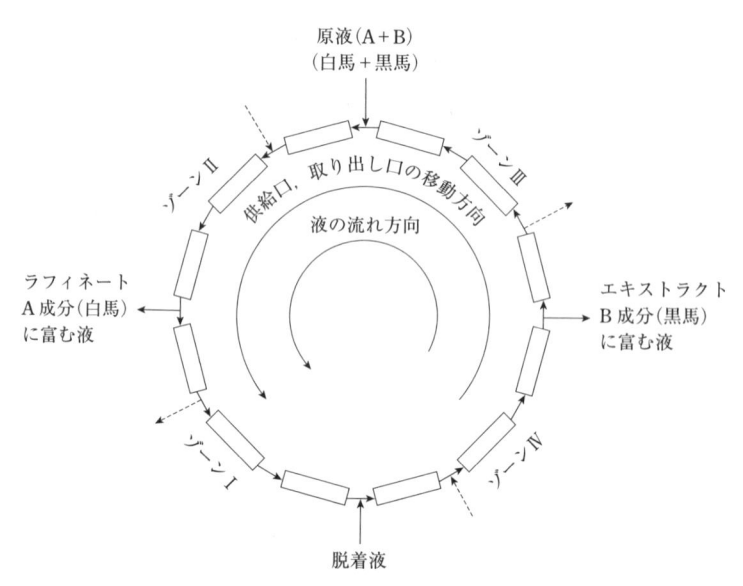

図 6.18 擬似移動層型吸着装置

ラム内で吸着剤を移動相の流れ方向とは逆向きに（向流）に移動させれば，移動速度のあまり変わらない成分でも，短いカラムで分離できることになる．実際に

は，吸着剤をカラム内で移動させることはむずかしいので，吸着剤はカラムに固定するが，あたかも吸着剤が移動相と逆方向に流れているように操作すればよい．この考え方に基づいて開発された装置の一つに「擬似移動層型吸着装置」がある．

図 6.18 に，擬似移動層型吸着装置の概略を示した．全体は原液供給口，脱着液供給口，それに取り出し口 2 カ所で区切られた四つのゾーンよりなり，各ゾーンは最低 1 本のカラム（この図では 3 本）のカラムより構成されている．先に述べたように，図 6.17 では，ベルトを連続的に回転させることにより白馬と黒馬を完全に分離することができる．一方，擬似移動層型吸着装置は，ベルト，すなわちカラム群を静止させておく代わりに，供給口および取り出し口を一定時間ごとに，瞬時に馬が進む方向にカラム 1 本分の距離だけ移動させる（図 6.18 で実線の矢印が破線の矢印に移動する．この際，例えばゾーン II の右端のカラムがゾーン III の左端にくる）という操作を繰り返す．供給口と取り出し口が一定時間静止している間は，白馬（成分 A）と黒馬（成分 B）はゾーン II に向かって進む．白馬の方が速いのでゾーン II の先端にいくほど白馬の方が黒馬に比べて数が多くなる．次に供給口および取り出し口を瞬時に馬の進む方向にカラム 1 本分移動させると，黒馬の数の多い後ろの部分がゾーン III に移ってくる．この操作を繰り返すと，ゾーン II には白馬の数が多くなり，一方ゾーン III では黒馬の数が多くなる．ゾーン II と I の間に設けた取り出し口からは白馬（成分 A）に富む溶液が，またゾーン III と IV の間の取り出し口からは黒馬（成分 B）に富んだ溶

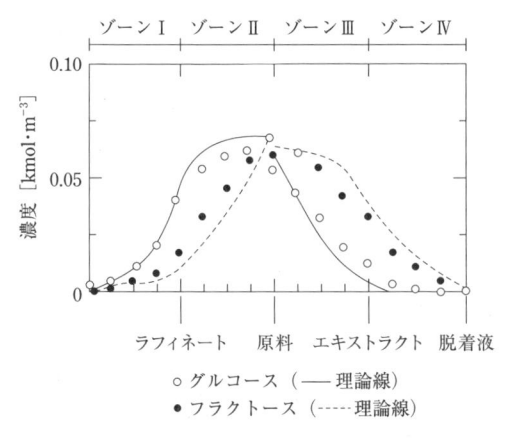

図 6.19 擬似移動層型吸着装置によるグルコースとフラクトースの分離

液がそれぞれ脱着により得られる．

図 6.19 に，性質のよく似たグルコース（白馬）とフラクトース（黒馬）を，擬似移動層型吸着装置で分離したときの定常状態における層内濃度分布を示した．Y 型ゼオライトを充塡したカラムを使用している．原料溶液にはグルコースとフラクトースが等濃度で含まれている．ゾーン I とゾーン II の間にある取り出し口からは，グルコースに富む液が，またゾーン III とゾーン IV の間にある取り出し口からはフラクトースに富む液が得られており，両者がうまく分離されている．なお，図中の実線および破線は理論線である．

■演習問題

6.1 $400\,\mathrm{g\cdot m^{-3}}$ の濃度のオルトクロロフェノール水溶液 $10^{-3}\,\mathrm{m^3}$ を $1.2\,\mathrm{g}$ の活性炭を用いて回分吸着で処理する．全量の活性炭を用いて 1 回吸着した場合と，活性炭を 3 等分して 3 回吸着した場合の，最終処理液濃度の比を求めよ．ただし，オルトクロロフェノールの吸着平衡関係はフロインドリッヒ式 $q = 56C^{0.2}$ で表される．ここで，q は平衡吸着量 $[\mathrm{g\cdot kg^{-1}}]$，$C$ は液相平衡濃度 $[\mathrm{g\cdot m^{-3}}]$ である．

6.2 球形のバージン活性炭を用いて水溶液中のフェノールを吸着させる．活性炭をフェノール水溶液中に投入した直後から吸着が始まる．溶液の量が活性炭の投入量に比べ十分多いとする．このときの吸着過程を表す微分方程式を粒子内拡散律速の条件下で shell balance（物質収支）をとって導け．さらに，初期および境界条件を与えよ．ただし，活性炭は均質体とみなしてよい．導出に当たり以下の記号を使用せよ．
C：液相フェノール濃度 $[\mathrm{mol\cdot m^{-3}}]$，$D$：粒子内有効拡散係数 $[\mathrm{m^2\cdot s^{-1}}]$，$Q$：$C$ と平衡な固相濃度 $[\mathrm{mol\cdot m^{-3}}]$，$q$：固相フェノール濃度 $[\mathrm{mol\cdot m^{-3}}]$，$q_m$：固相平均濃度 $[\mathrm{mol\cdot m^{-3}}]$，$R_p$：半径 $[\mathrm{m}]$，r：半径方向距離 $[\mathrm{m}]$，t：時間 $[\mathrm{s}]$

6.3 吸着における粒子内拡散を表す近似として，線形推進力近似がよく使われる．線形推進力近似とはどういうものか，式で示した後，図を描いて説明を加えよ．また，粒子内濃度分布を二次式で近似したとき，粒子内有効拡散係数と粒子内物質移動容量係数 $k_s a_p\,[\mathrm{s^{-1}}]$ との間の関係式を導け．以下の記号を使用せよ．
C：液相吸着質濃度 $[\mathrm{mol\cdot m^{-3}}]$，$D$：粒子内有効拡散係数 $[\mathrm{m^2\cdot s^{-1}}]$，$Q$：$C$ と平衡な固相濃度 $[\mathrm{mol\cdot m^{-3}}]$，$q$：固相吸着質濃度 $[\mathrm{mol\cdot m^{-3}}]$，$q_m$：固相平均濃度 $[\mathrm{mol\cdot m^{-3}}]$，$R_p$：半径 $[\mathrm{m}]$，r：半径方向距離 $[\mathrm{m}]$，t：時間 $[\mathrm{s}]$

6.4 水に溶けた吸着質 A が球形吸着剤に吸着されつつある．このとき，境膜および固相に拡散抵抗が存在する．固相に線形推進力近似を適用した場合，総括物質移動係数を用いると吸着速度は次式で表される．

$$\rho_s \frac{d\overline{q}_A}{dt} = K_{of} a_p (C_A - C_A^*) \tag{1}$$

ここで，C は液相濃度，q は固相濃度を表す．以下の問に答えよ．

① 二重境膜説（2.3.1項参照）に基づく境膜モデル図を示し，式(1)中の記号を使ってモデルを説明せよ．ただし，式(1)に使われている記号以外も使ってよい．

② 式(1)中の a_p は何か．a_p と吸着剤粒子半径 r_0 との関係式を示せ．

③ ヘンリー型吸着平衡が成立するときは，境膜物質移動係数 k_f と吸着剤相物質移動係数 k_s を用いた式(2)が成立することを示せ．

$$\frac{1}{K_{of} a_p} = \frac{1}{k_f a_p} + \frac{1}{K k_s a_p} \tag{2}$$

K はヘンリー定数である．

7

固液・固気分離

アルコール飲料や醤油などをつくる醸造業,抗生物質や薬用成分をつくる微生物産業,液中の有機物を除去する排水処理などのように,操作の結果として流体(液体および気体)中に微粒子(固体)が存在する結果となるプロセスは数多く存在する.この分散している微粒子を濃縮して種々のプロセスの原料または製品として利用したり,これらの微粒子を除いて純粋になった流体を利用する操作は,さまざまな場面で昔から必要とされており,その重要性はいまも変わることがない.本章では,流体中の微粒子を**重力**や**遠心力**,圧力などを利用して濃縮,分離する操作について解説する.

7.1 沈 降 濃 縮

本節では,1個の粒子および多数の粒子からなる**懸濁液**が**重力**の場で流体中を沈降するときの運動について考える.

7.1.1 1個の球形粒子の沈降

重力(重力加速度;g)が作用している場合に1個の粒子(粒径:d_p,密度:ρ_p)が静止している流体(密度:ρ_f,粘度:μ)中を速度 u で沈降するときに成立する運動の方程式は,重力,**浮力**および粒子へ働く流体の抵抗力(F)の力の釣り合いで表すと,次式(7.1),(7.2)のようになる.

(粒子の質量)×(加速度)=(粒子に働く重力)−(浮力)−(抵抗力)　　(7.1)

$$\left(\frac{\pi}{6}d_p^3\rho_p\right)\times\frac{du}{dt}=\left(\frac{\pi}{6}d_p^3\rho_p\right)g-\left(\frac{\pi}{6}d_p^3\rho_f\right)g-F \quad (7.2)$$

式(7.1)の右辺第3項の抵抗力(F)は,流体の運動エネルギーの代表量:$((1/2)\rho_f u^2)$,および運動方向に垂直な面における粒子の投影面積:$((\pi/4)d_p^2)$ に比例し,次の式(7.3)のように書ける.

7.1 沈降濃縮

$$F = C_R \cdot \left(\frac{1}{2}\rho_f u^2\right) \cdot \left(\frac{\pi}{4} d_p^2\right) \tag{7.3}$$

ここで，比例定数である C_R は**抵抗係数**と呼ばれ，**レイノルズ**（Reynolds）**数**（$Re = d_p u \rho_f / \mu$）によって三つの領域に分けることができ，各領域での C_R は次の近似式で表される．

$Re \leq 2$　　　　ストークス（Stokes）の抵抗法則：$C_R = 24/Re$ 　　(7.4)

$2 \leq Re \leq 500$　アレン（Allen）の抵抗法則：$C_R = 10/(Re)^{1/2}$ 　(7.5)

$500 \leq Re$　　　ニュートン（Newton）の抵抗法則：$C_R = 0.44$ 　(7.6)

各法則が適用できる Re の範囲から明らかなように，ストークスの抵抗法則は粘性法則が支配的である低速度で粒子が沈降する領域において成立し，ニュートンの抵抗法則は速い速度で粒子が沈降する場合に成り立つ．

式 (7.1) で，右辺第 1 項と第 2 項は沈降速度 u に無関係であり，第 3 項中の C_R は Re の範囲によって式 (7.4) から式 (7.6) のように変化するが，第 3 項全体としてはすべての Re で u の増加とともに大きくなる．したがって，式 (7.1) の右辺が最終的に 0 となる沈降速度が存在し，その場合，粒子加速度 du/dt は 0 となってそれ以後粒子は等速度で沈降する．この速度を**終末速度** u_t（terminal velocity）という．

各領域における球形粒子の終末速度 u_t は次式で与えられる．

$Re \leq 2$　ストークスの式：$\displaystyle u_t = \frac{g(\rho_p - \rho_f) d_p^2}{18\mu}$ 　(7.7)

$2 \leq Re \leq 500$　アレンの式：$\displaystyle u_t = \left[\left(\frac{4}{225}\right)\frac{(\rho_p - \rho_f)^2 g^2}{\mu \rho_f}\right]^{1/3} \cdot d_p$ 　(7.8)

$500 \leq Re$　ニュートンの式：$\displaystyle u_t = \sqrt{\frac{3g(\rho_p - \rho_f) d_p}{\rho_f}}$ 　(7.9)

【例題 7.1】 ガラスビーズ（直径：0.1 mm，密度：2500 kg·m^{-3}）を 20.0℃の水中で沈降させた．この場合のガラスビーズの終末速度 u_t [m·s^{-1}] を求めよ．

[解答] 20℃の水の密度および粘度は $\rho_f = 998$ kg·m^{-3}，$\mu = 10^{-3}$ Pa·s である．

ストークスの式が成立すると仮定して，式 (7.7) に各値を代入して u_t を求める．

$$u_t = \frac{9.81 \times (2500-998) \times (0.1 \times 10^{-3})^2}{18 \times 10^{-3}} = 8.19 \times 10^{-3}\,\mathrm{m \cdot s^{-1}}$$

この場合の Re を計算してストークスの式の範囲に入っているかどうかを確かめる.

$$Re = \frac{d_p \cdot u_t \cdot \rho_f}{\mu} = \frac{(0.1 \times 10^{-3})(8.19 \times 10^{-3})(998)}{1.0 \times 10^{-3}} = 0.817 < 2$$

したがって,Re が2以下なのでストークスの式は適用できることがわかり,終末速度 u_t は $0.00819\,\mathrm{m \cdot s^{-1}} = 8.19\,\mathrm{mm \cdot s^{-1}}$ が解答である.

なお,計算した Re が2以上になった場合はストークスの式が適用できないので,次にアレンの式が成立すると仮定して,式(7.8)を用いて u_t を求める.この場合も Re を計算してアレンの式が適用できる範囲に入っているかどうかを確かめる.以上のように,用いた式の適用可能性を確認することが必ず必要である.

7.1.2 スラリー(懸濁液)における沈降速度

7.1.1項では単一粒子の沈降について述べたが,本項では粒子が多数存在するスラリー中の粒子または粒子群の沈降について考える.

スラリーを円筒形の沈降管に入れて静置した場合,スラリーの濃度によって沈降の仕方が異なる.まず,濃度が希薄な場合,上部に形成される清澄部分と粒子層との間にはっきりとした界面ができずに沈降していく.この状態では,粒子どうしが相互作用なしに7.1.1項と同じく自由に沈降するため,**自由沈降**(free settling)と呼ばれている.

濃度がだんだん高くなると粒子どうしが相互に影響を受けて懸濁部分は上部の清澄部分との間に明瞭な界面を形成しながら沈降するようになる.この場合の沈降速度は,流体の見かけ密度や見かけ粘度が増加するので,濃度以外の条件が等しい単一粒子の沈降速度よりも小さくなり,**干渉沈降**(hindered settling),または**界面沈降**(zone settling)と呼ぶ.粒子の干渉沈降速度 u_h は,低レイノルズ数と考えられる範囲では次式のように粒子の容積濃度,すなわち**空間率** ε (= 空間体積/全体積) の関数として与えられる [2].

$$u_h = \frac{u_t}{F(\varepsilon)} \tag{7.10}$$

ただし，$0.55 \leq \varepsilon < 1$ で $F(\varepsilon) = \varepsilon^{-4.65}$，$0.3 < \varepsilon \leq 0.75$ で $F(\varepsilon) = 6(1-\varepsilon)/\varepsilon^3$ である．

　さらに濃度が高くなると，最初から粒子どうしが接触した状態で下方の粒子が上方の粒子から圧縮されながら沈降していく．この場合も清澄な上澄液部分と懸濁部分との間に明瞭な界面が形成されて沈降し，**圧縮沈降**（compression settling）または**圧密沈降**（consolidation settling）と呼ばれている．

　以上は最初から固形物濃度が違うスラリーを静置沈降させた場合であるが，1回の回分沈降の場合も以上の諸沈降状態がみられる．すなわち，固形物濃度が小さいスラリーを攪拌してから静置すると，最初，① 粒子は自由沈降して明瞭な界面は形成されない．時間とともに懸濁部分の濃度が増加するため粒子間に相互作用が生じるようになり，② 明瞭な界面を形成した干渉沈降状態となる．時間が経過するとさらに濃度が増加するため，③ 遷移期間を経て，④ 全体的に圧縮沈降するようになる．上記のどちらの場合にも，沈降状態はその部分の固形物濃度に対応したものとなる．

7.1.3　水平流型沈降槽

　流体中の粒子の沈降速度は 7.1.1 項に示したように，粒子の粒径や密度によって大きく異なる．重力の作用下で水平に流れる流体に運ばれる粒子について考えると，粒径が小さい粒子ほど沈降する間に移動する距離は長くなる．この現象を利用して粒子群を粒径の異なる区分に分ける操作を**分級**（classification）という．

　図 7.1 に示す幅 W [m]，深さ H [m]，長さ L [m] の直方体重力沈降槽に流量 Q [m³·s⁻¹] の流体が断面（$W \times H$）全体に均一な流速 V [m·s⁻¹]（$= Q/WH$）で流れている場合を考える．ただし，流入時の懸濁微粒子（密度 ρ_p 一定）は流入断面に均一に存在し，流体と同一速度で流れ方向に移動する．粒子が底面に達した場合は流れから除去されて，再度流れのなかに戻ることはない理想的な状態を仮定する．

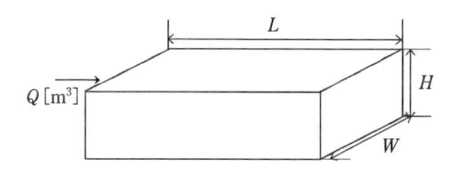

図 7.1　直方体形の重力沈降槽（幅 W [m]，深さ H [m]，長さ L [m]）

終末速度が u_t [m·s^{-1}] で沈降する粒子よりも粒径の大きいすべての粒子が沈降槽の出口までに完全に除去されるためには，沈降槽の最上端に流入したこの粒子（**分離限界粒子**）が長さ方向に L の距離を移動する間に底面まで達すればよいことがわかる．すなわち，分離限界粒子以上の粒子を完全に除去するためには次式が成立すればよい．

$$\frac{H}{u_t} \leq \frac{L}{V} \tag{7.11}$$

流量 $Q = (H \cdot W) \cdot V$，沈降槽の底面積 $A = W \cdot L$ であるので，式を変形すると

$$u_t \geq V \cdot \frac{H}{L} = \frac{Q/W}{L} = \frac{Q}{W \cdot L} = \frac{Q}{A} \equiv u_{of} \tag{7.12}$$

ここで，流量 Q を沈降槽の底面積 A で割った値 $Q/A \equiv u_{of}$ を**溢流速度**（overflow rate）という．沈降速度 u_t が u_{of} よりも大きければ完全に除去できる．

ストークスの沈降速度式が適用できる微粒子の沈降の場合は，分離限界粒子径 d_{pC} は次式で表せる．

$$d_{pC} = \sqrt{\frac{18\mu}{g(\rho_p - \rho_f)} \cdot u_{of}} = \sqrt{\frac{18\mu}{g(\rho_p - \rho_f)} \cdot \frac{Q}{LW}} \tag{7.13}$$

したがって，理想的な重力沈降槽において d_{pC} は $Q/LW = Q/A$ の関数であり，その深さ H は無関係である．

【例題 7.2】 20℃の水中に浮遊している粒径が 50 μm 以上の粒子を沈降分離したい．用いる水平流式重力沈降槽の寸法は，幅 4 m，深さ 1 m，長さ 40 m である．固体粒子の密度を 2500 kg·m^{-3} とした場合に，処理できる流量 Q m^3 を求めよ．

[解答] 式 (7.13) を用いると分離限界粒子径 d_{pC} が求まるので，その式を変形して流量を求めることができる．20℃の水の密度および粘度は $\rho = 998$ kg·m^{-3}，$\mu = 10^{-3}$ Pa·s であるので，各値を代入して Q を求める．

$$Q = \frac{g(\rho_p - \rho_f)LW}{18\mu} d_{pC}^2 = \frac{(9.81) \cdot (2500 - 998)(40 \times 4)}{18 \times 10^{-3}} (5 \times 10^{-5})^2$$

$$= 0.327 \, [\text{m}^3 \cdot \text{s}^{-1}] = 1180 \, [\text{m}^3 \cdot \text{h}^{-1}]$$

7.1.4 キンチ（Kynch）の理論

最初から干渉沈降領域にある初期濃度 C_0 のスラリーの回分式沈降曲線（図

7.2)において,等速沈降区間の界面濃度は C_0 である.沈降が進んで減速沈降区間に達すると界面濃度は C_0 よりも大きくなり,時間 t とともに増加する.この場合,懸濁物が沈降するため沈降管の底部から濃度は上昇する.したがって,濃度 $C_2 (>C_0)$ の部分に着目すると最初に沈降管の底部に発生し,時間が経つと上方に移動して最終的に界面まで達すると推察される.キンチは,この濃度 C_2 の部分が一定速度 U_2 で上昇し,その高さ h と t の関係は原点を通る直線で表せることを明らかにした[3]).

C_2 の濃度層の本来の沈降速度を u_2 とすると,実際の沈降速度は (U_2+u_2) となり,発生から t_2 後に界面に到達する.初高を H_0 とすると,スラリー濃度と界面高さとの間には次の関係式が成り立つ.

$$C_0 H_0 = C_2 (U_2 + u_2) t_2 \tag{7.14}$$

この t_2 時の界面高さを H_2 とすると $U_2 = H_2/t_2$ となるので,次式が得られる.

$$C_0 H_0 = C_2 (H_2 + u_2 t_2) \quad \text{または} \quad C_2 = \frac{C_0 H_0}{H_2 + u_2 t_2} \tag{7.15}$$

上記より U_2 は一定であり,u_2 は沈降曲線の点 C_2 における接線の勾配に等しいため,図7.2から明らかなように $H_1 = H_2 + u_2 t_2$ となり,次式が成立する.

$$C_0 H_0 = C_2 H_1 \tag{7.16}$$

すなわち,図7.2のような1本の回分式沈降曲線から任意の濃度 C_2 に対する沈降速度を求めることができる.ただし,C_2 は式(7.15)で計算できる.

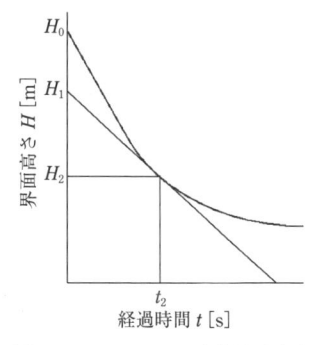

図7.2 スラリーの回分式界面沈降曲線とキンチの理論

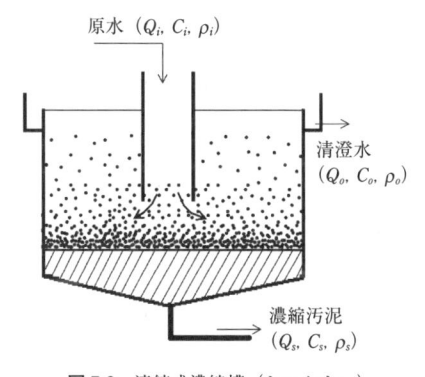

図7.3 連続式濃縮槽(シックナー)

―― コラム3 ――
簡単に沈降濃縮効果を促進できる傾斜板（inclined plate）

　沈降槽に図7.4のように斜めに板（傾斜板）を差し込むと，粒子は傾斜板の下面から沈降し始め，清澄な液面が生成する．下の板の表面に沈降した粒子は沈降槽の下方に重力によってずり落ちていき，その反対に上方に清澄部分が集まる．この現象が傾斜板ごとに生じるため，多数の傾斜板を沈降槽に差し込んだ場合，全体的にみると沈降濃縮の処理能力を大幅に増加することができる．

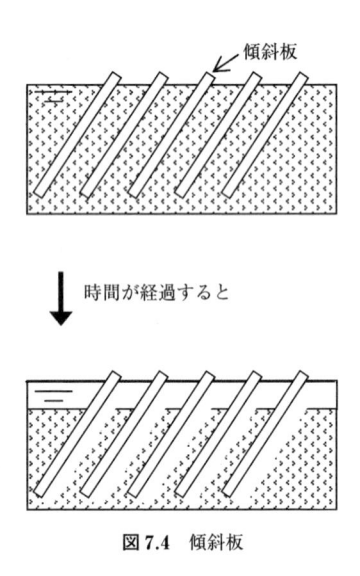

図7.4　傾斜板

7.1.5　連続式濃縮槽（シックナー（Thickener））の所要面積

　懸濁物を多量に含んだスラリーを濃縮してきれいな上澄み液を流出させる円筒型濃縮槽（図7.3）について考える．濃度 C_i の原水（密度：ρ_i）が流量 Q_i で流入し，外周から濃度 C_o の清澄水（ρ_o）が Q_o で**溢流**として流出し，槽底部からは濃度 C_s の濃縮汚泥（ρ_s）を Q_s で排出している．流量と懸濁固形物について物質収支をとると，次のようになる．

$$Q_i = Q_o + Q_s \tag{7.17}$$

$$Q_i C_i = Q_o C_o + Q_s C_s \tag{7.18}$$

一般に $C_s \gg C_o \approx 0$ なので，次式が得られる．

$$Q_i C_i \approx Q_s C_s \tag{7.19}$$

懸濁固形物を含まない液（水）についても物質収支をとり，式(7.19)と連立して Q_s を消去して濃縮槽内の平均上昇速度 u_p を計算すると式(7.20)が得られる．

$$u_p \equiv \frac{Q_o}{A} = \frac{Q_i C_i}{A(\rho_o - C_o)} \left(\frac{\rho_i}{C_i} - \frac{\rho_s}{C_s} \right) = \frac{Q_i C_i}{A \rho_f} \left(\frac{\rho_i}{C_i} - \frac{\rho_s}{C_s} \right) \tag{7.20}$$

ただし，$\rho_o - C_o \approx \rho_f$（液の密度）である．この u_p は濃縮槽から溢流として排出されない最小粒径粒子の沈降速度 u_c よりも小さい必要があるので，濃縮槽面積 A は以下の条件を満たす必要がある．

$$A > \frac{Q_o}{u_c} = \frac{Q_i C_i}{u_c(\rho_o - C_o)} \left(\frac{\rho_i}{C_i} - \frac{\rho_s}{C_s} \right) = \frac{Q_i C_i}{u_c \rho_f} \left(\frac{\rho_i}{C_i} - \frac{\rho_s}{C_s} \right) \tag{7.21}$$

7.2 遠 心 分 離

重力に代えて，**遠心力**を駆動力として**沈降分離**や**分級**，**濾過**や**脱水**などの分離操作を行うことを遠心分離という．遠心分離操作は，化学工業，鉱工業をはじめ，食品・発酵工業，医薬品，用廃水処理などきわめて多岐の分野で利用されている．

7.2.1 遠 心 沈 降
a. 遠心沈降速度
1) 自由沈降　　懸濁液濃度が希薄で粒子が自由沈降する場合の遠心沈降速度 u_e [m·s^{-1}] は，半径 r [m]，角速度 ω [rad·s^{-1}] で流体中を運動する直径 d_p [m] の単一粒子について，**ストークスの法則**[2]（7.1.1項参照）が適用できると仮定すると，次式が与えられる．

$$u_e = \frac{d_p^2(\rho_p - \rho_f) r \omega^2}{18\mu} = u_g \cdot \frac{r \omega^2}{g} = u_g \cdot Z \tag{7.22}$$

ここで，u_g [m·s^{-1}] は重力場における終末速度，Z [−] は重力と遠心力との比を表す遠心効果である．

2) 界面沈降　　粒子濃度が高くなると，粒子どうしが一群となって沈降し，懸濁液層と上澄液の間に明瞭な界面が生じる．これを**界面沈降**という．遠心沈殿堆積層の生成速度は，粒子の沈降移動量と堆積層内に懸濁していた粒子量の和より次式で表せる[4]．

$$-\frac{dr_d}{d\theta} = \frac{C \cdot r_s}{\{(1-\varepsilon_{av}) - C\} \cdot r_d} \cdot \frac{dr_s}{d\theta} \tag{7.23}$$

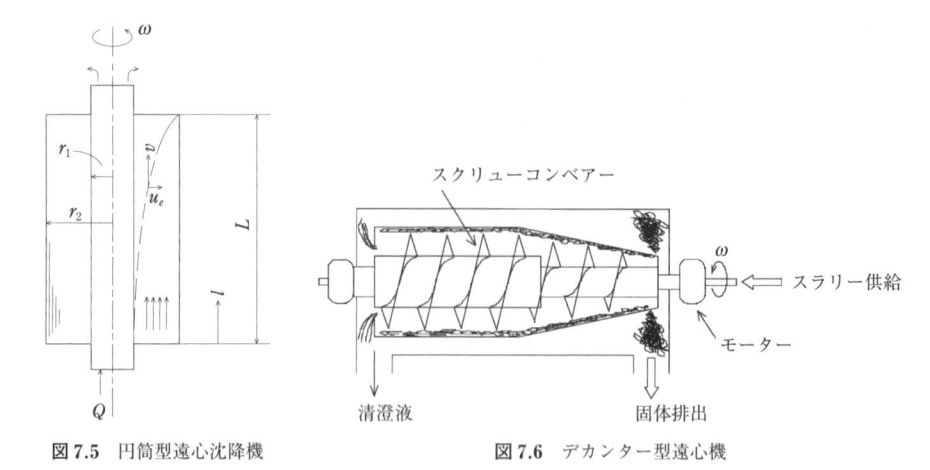

図7.5 円筒型遠心沈降機　　　　　　　　**図7.6** デカンター型遠心機

ここで，r_d [m] は沈殿堆積層の表面半径，r_s [m] は懸濁液層の表面半径，C [-] は固体体積分率，ε_{av} [-] は沈殿堆積層の平均空隙率である．

b. 遠心沈降装置

遠心沈降機は，円筒型（図7.5），分離板型，デカンター型（図7.6）の3種に大別される．円筒型の場合，液表面半径を r_1 [m]，円筒内半径を r_2 [m]，軸方向長さを L [m] としたとき，所定の清澄度を得るための給液速度 Q [m³·s⁻¹] は次式で与えられる．

$$Q = \frac{\pi(r_2^2 - r_1^2)L\omega^2}{g \ln(r_2/r_1)} u_g = S_e \cdot u_g \tag{7.24}$$

ここで，S_e [m²] は**遠心沈降面積**と呼ばれる特性値である．同一懸濁液を取り扱う場合，$Q/S_e = u_g =$ 一定であるので，相似な遠心機のスケールアップ計算を行う際に有効である．

【例題7.3】 密度 2600 kg·m⁻³ の固体粒子を含む希薄懸濁液を円筒型遠心沈降機を用いて処理し，0.5 μm 以上の粒子を除去したい．給液速度 Q を求めなさい．ただし，$r_2 = 7.5$ cm，$r_1 = 4$ cm，$L = 1$ m，回転数 10000 min⁻¹，液体は20℃の水とする．

[解答] ストークスの法則が成立すると仮定すると，重力沈降速度 u_g は次式

$$u_g = (0.5 \times 10^{-6})^2 \times (2600 - 998) \times 9.8/(18 \times 1.0 \times 10^{-3}) = 2.18 \times 10^{-7} \text{ m·s}^{-1}$$

ここで，レイノルズ数 $Re = 0.5 \times 10^{-6} \times 2.18 \times 10^{-7} \times 998/10^{-3} = 1.09 \times 10^{-7} \leq 2$ ゆえに，ストークスの法則は適用できる．式(7.24)より給液速度 Q は

$$Q = \frac{\pi(0.075^2 - 0.04^2) \times 1 \times (2\pi \times 10000/60)^2 \times 2.18 \times 10^{-7}}{9.8 \times \ln(0.075/0.04)}$$

$$= \underline{4.91 \times 10^{-4} \, \text{m}^3 \cdot \text{s}^{-1}}$$

7.2.2 遠心濾過

懸濁質の界面沈降を伴う回分遠心濾過の場合，遠心機内部にはケーク層，スラリー層，清澄液層の3層が存在する（図7.7）．遠心濾過速度 u_0 [m·s^{-1}] は次式で表せる[2,5,6]．

$$u_0 = \frac{\Delta p}{\mu\left(\dfrac{\alpha_{av} W_c}{A_e} + R_m\right)} = \frac{\Delta p}{\mu\left\{\dfrac{\alpha_{av} W_c r_0 \ln(r_0/r_c)}{\pi(r_0^2 - r_c^2)h} + R_m\right\}} \quad (7.25)$$

ここで，r_0 [m] は濾材表面半径，r_c [m] はケーク表面半径，h [m] は遠心機側面高さ，A_e [m^2] は円筒濾面の有効濾過面積[7]，W_c [kg] はケーク質量である．また，Δp [Pa] は遠心濾過圧力であり，スラリー密度 ρ_{sl} [kg·m^{-3}] を用いて次式で与えられる．

$$\Delta p = \frac{\omega^2 \{\rho_f(r_0^2 - r_c^2) + \rho_{sl}(r_c^2 - r_s^2) + \rho_f(r_s^2 - r_l^2)\}}{2} \quad (7.26)$$

粒子が集合沈降する場合のケーク生成速度は，固体の物質収支より次式で表せ

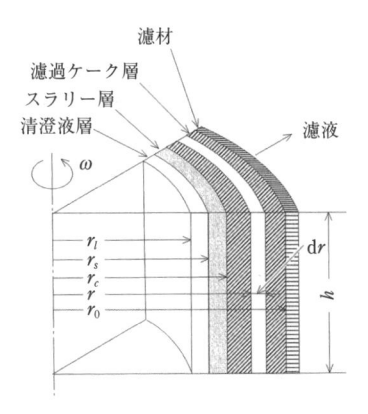

図7.7 回分遠心濾過の概略図

る[6)].

$$-\frac{dr_c}{d\theta} = \frac{C}{\{(1-\varepsilon_{av})-C\}} \cdot \frac{r_s}{r_c} \cdot u_s \quad (7.27)$$

ここで，r_s [m] はスラリー沈降界面半径，ε_{av} [−] はケーク層の平均空隙率，u_s [m·s^{-1}] はスラリー沈降界面の移動速度であり，次式で与えられる．

$$u_s = \frac{r_0}{r_s}u_0 + \left(\frac{r_s\omega^2}{g}\right)u_g \quad (7.28)$$

7.2.3 遠心脱水

濾過ケークや湿潤粒子層中に含まれる液体を，遠心力を用いて除去する操作を遠心脱水という．遠心脱水平衡状態におけるケークの含液率（平均残留飽和度 $S_{av,\infty}$）は，相当飽和域高さ h_c [m] および残留平衡飽和度 S_∞ [−] を用いて次式で与えられる[2)]．

$$S_{av,\infty} = S_\infty + \frac{(1-S_\infty)h_c}{Z_{av}H} \quad (7.29)$$

ここで，Z_{av} ($\equiv (2r_0-H)\omega^2/2g$) [−] は平均遠心効果，$H$ [m] はケーク層厚さである．脱水の推進力が十分大きい場合には，$h_c = 0.525\sqrt{\varepsilon_{av}/k} \cdot \sigma \cos\beta/(\rho_f g)$ より $S_{av,\infty}$ 値が計算される．ここで，k [m^2] は透過率，σ [N·m^{-1}] は液体の表面張力，β [rad] は接触角である．高粘性ニュートン流体の遠心脱水過程を表す脱水速度式が報告されている[8)]．

7.3 濾　　　過

スラリー中に懸濁している固体粒子を，**濾材**を用いて捕捉粒子と**濾液**とに分ける操作を**濾過**という．濾材には，濾布，濾紙，金網，プラスチック・セラミックスなどの多孔体，粒子充填層，膜などを用いる．固液分離操作のなかで最もよく利用され，食品工業における液状食品の除菌・清澄・濃縮濾過，廃水処理における脱水濾過，浄水処理プロセスにおける砂濾過など，その用途は広い．

7.3.1 濾過機構による分類

濾過の方法は，分離機構の観点から，三つに大別される．1 vol%以上の固体を含むスラリーは，濾布，膜などの薄い濾材を用いて濾過を行う．濾過を開始する

7.3 濾過

(a) ケーク濾過　　(b) 清澄濾過(濾材濾過,内部濾過)　　(c) クロスフロー濾過

図 7.8 濾過機構による分類

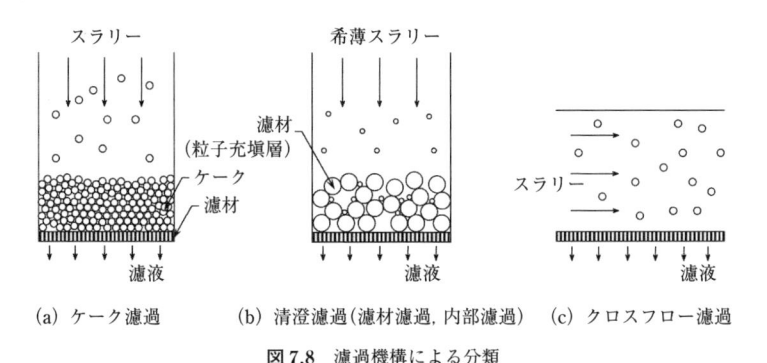

と，図 7.8(a) のように濾材上に濾過ケークが形成され，次第にケーク厚さが増大する．この種の濾過を**ケーク濾過**といい，固体，液体，またはその両者を得ることを目的とする．一方，0.1 vol% 以下の固体濃度の希薄スラリーの濾過では，図 7.8(b) のような粒子充填層や繊維充填層の厚い濾材を用いる．ケークは形成されず，粒子は濾材の内部で捕捉され，この種の濾過を**清澄濾過**（**濾材濾過**，**内部濾過**）といい，清澄液の回収が目的となる．ケーク濾過におけるケークの成長を抑制するため，図 7.8(c) のようにスラリーを濾材面と平行に高速で流動させてケークを掃流する**クロスフロー濾過**も近年重要な操作となっている．これに対して，図 7.8(a) の濾過方式を**デッドエンド濾過**と呼ぶこともある．

7.3.2 ルース (Ruth) の濾過式

ケーク濾過装置の設計やその操作は，ルース理論に基づいて行われる．**濾過速度** u_1 [m·s^{-1}] は濾液流量を濾液が流れる濾材面積で除した値であり，次式で表される[9]．

$$u_1 = \frac{dv}{d\theta} = \frac{p}{\mu R_t} = \frac{p}{\mu(R_c + R_m)} = \frac{p - p_m}{\mu R_c} = \frac{p_m}{\mu R_m} \tag{7.30}$$

ここで，v [m^3·m^{-2}] は単位濾材面積当たりの**濾液量**（濾液体積），θ [s] は濾過時間，p [Pa] は**濾過圧力**，p_m [Pa] は濾材の圧損，μ [Pa·s] は濾液粘度，R_t [m^{-1}] は全濾過抵抗，R_c [m^{-1}] は**ケーク抵抗**，R_m [m^{-1}] は**濾材抵抗**である．濾過速度を電流，濾過圧力を電圧，濾過抵抗を電気抵抗とみなすと，式 (7.30) はオームの法則と同形であり，ケークと濾材の抵抗が直列の関係にあることがわかる．R_c

が単位濾材面積当たりのケーク固体質量 w [kg·m^{-2}] に比例し，R_m についても，これと等しい抵抗を与える仮想的なケーク固体質量 w_m [kg·m^{-2}] を考えると，式 (7.30) は次式のように変形される．

$$\frac{dv}{d\theta} = \frac{p}{\mu\alpha_{av}(w+w_m)} = \frac{p-p_m}{\mu\alpha_{av}w} \quad (7.31)$$

ここで，比例定数 α_{av} [m·kg^{-1}] は**平均濾過比抵抗**と呼び，この値が大きいほど濾過しにくいスラリーである．濾過中に w の測定は困難であるので，w と v との関係が必要となる．物質収支により，濾過されたスラリー質量 (w/s) は，生成ケーク質量 (mw) と濾液質量 (ρv) の和に等しく，次式を得る．

$$w = \frac{\rho s v}{1 - ms} \quad (7.32)$$

ここで，ρ [kg·m^{-3}] は濾液密度，s [-] はスラリー濃度（固体の質量分率）である．また，m [-] は**ケーク湿乾質量比**で，湿潤ケーク（ケーク全体）の質量を乾燥ケークの質量で除した値である．m と**平均空隙率** ε_{av} [-] との間には，次の関係がある．

$$m = 1 + \frac{\rho\varepsilon_{av}}{\rho_s(1-\varepsilon_{av})} \quad (7.33)$$

ここで，ρ_s [kg·m^{-3}] は固体の真密度である．w_m と仮想濾液量 v_m [m^3·m^{-2}] の間にも，式 (7.32) と同様な関係が成り立つとして，式 (7.32) を式 (7.31) に代入すると，次式が得られる．

$$\frac{dv}{d\theta} = \frac{p(1-ms)}{\mu\rho s\alpha_{av}(v+v_m)} = \frac{(p-p_m)(1-ms)}{\mu\rho s\alpha_{av}v} \quad (7.34)$$

上式を**ルースの濾過速度式**[9]といい，すべてのケーク濾過の基礎式となる．

7.3.3 定圧濾過速度式

濾過圧力と濾過速度の制御形態により濾過操作は三つに大別される．すなわち，一定の圧縮空気圧（ガス圧），真空圧を作用させる**定圧濾過**，定容量型吐出ポンプを用いて濾過速度を一定に制御する**定速濾過**，渦巻きポンプを使用して行い，圧力と速度がともに変化する**変圧変速濾過**がある．

圧力 p が一定の定圧濾過では，v の増大とともに，式 (7.34) に従い濾過速度 ($dv/d\theta$) が減少する．定圧濾過では α_{av}, m は濾過期間中一定とみなすことができ，

式(7.34)を $(\theta=0 ; v=0)$ から $(\theta=\theta ; v=v)$ まで積分して，次の**ルースの定圧濾過式**[9]を得る．

$$\frac{\theta}{v} = \frac{1}{K}v + \frac{2}{K}v_m \tag{7.35}$$

ここで，K [m^2·s^{-1}] は**ルースの定圧濾過係数**[9]といい，次式で定義される．定圧濾過の期間中一定であり，濾過性が良好なほど大きな値を示す．

$$K = \frac{2p(1-ms)}{\mu\rho s \alpha_{av}} \tag{7.36}$$

式(7.35)は次式のように書き換えることもできる．

$$(v+v_m)^2 = K(\theta+\theta_m) \tag{7.37}$$

ここで，θ_m [s] は v_m を得るのに要する仮想的な濾過時間であり，式(7.35)と式(7.37)を比較し，次式の関係がある．

$$v_m^2 = K\theta_m \tag{7.38}$$

K の定義式(7.36)を用いると，ルースの濾過式(7.34)は定圧濾過では次式のように書き表すことができ，これを**ルースの定圧濾過速度式**[9]という．

$$\frac{d\theta}{dv} = \frac{2}{K}(v+v_m) \tag{7.39}$$

定圧濾過実験データを式(7.35)に基づき図7.9(a)のように平均濾過速度の逆数 (θ/v) 対 v としてプロットすると，勾配が $1/K$，縦軸切片が $2v_m/K$ の直線関係を示し，K および v_m が求められる．また，実験データを式(7.39)に基づき図7.9(b)のように濾過速度の逆数 $(d\theta/dv)$ 対 v としてプロット（このプロットを**ルースプロット**[9]と呼ぶ）しても同様に直線関係が得られ，この場合の縦軸切片は同じであるが，勾配は $2/K$ となる．

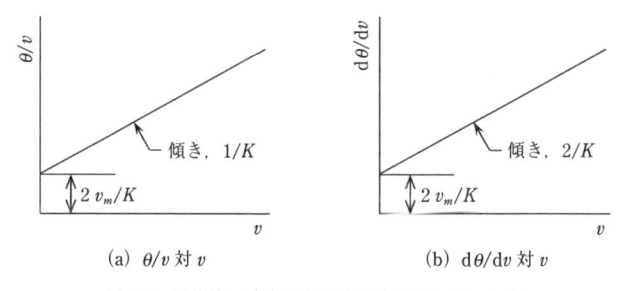

図7.9 平均濾過速度および濾過速度のプロット法
(a) θ/v 対 v — 傾き, $1/K$；縦軸切片 $2v_m/K$
(b) $d\theta/dv$ 対 v — 傾き, $2/K$；縦軸切片 $2v_m/K$

7.3.4 平均濾過比抵抗と圧縮性

定圧実験データから K が求められるので，式 (7.36) の関係を利用すると，p, m, s, μ, ρ が既知であれば，α_{av} が求まる．種々の圧力で定圧濾過を行い，α_{av} と p の関係を求めると，一般に圧力が大きいほどケークは圧縮されて比抵抗は増大し，次の実験式で表される．

$$\alpha_{av} = \alpha_0 + \alpha_1 (p - p_m)^n \approx \alpha_0 + \alpha_1 p^n \tag{7.40}$$

$$\alpha_{av} = \alpha_1 (p - p_m)^n \approx \alpha_1 p^n \tag{7.41}$$

式 (7.40) を**ルース型**，式 (7.41) を**スペリィ (Sperry) 型**[10]の**実験式**という．n [－] は**圧縮性指数**といい，ケークの圧縮性の程度を表す指標となる．n が大きいほどケークの圧縮性は大きくなり，$n = 0$ の場合を**非圧縮性ケーク**という．α_{av} が 10^{11} m·kg^{-1} 程度までのケークは濾過が容易であり，$10^{12} \sim 10^{13}$ m·kg^{-1} 程度のケークは中程度の濾過性，10^{13} m·kg^{-1} 以上のものは難濾過性である．ケークの平均空隙率 ε_{av} も圧力 p によって変化し，一般に p が大きいほど小さくなる．非圧縮性ケークでは，粒状層内流動の**コゼニィ-カーマン (Kozeny-Carman) 式**がケーク内流動にもそのまま適用でき，α_{av}, ε_{av} はそれぞれ一定値 (α [m·kg^{-1}], ε [－]) をとり，次式の関係が成り立つ．

$$\alpha = \frac{k S_0^2 (1-\varepsilon)}{\rho_s \varepsilon^3} \tag{7.42}$$

ここで，k [－] (= 5.0) は**コゼニィ定数**，S_0 [m^2·m^{-3}] は固体の**有効比表面積**である．

圧縮性をもつケークは構造が均一ではなく，濾材面に近いケーク底部では緻密で空隙率（含液率）が小さく，ケーク表面に近づくほど空隙率の大きな湿潤なケークとなる．これは，ケーク内の液圧が濾材面に向かうにつれて減少するのに呼応して，固体圧縮圧力がケーク底部ほど増加するためである．

【例題 7.4】 98 kPa の濾過圧力で濾過すると，20 m^3 の濾液を得るのに 60 min を要した．濾過圧力を 294 kPa にすると濾過時間はどれだけ短縮されるか．ただし，圧縮性指数 n は 0.25 であり，濾材抵抗は無視できるものとする．

[解答] 式 (7.36) を用い，式 (7.37) で濾材抵抗が無視できるので，

$$V^2 = \frac{2A^2 p(1-ms)}{\mu \rho s \alpha_{av}} \theta \quad \text{ただし} \quad V = Av \text{ [m}^3\text{]}$$

式 (7.41) を代入し，$n = 0.25$ とすると，

$$V^2 = \frac{2A^2(1-ms)}{\mu\rho s\alpha_1}p^{0.75}\theta = Bp^{0.75}\theta, \quad B = 2.004 \times 10^{-5}, \quad \theta = \frac{1}{2.004 \times 10^{-5}}p^{-0.75}V^2$$

$p = 294$ kPa で $V = 20$ m³ の濾液を得るのに要する時間 θ は,

$$\theta = \frac{1}{2.004 \times 10^{-5}}(294 \times 10^3)^{-0.75}(20)^2 = 1580 \text{ s}$$

短縮時間は, $3600 - 1580 = \underline{2020 \text{ s}}$

7.3.5 バッチ式濾過機と連続式濾過機の設計

定圧濾過では濾過ケークが成長するため,濾過速度は次第に減少する.したがって,**板枠型圧濾機**などの**バッチ(回分)式濾過機**では,単位時間当たりの処理量を向上させるため,濾過速度がある程度まで減少したら濾過をいったん止め,ケークを排出した後,再び濾過を開始するのが普通である.

濾過時間を θ,ケークの洗浄,脱水,濾枠の分解,ケーク排出,再組み立てに要する時間を θ_d [s] とすると,1サイクル当たりの**平均濾過速度** u_{av} [m·s⁻¹] は式 (7.35) を用いて,次式で表される.

$$u_{av} = \frac{v}{\theta + \theta_d} = \frac{v}{\dfrac{v^2}{K} + \dfrac{2vv_m}{K} + \theta_d} \tag{7.43}$$

u_{av} を最大にする**最適濾過時間** θ_{opt} [s] は,$du_{av}/dv = 0$ となる θ を θ_{opt} とおき,次式のように表すことができる.

$$\theta_{opt} = \theta_d + \frac{2}{\sqrt{K}}v_m\sqrt{\theta_d} \tag{7.44}$$

濾材抵抗が無視できる場合 ($v_m = 0$) には,上式は $\theta_{opt} = \theta_d$ となる.

オリバーフィルターに代表される**回転円筒型連続式濾過機**では,図 7.10 のように円筒の周囲が濾過面となり,その一部をスラリーに浸してゆっくり回転しつつ真空濾過を行う.円筒は長手方向に仕切り板によって多数の濾過室に分割されており,その濾過面がスラリーに浸っている間は濾過が起こり,円筒の回転に伴いケークの洗浄,脱水,排出が順次行われる.

円筒濾材の全表面積 A [m²] に対するスラリーが浸っている面積の比を**浸液率** F [-] とすると,実際の濾過面積は AF で表される.円筒の浸液角度を ϕ_0 [rad] とすれば,$F \doteqdot \phi_0/2\pi$ である.円筒の回転速度を N [s⁻¹] とすると,1 回転当た

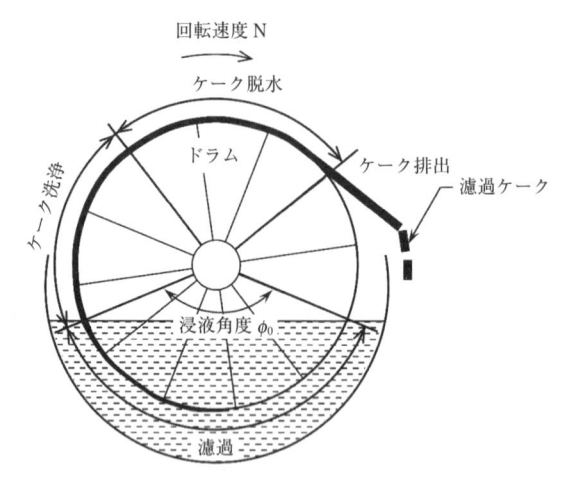

図7.10 回転円筒型連続式濾過機の原理

りの濾過時間 θ は，濾材面がスラリーに入ってから出るまでの時間であり，式 (7.35) を用い，また，式 (7.30)，(7.34) より，$v_m = \mu K R_m/(2p)$ の関係が成り立つので，次式が得られる．

$$\frac{1}{K} \cdot \left(\frac{V}{AF}\right)^2 + \frac{\mu}{p} \cdot \frac{V}{AF} R_m = \theta \tag{7.45}$$

濾過時間 θ は F/N に等しく，単位時間当たりに得られる濾液量を $\overline{V}$ [m³·s⁻¹] とすると，$\overline{V} = V/\theta = V/(F/N)$ の関係が成り立つので，式 (7.45) の θ，V/F に F/N，$\overline{V}/N$ をそれぞれ代入すると，次式が得られる[11]．

$$\frac{1}{KN} \cdot \left(\frac{\overline{V}}{A}\right) + \frac{\mu R_m}{p} = \frac{F}{\overline{V}/A} \tag{7.46}$$

ただし，$A = 2\pi R_2 B_0(1 - n_0 b/\pi R_2) \fallingdotseq 2\pi R_2 B_0$（$R_2$ [m] は円筒の外半径，B_0 [m] は円筒濾過面の幅，n_0 [−] は濾室のセクション数，$2b$ [m] は濾室セクションの間隔）である．したがって，N を変化させて連続濾過を行い，その結果を $\overline{V}/(AN)$ 対 $AF/\overline{V}$ としてプロットすると直線関係が得られ，式 (7.46) に基づき直線勾配から K が求まる．

7.3.6 定速濾過と変圧変速濾過

定速濾過では，式 (7.34) に定速条件として $u_1 = (dv/d\theta) = v/\theta =$ 一定を用い，

7.3 濾　　過

v_m と R_m の関係式 ($R_m = \alpha_{av}\rho s v_m/(1-ms)$) を利用すると，次式が成立する[12]．

$$p = \frac{\mu \alpha_{av} \rho s}{1-ms}\left(\frac{dv}{d\theta}\right)^2 \theta + \mu R_m\left(\frac{dv}{d\theta}\right) \tag{7.47}$$

非圧縮性ケークでは，α_{av}, m が一定のため，p 対 θ は直線関係を示す．ケークが圧縮性を示し R_m が濾過期間中一定の場合には，α_{av} を式 (7.41) で近似して，式 (7.34) に定速条件として $u_1 = (dv/d\theta) = v/\theta =$ 一定を用いると，次式が導出できる．

$$(p - p_m)^{1-n} = \frac{\mu \alpha_1 \rho s}{1-ms}\left(\frac{dv}{d\theta}\right)^2 \theta \tag{7.48}$$

s が小さく，$(1-ms)$ の圧力による変化が無視できる場合には，$p - p_m$ 対 θ の両対数プロットは，式 (7.48) に従い，ほぼ直線関係を示し，その勾配より n が求まる．**定圧濾過**では n を求めるのに種々の圧力で濾過試験を行う必要があるが，定速濾過では一度の濾過試験で済むという利点がある．ある時刻 θ_1 [s] 以降に定圧濾過が行われる場合，θ_1 までに得られた濾液量を v_1 [m³·m⁻²] とすると，式 (7.34) を $(\theta = \theta_1; v = v_1)$ から $(\theta = \theta; v = v)$ まで積分して次式を得る．

$$(v^2 - v_1^2) + 2(v - v_1)v_m = K(\theta - \theta_1) \tag{7.49}$$

渦巻ポンプやタービンポンプでは，ポンプの吐出圧 p が増加するとそれに伴い吐出量 Q [m³·s⁻¹] は減少するので，ポンプの特性に従って圧力 p と濾過速度 u_1 の両者が変化する**変圧変速濾過**が行われる．p の変化によって生ずる α_{av} の変化を考慮し，式 (7.41) を式 (7.34) に代入し，式 (7.30) の $p_m = \mu R_m u_1$ の関係を用いると，次式が得られる[13]．

$$\frac{\mu \rho s}{1-ms}v = \frac{(p - \mu R_m u_1)^{1-n}}{\alpha_1 u_1} \tag{7.50}$$

バイパスがない場合，ポンプの吐出圧 p はそのまま濾過圧力として作用し，吐出量 Q は濾過流量 Au_1 (A は濾過面積) に等しくなる．したがって，Q 対 p のポンプ特性より，ただちに「濾過速度 $u_1 (= Q/A)$」対「濾過圧力 p」の関係が求まる．圧力 p による湿乾質量比 m の変化および α_1, n が既知の場合，ポンプ特性より求まる u_1 対 p の関係を式 (7.50) に代入して p 対 v や u_1 対 v の関係が計算できる．ある濾液量 v を得るのに必要な濾過時間 θ は，$(1/u_1)$ 対 v をプロットし，その数値積分を行って次式より求められる．

$$\theta = \int_0^v \left(\frac{d\theta}{dv}\right) dv = \int_0^v \left(\frac{1}{u_1}\right) dv \tag{7.51}$$

7.4 固気分離（集塵）

気流中の固体粒子の分離操作は**集塵**（dust collection）と呼ばれ，有価物質の回収，有害物質の除去などを目的として行われる．気固分散系から粒子を分離し，捕集するための推進力には，重力，慣性力，遠心力，拡散力，電気力などが用いられる．

集塵装置の捕集性能は，総合的な**捕集率**（＝捕集粒子量/集塵装置への流入粒子量），あるいは特定の大きさの粒子の捕集される割合である**部分分離効率**（＝粒径 d_p の粒子の捕集量/粒径 d_p の粒子の流入量）で評価することができる．一般に粒子径が大きくなるほど部分分離効率は大きくなり，部分分離効率が50%となる粒子径を **50%分離限界粒子径**（**カットサイズ**，cut size；d_{p50}）と呼ぶ．

7.4.1 重力集塵装置

重力沈降によって含塵ガス中の粒子を分離捕集する装置であり，装置設計の考え方は7.1.3項と同じである．実用的な50%分離限界粒子径は50〜60 μm程度であり，広範な粒度分布の含塵ガスを処理する際の前処理装置として用いられる．

7.4.2 慣性力集塵装置

含塵ガスを各種の障害物に衝突させたり（衝突式），含塵ガスの流れ方向を急激に変化させたりすることにより（反転式），ガス中の粒子に作用する慣性力を利用して分離捕集する装置である．高性能集塵装置の前に設置されることが多く，その際の実用的な50%分離限界粒子径は20 μm程度である．

7.4.3 遠心力集塵装置

含塵ガスに旋回運動を与え，粒子に作用する遠心力によってガスから分離する装置で，重力集塵では分離できない数 μm程度の微粒子を分離することができる．図7.11に示すように装置内で気流が反転する形式の**サイクロン**（cyclone）が多く用いられている．この場合，流入した含塵ガスは外周部に沿って旋回しながら下降し，円錐部下部で反転し，中心部を上昇して排出される．図7.11(a)に接線

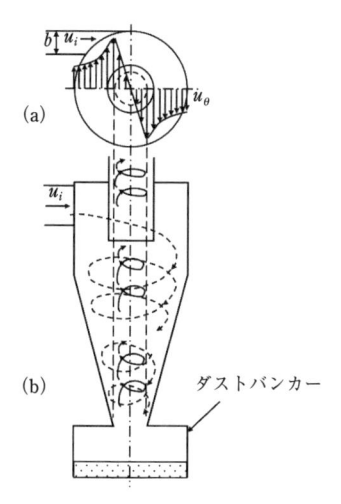

図7.11 接線流入式サイクロン

流入式サイクロン内の気流の周方向速度 u_θ [m·s^{-1}] の分布を示した。u_θ と回転半径 r との間に，一般に $u_\theta r^n = $ const なる関係が成立し，気流が下降する外周部では $n = 0.6 \sim 0.9$ であり，半径が小さいほど u_θ が速くなる**半自由渦**を形成する。一方，気流が上昇する中心部では $n = -1$ となり，u_θ が半径に比例する強制渦を形成する。サイクロン内の粒子分離に関する考え方には定式化されたものはないが，代表的な考え方として，① 遠心効果により内壁まで到達した粒子が分離されるという説 [14] と，② 自由渦と強制渦の境界で出口側への気流速度より大きな遠心沈降速度をもつ粒子が分離されるとする説 [15] の二つがある。① の説によれば分離最小粒子径 $d_{p \cdot \min}$ [m] は，次式のように書ける。

$$d_{p \cdot \min} \propto \sqrt{\frac{9\mu b}{NC_c u_i (\rho_p - \rho_f)}} \tag{7.52}$$

式中の b [m] はサイクロンの入口幅，N [-] は気流の旋回数，C_c [-] は粒子表面でのガスのスリップを表すカニンガムの補正係数，u_i [m·s^{-1}] は入口速度である。N は $3 \sim 8$ 程度とされている。② の説でも $d_{p \cdot \min}$ に与える装置寸法 b，ガス速度 u_i の影響は同様である。

7.4.4 洗浄集塵装置

含塵気流中に洗浄液を分散させたり，洗浄液中に含塵ガスを分散させたりすることによって生成された液滴，液膜，気泡などによって，含塵ガス中の微粒子を分離捕集する装置である．集塵の推進力としては，慣性力，拡散力，凝集力，重力などが利用される．装置の形式の違いにより，50%分離限界粒子径は$0.1 \sim 3\,\mu m$程度である．

7.4.5 濾過集塵装置

バグフィルターと繊維充填層フィルターが代表的な装置形式である．前者は薄い濾布の表面で粒子を分離捕集する表面濾過方式であり，後者は充填層の内部で粒子を分離捕集する内部濾過方式である．粒子は濾材に対し，慣性付着，さえぎり付着，拡散付着，重力付着により捕捉される．

a. バグフィルター（bag filter）

天然繊維，合成繊維，ガラス繊維からつくられた織布，あるいは羊毛，合成繊維からつくられた不織布（フェルト）が濾布として用いられる．最も広く利用されているパルスジェット型バグフィルター（図7.12）では，濾布支持枠付の円筒濾布外面から内面へと濾過される．濾過過程において濾布外表面には，粉塵の堆積ケーク層が形成される．堆積ケーク層が形成された後は粒子径$0.1\,\mu m$前後の粒子で95%程度の捕集効率となる．ケーク層が成長するに従って圧力損失が上昇するので，通常，圧力損失が$1500 \sim 2500\,Pa$以下となるように堆積粉塵の払い落とし操作を行う．堆積粉塵はノズルより圧縮空気を$0.1 \sim 0.3\,s$円筒濾布

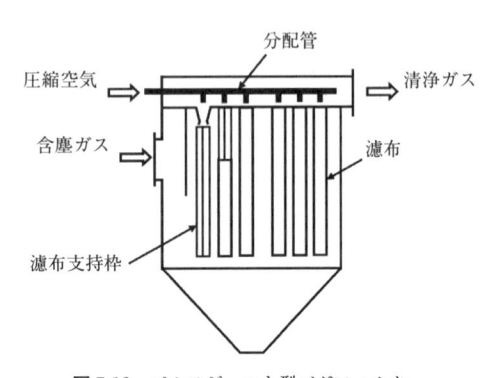

図7.12 パルスジェット型バグフィルター

に向けて噴射することで払い落とされる．濾布の圧力損失 ΔP [Pa] は濾布の損失 ΔP_0 と堆積粉塵層の損失 ΔP_d の和であり，以下の式で表される．

$$\Delta P = \Delta P_0 + \Delta P_d = (\zeta + m\alpha)\mu u \tag{7.53}$$

ここで，ζ [m^{-1}] は払い落とし直後の濾布抵抗，m [kg·m^{-2}] は堆積粉塵負荷，α [m·kg^{-1}] は堆積粉塵の透過比抵抗，u [m·s^{-1}] は濾過速度である．堆積粉塵負荷 m は，捕集効率 η [–]，ガス流量 Q [m^3·s^{-1}]，濾過面積 A [m^2]，入口粉塵濃度 c_i [kg·m^{-3}]，集塵時間 t [s] により次式で表される．

$$m = \eta c_i u t = \frac{\eta c_i Q t}{A} \tag{7.54}$$

b. 繊維充填層フィルター

大気塵のような低濃度の粉塵処理に利用される．捕集体としてガラス繊維，セルロース繊維，ナイロン繊維を用い，これらを濾枠に充填したりシート状に加工したりして用いる．繊維を帯電させ集塵性能を向上させた静電フィルターも利用されている．羊毛を主体とするフェルトに微細な樹脂粒子を添着させたレジンウールフィルターは低い圧力損失ながら高い集塵率が得られる静電フィルターである．

c. 電気集塵装置（electrostatic precipitator）

不平等電界中で生ずるイオンを利用して含塵ガス中の粒子に電荷を与え，電気力により捕集する．図7.13に心線と平板電極からなる不平等電界を示す．心線

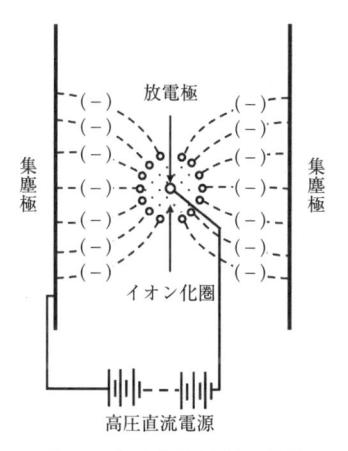

図 7.13　電気集塵装置内の電界

を負極，平板を正極とし，60 kV 程度の高電圧を印加すると心線近傍のガスが電離し，**コロナ放電**が生ずる．生じた正イオンはただちに負極で中和されるが，負イオンおよび自由電子は正極に向かって泳動し負イオンのカーテンを形成する．この電界中に含塵ガスを導くと，粒子は瞬間的に荷電され，電気力によって正極に分離捕集される．q [C] の電荷をもつ直径 d_p [m] の帯電粒子が電界強度 E [V·m^{-1}] の電場中を集塵極に向かって u_e [m·s^{-1}] の速度で移動するとき，粒子には電気力 qE [N] とストークス抗力 $3\pi\mu d_p u_e/C_c$ [N] が作用する．両者の釣り合い条件より，粒子の移動速度 u_e は次式で表現できる．

$$u_e = \frac{C_c qE}{3\pi\mu d_p} \tag{7.55}$$

カニンガムの補正係数 C_c は，粒子径 d_p が小さくなるほど大きくなり，一方，粒子荷電量 q は，粒子径とともに大きくなるため，0.1〜1 μm 付近を境にそれ以下の粒子では粒子径が小さいほど，それ以上の粒子では粒子径が大きいほど高い捕集効率が得られる．捕集電極に向かう移動速度 u_e なる粒子の捕集効率 η は，集塵面積を A [m^2]，ガス流量を Q [m^3·s^{-1}] とすると，簡単な物質収支 [16] より，次のドイチュ（Deutsch）の式で表すことができる．

$$\eta = 1 - \exp\left(-\frac{Au_e}{Q}\right) \tag{7.56}$$

7.5 装置および利用例

化学工業の製造プロセスにおいて，液体あるいは気体中の微粒子を機械的な力，例えば重力や遠心力，電気力などを用いて分離する操作を**機械的分離**という．近年，新素材や新エネルギーの開発，バイオテクノロジーやナノテクノロジー，環境保全や資源循環など，機械的分離操作のフィールドはきわめて多岐の分野にわたり，その果たす役割の重要性はますます増大している．ここでは，本章で解説した沈降，濾過，集塵などの機械的分離操作で適用される各種分離装置の分類，および化学系プラントの製造工程における機械的分離装置の利用例について述べる．

7.5.1 装置の分類
a. 沈降および濾過装置

沈降および濾過分離装置の分類を図 7.14 にまとめて示す[2,17〜19]．推進力の違いによって，重力沈降，遠心沈降，および重力濾過，真空濾過，加圧濾過，遠心濾過に分類される．圧搾型フィルタープレスの概略を図 7.15 に示す．従来のフィルタープレスに弾性体の圧搾膜（ゴム膜）が付与されている．濾過・圧搾操作に続いて，高圧流体を作用させて高度脱水を可能にする．

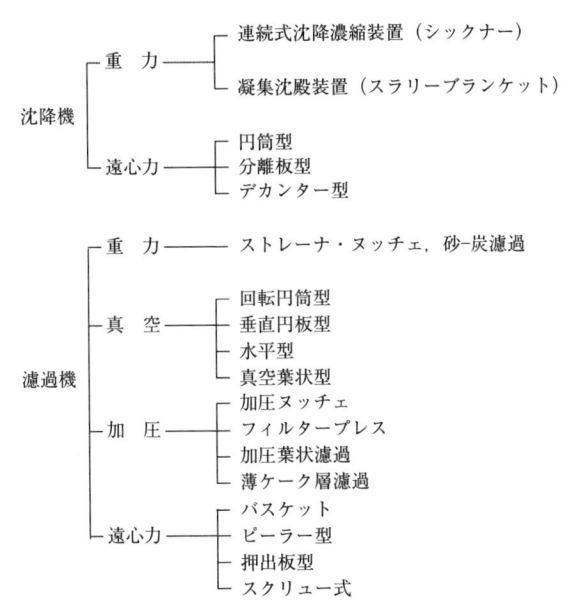

```
           ┌─ 重 力 ┬─ 連続式沈降濃縮装置（シックナー）
           │        └─ 凝集沈殿装置（スラリーブランケット）
   沈降機 ─┤
           │        ┌─ 円筒型
           └─ 遠心力┼─ 分離板型
                    └─ デカンター型

           ┌─ 重 力 ── ストレーナ・ヌッチェ，砂-炭濾過
           │
           │        ┌─ 回転円筒型
           │        ├─ 垂直円板型
           ├─ 真 空 ┤
           │        ├─ 水平型
           │        └─ 真空葉状型
   濾過機 ─┤
           │        ┌─ 加圧ヌッチェ
           │        ├─ フィルタープレス
           ├─ 加 圧 ┤
           │        ├─ 加圧葉状濾過
           │        └─ 薄ケーク層濾過
           │
           │        ┌─ バスケット
           │        ├─ ピーラー型
           └─ 遠心力┤
                    ├─ 押出板型
                    └─ スクリュー式
```

図 7.14 沈降および濾過分離装置の分類[2,17〜19]

表 7.1 集塵装置の分類

装置名	集塵作用	粒子径 [μm]	圧力損失 [kPa]
重力集塵	重力	20〜	0.05〜0.2
ミストセパレーター	慣性力	10〜	0.5〜2
サイクロン	遠心力	2〜300	1〜3
ベンチュリスクラバー	慣性力，拡散	0.5〜	2〜10
バグフィルター	慣性力，拡散	全範囲	1〜3
電気集塵	静電気力	0.05〜	0.1〜0.5

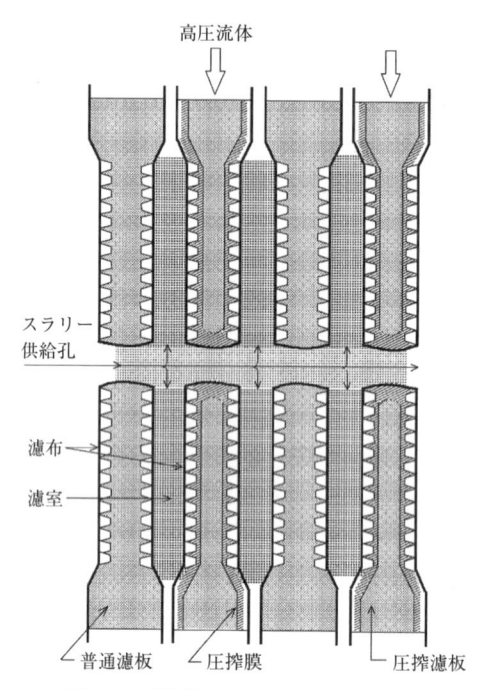

図 7.15 圧搾型フィルタープレスの概略図

b. 集塵装置

集塵装置の分類を表 7.1 に示す[2] (7.4 節参照). **重力集塵**および**ミストセパレーター**は, 数十 μm 以上の比較的大きな粒子に対して, また, **サイクロン** (図 7.11 参照) は, 遠心力の作用により数 μm 以上の広範な粒子分離に対してそれぞれ適用される. **バグフィルター** (図 7.12 参照) および**電気集塵機** (図 7.13 参照) は, 0.05 μm 以上のかなり広範な粒子の高効率分離に適用される. 電気集塵機は, 圧力損失が他の装置に比べてきわめて低いという特徴がある. 集塵装置の選定に際しては, 分離粒子径, 圧力損失および捕集効率, これら三者に基づいた評価・判定を行うことが重要である.

7.5.2 装置の利用例

a. 製糖工場の工程

製糖工場の一例を図 7.16 に示す[20]. はじめに, 粗糖汁に石灰を添加して不純

図7.16 製糖工場の工程　　　　**図7.17** ペニシリンの製造工程

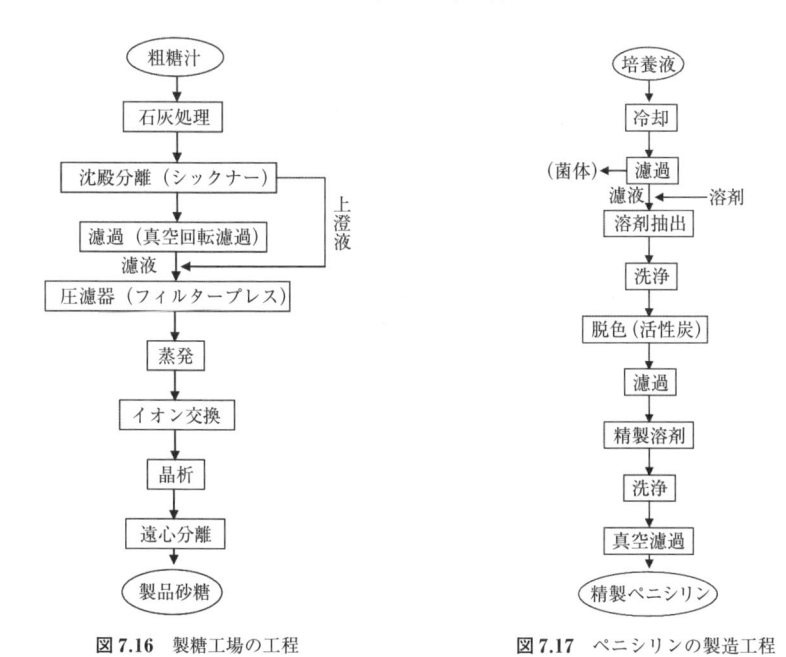

物中のタンパク質，有機酸などを沈殿分離する．沈殿物スラリーを真空回転式濾過機（図7.10参照）で濾過し，ケークと濾液に分ける．濾液はシックナーの上澄液とともに圧濾器で濾過する．次に，濾液を蒸発，イオン交換による脱色を経て結晶砂糖を濃縮後，最後に遠心分離により製品砂糖が完成する．

b. ペニシリンの製造工程

フレミングによって発見された**ペニシリン**は，抗生物質の第1号として広く知られているが，その製造工程において，機械的分離操作は重要な役割を担っている．そして，今日におけるあらゆる製薬の生産に機械的分離が適用され，生命の維持と健康管理に大きく貢献している．ペニシリンの製造工程の一例を図7.17に示す[21]．はじめに，培養液を0〜5℃で冷却後，菌体を濾過分離する．濾液に溶剤を添加して，5℃以下の低温下および強酸性下（pH 2）で遠心法などによりペニシリンを溶剤へ抽出・分離する．次に，洗浄操作後，活性炭を用いて脱色および濾過操作を行う．微量の不純物を除去するため，再び精製溶剤抽出ならびに洗浄の諸操作を行ったのち，最後に真空乾燥により製品ペニシリンが完成する．

図7.18　バグフィルター装置群

c. フライアッシュの集塵

図7.18は，オーストラリアのE石炭火力発電所に設置されたバグフィルター装置群を表す．微粉炭の燃焼によって生じた**フライアッシュ**を，円筒状の濾布を用いて濾過捕集する装置（図7.12参照）である．**捕集効率**は99.9％ときわめて高い．

■引用文献

1) H. Rouse：*National Research Council*, **57**, 1936, 1937.
2) 化学工学会編：化学工学便覧（改訂第5版），p.714, 734, 735, 754, 771, 丸善, 1988.
3) G.T. Kynch：*Trans. Farady. Soc.*, **48**, 166, 1952.
4) M. Sambuichi, H. Nakakura and K. Osasa：*J. Chem. Eng. Japan*, **24**, 489, 1991.
5) H.P. Grace：*Chem. Eng. Prog.*, **49**, 427, 1953.
6) M. Sambuichi, H. Nakakura, K. Osasa and F. M. Tiller：*AIChE J.*, **33**, 109, 1987.
7) M. Shirato and K. Kobayashi：Memoirs of the Faculty of Eng., Nagoya University, **19**, 280, 1967.
8) 村瀬敏朗，中倉英雄，森　英利，小倉　忠，白戸紋平：化学工学論文集, **14**, 123, 1988.
9) B.F. Ruth：*Ind. Eng. Chem.*, **27**, 708, 1935.
10) D.R. Sperry：*Ind. Eng. Chem.*, **13**, 1163, 1921.
11) A. Rushton and M.S. Hameed：*Filtr. Sep.*, **6**, 136, 1969.
12) M. Shirato, T. Aragaki, R. Mori and K. Sawamoto：*J. Chem. Eng. Japan*, **1**, 86, 1968.
13) 白戸紋平，新垣　勉，森　哈二，今井恵治：化学工学, **33**, 576, 1969.
14) 化学工学会編：化学工学の進歩 39 粒子・流体系フロンティア分離技術, p.75, 槇書店, 2005.

15) 公害防止の技術と法規編集委員会編：四訂 公害防止の技術と法規 大気編，p.229，丸善，1994．
16) 日本粉体工業技術協会編：集塵の技術と装置，p.27，日刊工業新聞社，2001．
17) 白戸紋平編著：化学工学—機械的操作の基礎—，p.163，丸善，1980．
18) 三分一政男，中倉英雄：粉体工学会誌，**27**, 337, 1990.
19) A.S. Rushton, S. Ward and R.G. Holdich：Solid-Liquid Filtration and Separation Technology, p.3, VCH, 1996.
20) 小島建正：改訂 濾過，p.121，化学工業社，1973．
21) 愛沢 実：別冊化学工業，29-1，p.166，化学工業社，1985．

■演習問題

7.1 20℃の状態で密度が1120 kg·m^{-3}のエチレングリコールのなかで直径：d_pが1.00 mmで密度：ρ_pが2500 kg·m^{-3}のガラス球を落下させたところ，終末速度u_tは35.0 mm·s^{-1}であった．このエチレングリコールの粘度を求めよ．

7.2 懸濁固形物濃度：200 kg·m^{-3}の排水（密度は1120 kg·m^{-3}）が108 m^3·h^{-1}で流入する円筒形濃縮槽は，外周から濃度：10 kg·m^{-3}，密度：1006 kg·m^{-3}の処理水が溢流しており，槽底部から濃度：600 kg·m^{-3}，密度：1360 kg·m^{-3}の濃縮汚泥を排出している．この濃縮汚泥の沈降速度が1.0 mm·min^{-1}であるとき，濃縮槽面積の最小値を求めよ．ただし，固形物の真密度：ρ_pは2500 kg·m^{-3}，水の密度：ρ_fは1000 kg·m^{-3}とする．

7.3 ある種のスラリーを濾過面積が0.5 m^{2}の濾過器を用いて100 kPaの圧力で定圧濾過を行い，20分後に5 m^{3}の濾液を得た．このままさらに40分間濾過を続けたときの濾液量とそのときの濾過速度を求めよ．ただし，濾材抵抗は無視できるものとする．

7.4 あるスラリーを300 kPaの圧力で定圧濾過したところ，濾液量v[m]と濾過時間θ[min]との間に，$v^2=5\theta$の関係が得られた．また，このケークの圧縮性指数nは0.5であった．同じスラリーを同じ濾過器で0.2 m·min^{-1}の濾過速度で定速濾過を行ったとき，90分後に圧力はどの程度になるかを求めよ．ただし，濾材抵抗は無視できるものとする．

7.5 ある種のスラリーを定速で10分間濾過して2 m^{3}の濾液を得た後，その到達圧力のもとで引き続き30分間の定圧濾過を行い，さらに3 m^{3}の濾液を得た．濾過操作後の除滓および整備などに20分を要する．はじめの10分間の定速濾過の後，その到達圧力で定圧濾過が行われるものとすると，最大濾過能力を得るためには，1サイクルにおける濾過時間を何分間にすべきかを求めよ．また1日（24時間）におけるサイクル数と濾液の全量を求めよ．ただし，濾材抵抗は無視できるものとする．

8

膜

8.1 膜分離の概要

8.1.1 膜分離とは

　蒸留やガス吸収，抽出などの化学産業で多用される分離法は，分離の原理が蒸留では気液平衡，ガス吸収ではガスの液体への溶解平衡，抽出では対象物質の水相と油相への分配平衡を利用するもので，一般に平衡分離に分類される．平衡分離では，物質が決まるとその物性として平衡関係が決まるので，どの程度分離できるかが自動的に決まる．

　これに対して膜分離は，分離材として膜を使用し，各分離成分の膜透過速度の差を利用して分離する速度差分離である．したがって分離対象物質が決まっても，分離材である膜の素材を選ぶことにより各成分の膜透過速度を変えることで分離性を自由に制御することができる．例えば水-エタノール混合液の分離では，膜素材を選ぶことにより水の透過速度の方が大きな膜や，逆にエタノールの透過速度の方が大きな膜をつくることができ，選択性を逆にすることが可能である．

　分離系に適した膜を選択するには，分離系の物性と同時に膜の特性も十分に理解し，透過性，選択性，分離性を予測し，膜のもつ特性が十分に発揮される操作条件を設定し，膜分離プロセスの最適化を行うことが大切である．そのためには分離のメカニズムを十分に理解し，操作条件が分離特性に及ぼす影響を定量的に把握することが必要となる．

8.1.2 膜分離のメカニズム

　膜分離に用いられる膜の素材は，高分子系素材と無機系素材とに大別されるが，いずれの素材であっても，膜の透過抵抗はその厚みに比例するので，大きな膜透過量を得るには膜は薄いほどよい．現在実用化されている分離膜の厚みは薄いも

のでは数百 nm である．ただしこのような薄膜は機械的強度が不十分なので，その下の支持層と呼ばれる大きな細孔をもつ多孔層により支えられている．

分離膜には細孔をもつものと，細孔をもたない緻密な構造の膜とがあり，多孔膜および緻密膜（あるいは無孔膜）と呼ばれている．多孔膜の分離メカニズムは，通常，篩機構と呼ばれており，緻密膜のそれは溶解拡散機構と呼ばれている．篩機構は，文字通り膜透過成分の大きさと膜にあいている細孔の大きさで透過性が決まるとするメカニズムで，当然，膜細孔径よりも大きな成分は膜を透過せず，透過速度はゼロとなる．これに対して膜細孔径よりも小さな成分は膜を透過するが，その透過速度は細孔径に対してどの程度小さいかによって異なる．すなわち膜細孔径よりもずっと小さな成分の透過速度は大きくなるが，細孔径よりもちょっと小さな成分は細孔を通りにくいので，その透過速度は小さくなる．したがって，大きな成分と小さな成分との間に膜透過速度差が生じ，両者の分離が可能となるわけである．

これに対し緻密膜の溶解拡散機構では，透過成分は膜の中に溶け込み（溶解），膜の中を拡散していき，膜透過側で膜の外へ脱離すると考える．膜への溶解は平衡関係であるが，この平衡は瞬時に成り立つので平衡までの時間は膜透過速度には寄与しない．この平衡関係は透過側における膜からの透過成分の脱離においても同様である．膜内の拡散速度（拡散係数）には透過成分により差があり，この差により生じる選択性を拡散選択性と呼んでいる．供給液（ガス）と膜との界面における溶解性にも透過成分間の差はあり，溶解性の大きな成分は膜内濃度が高くなるので拡散の駆動力が大きくなり，結果として膜透過速度が大きくなる．この溶解性の差により生じる選択性を溶解選択性と呼ぶ．溶解拡散機構による膜透過の総括の選択性は，溶解選択性と拡散選択性との積で決まる．膜透過機構の詳細については，各膜分離法の項で詳述する．

8.1.3　膜分離法の分類と応用

表8.1に膜分離プロセスの分類と応用分野を示す．膜分離法は，① 膜の供給側も透過側も液相である膜濾過法，② 供給側は液相，透過側は蒸気相である浸透気化法（パーベーパレーション法；pervaporation），③ 供給側も透過側も気相であるガス分離法の三つに大きく分類される．ガス分離法のうち透過成分が蒸気であるものを特に蒸気透過法と呼ぶが，これは浸透気化法で透過成分を蒸気で供

表 8.1 膜分離プロセスの分類と応用分野

相 供給／透過	分離法	分離駆動力*	透過成分／非透過成分	応用例
液相／液相	精密濾過	圧力差 (10〜100 kPa)	水および溶解成分／懸濁粒子 (0.1〜10 μm)	懸濁液の清澄化, バクテリアの除去, 浄水処理
	限外濾過	圧力差 (0.1〜1 MPa)	水および塩／コロイド, 高分子物質 (2〜100 nm)	コロイド溶液の清澄化, バクテリアの除去, タンパク質の濃縮
	ナノ濾過	圧力差 (0.1〜2 MPa)	水および塩／低分子有機物 (1〜2 nm), NaCl	低分子有機物の除去, 脱塩 (NaCl) しながらの有機物濃縮
	逆浸透	圧力差 (1〜8 MPa)	水／すべての溶解成分	海水脱塩, 超純水, ジュースの濃縮
	透析	濃度差	イオンおよび低分子有機物／高分子有機物	血液透析, 酸・アルカリの回収
	電気透析	電位差	イオン／中性物質, 高分子物質	海水濃縮, 脱塩
液相／気相	浸透気化	圧力差（透過側は減圧あるいはスイープガス）	溶解性・拡散性の高い成分／低い成分	アルコール水溶液など共沸混合物における脱水（水が透過成分）
気相／気相	ガス分離	圧力差 (0.1〜1 MPa)	溶解性・拡散性の高い成分／低い成分	空気分離, 水素回収, 天然ガスからの脱二酸化炭素
	蒸気透過	圧力差（透過側は減圧あるいはスイープガス）	溶解性・拡散性の高い成分／低い成分	アルコール水溶液など共沸混合物の脱水（水が透過成分）, 空気中の有機蒸気の分離・回収

*圧力範囲は, 目安として示す.

給する場合に相当する.

　膜濾過法は, 膜に開いている細孔の大きさでさらに ① **精密濾過法**（microfiltration）, ② **限外濾過法**（ultrafiltration）, ③ **ナノ濾過法**（nanofiltration）, ④ **逆浸透法**（reverse osmosis）に分類される. **濾過**（filtration）という言葉が用いられることから, 膜濾過法と呼ばれる. 逆浸透法は浸透現象とは逆に溶液側から純溶媒側に溶媒が移動するという意味で付けられた名前であるが, 英語では reverse osmosis のほかに初期には hyperfiltration と呼ばれたこともあり, 膜濾過法の一つとして位置づけられている.

　浸透気化法では供給側は液体, 透過側は蒸気となっており, 膜内で相変化（気化）が生じている. したがって, 分離に際しては気化熱に相当するエネルギーの供給が必要となり, この点他の膜分離法に比べ省エネルギー性が劣る. それでも蒸留の基礎となる気液平衡関係よりも高い濃度で蒸気を得ることができるため,

蒸留法よりは省エネルギーになる．浸透気化法の分離メカニズムは溶解拡散機構で，膜素材としては透過成分の溶解度の高いものが望ましい．

　ガス分離法に用いられる膜は緻密膜と多孔膜とに分類される．緻密膜には高分子素材の膜と金属素材の膜とがあり，分離メカニズムはいずれも溶解拡散機構である．金属膜の代表はパラジウム膜であるが，パラジウムは原子状水素のみを溶解拡散で透過させる．一方，ガス分離用の多孔膜としては，シリカに代表されるアモルファスセラミック膜と各種のゼオライト膜が知られている．これらの膜の分離メカニズムは，透過ガスの分子サイズと膜にあいているオングストロームオーダーの孔との大きさで決まる分子篩機構である．水素分離用のシリカ膜の細孔径は3Å程度，ゼオライト膜の細孔径は5〜8Å程度ときわめて小さい．

8.1.4 膜モジュール

　膜の形態には平膜と管状膜，モノリス膜，キャピラリー膜，中空糸膜などがある．管状膜は通常径が5 mm以上のものをいい，キャピラリー膜は5 mm以下，0.5 mm程度までのものをいう．中空糸膜は中空の糸状の膜で，径は0.5 mm以下である．モノリス膜はレンコン状の膜で，外径は30 mm程度，穴の径は3 mm前後で20〜60個の穴が空いている．モノリス膜はセラミック膜に特有な形状である．

　膜を実プロセスで使用する際には，上記形態の膜を一定以上の膜面積にまとめ，ハウジングと呼ばれる圧力容器に収めて使用する．この膜の収められたハウジングのことを膜モジュールと呼んでいる．モジュールごとの膜面積が決まっているので，プロセスで必要な膜面積を得るには必要本数の膜モジュールをつないで使用すればよく，スケールアップが容易である．

　平膜を使用するモジュールの代表はスパイラル型モジュールで，その構造の一例を図8.1に示す．透過液流路となるスペーサー（透過水スペーサー）を膜ではさみ，3辺を糊付けして封筒状のものをつくる．この膜の封筒の開いている1辺を多数の小さな穴の空いた集水管に貼り付ける．何枚かの封筒を貼り付けるが，その際封筒間に供給液流路となるスペーサー（原水スペーサー）をはさみ，全体を集水管のまわりに巻き付ける．一方，非透過流には濃縮水が得られる．これがスパイラル膜モジュールの構造である．管状膜は何本かをハウジングに収めて使用し，この膜モジュールは管型モジュールと呼ばれる．キャピラリー膜や中空糸

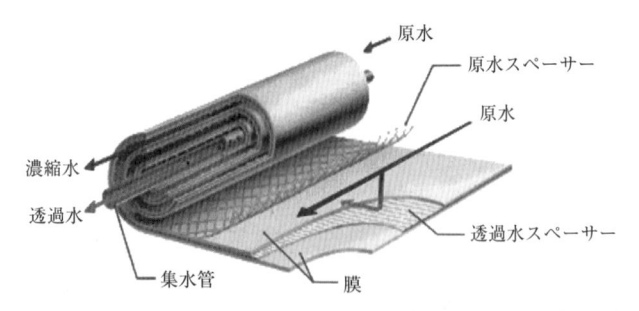

図 8.1 スパイラル膜モジュールの構造（日東電工 HP より）

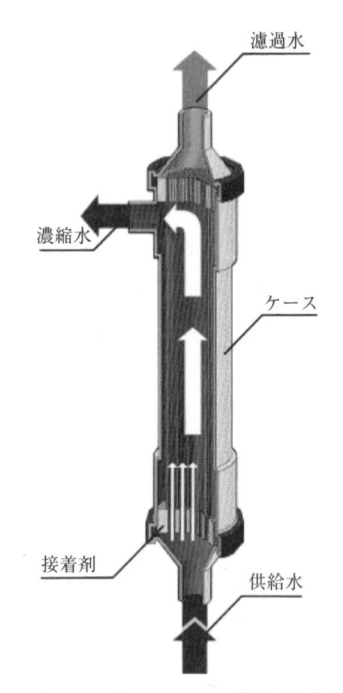

図 8.2 キャピラリー型モジュールの構造（旭化成 HP より）

膜は必要本数を束にして両端を接着剤で固め，ハウジングに収めて使用する．それぞれキャピラリー型モジュール，中空糸型モジュールと呼ばれている．図 8.2 にはキャピラリー型モジュールの構造を示す．

8.1.5 膜分離の駆動力

膜分離の輸送方程式は次式の形をしている．

$$\text{膜透過流束} = (\text{透過係数}) \times (\text{駆動力}) \tag{8.1}$$

膜分離の駆動力は正確には膜両側の化学ポテンシャルの差（あるいは勾配）で定義される．分離メカニズムが溶解拡散機構の代表である逆浸透法，浸透気化法，蒸気透過法では，同一の膜を用いてこれら三つの分離法を試みることができる．いずれの方法が最も高性能であるかの議論をみかけるが，これら3法の違いは同じ膜を用いる限りにおいては分離の駆動力が異なるだけで，見かけ上の膜性能差はこの駆動力に起因している．

化学ポテンシャル μ は物質1 mol当たりの自由エネルギーで定義され，溶液系では圧力 p [Pa]，活量 a ($=\gamma x$) [$-$]，モル体積 $\bar{v}$ [m$^3 \cdot$mol^{-1}]，基準ポテンシャル μ° を用いて，$\mu = \mu^\circ + \bar{v}p + RT \ln a$ と表される．溶解拡散機構では透過成分の流束は次式で与えられる．

$$J = -\frac{DC^m x^m}{RT}\frac{d\mu}{dz} = -\frac{DC^m}{RT}\left(RT\frac{dx^m}{dz} + x^m \bar{v}\frac{dp^m}{dz}\right) \tag{8.2}$$

x はモル分率で，γ は活量係数で一定と仮定し，R は気体定数，T は温度である．D は透過成分の拡散係数，添字の m は膜内を表し，C^m は膜内の全モル濃度である．いま，簡単のために膜内の圧力が供給側圧力で一定であり，透過側界面で一気に透過側圧力まで下がると仮定すると，式(8.2)は次式に変形され，

$$J = -DC^m \frac{dx^m}{dz} \tag{8.3}$$

フィック（Fick）の式と同形となる．膜厚を l として $z=0$ から $z=l$ まで積分すると，膜透過流束は次式で与えられる．

$$J = \frac{DC^m}{l}(x_1^m - x_2^m) \tag{8.4}$$

分離の駆動力である化学ポテンシャル差は膜内のモル分率差で書き表せる．

実際には透過成分の膜内モル分率はわからないので，以下の変形を行う．図8.3に示すように，いま，供給側で膜に接している液あるいは蒸気の化学ポテンシャルを μ_1^s，透過側を μ_2^s，膜表面のすぐ内側の化学ポテンシャルを μ_1^m, μ_2^m とすると，① 供給側で膜に液で接している場合，② 供給側で膜に蒸気で接している場合，③ 透過側で膜に液で接している場合，④ 透過側で膜に蒸気で接してい

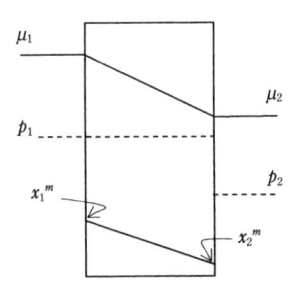

図 8.3 分離膜における化学ポテンシャル μ, 圧力 p, および膜内モル分率 x の分布

る場合,のそれぞれについて化学ポテンシャルは次のように表される.ただし,γ は活量係数,p_1, p_2 はそれぞれ供給側,透過側圧力,p_v は飽和蒸気圧である.また,$\bar{v}$ はモル体積 [m³·mol⁻¹],上付き添え字の s, v, m はそれぞれ溶液あるいは蒸気,膜内を表し,下付き添え字の 1, 2 はそれぞれ膜の供給側,透過側を表す.

① 溶液内　　$\mu_1^s = \mu_0(p_1, T) + RT \ln \gamma_1^s x_1^s$ 　　　　(8.5)

　　膜　内　　$\mu_1^m = \mu_0(p_1, T) + RT \ln \gamma^m x_1^m$ 　　　　(8.6)

界面では平衡が成り立っているので $\mu_1^s = \mu_1^m$ である.式 (8.5), (8.6) より

$$x_1^m = \frac{\gamma_1^s x_1^s}{\gamma^m} \quad (8.7)$$

② 蒸気内　　$\mu_1^s = \mu_0(p_v, T) + RT \ln \dfrac{p_1 x_1^s}{p_v}$ 　　　　(8.8)

　　膜　内　　$\mu_1^m = \mu_0(p_v, T) + \bar{v}(p_1 - p_v) + RT \ln \gamma^m x_1^m$ 　　　　(8.9)

界面での平衡より

$$x_1^m = \frac{p_1 x_1^s}{p_v \gamma^m} \exp \frac{\bar{v}(p_v - p_1)}{RT} \quad (8.10)$$

③ 溶液内　　$\mu_2^s = \mu_0(p_2, T) + RT \ln \gamma_2^s x_2^s$ 　　　　(8.11)

　　膜　内　　$\mu_2^m = \mu_0(p_2, T) + \bar{v}(p_1 - p_2) + RT \ln \gamma^m x_2^m$ 　　　　(8.12)

界面での平衡より

$$x_2^m = \frac{\gamma_2^s x_2^s}{\gamma^m} \exp \frac{\bar{v}(p_2 - p_1)}{RT} \quad (8.13)$$

④ 蒸気内　　$\mu_2^s = \mu_0(p_v, T) + RT \ln \dfrac{p_2 x_2^s}{p_v}$ 　　　　(8.14)

膜内
$$\mu_2{}^m = \mu_0(p_v, T) + \bar{v}(p_1 - p_v) + RT\ln\gamma^m x_2{}^m \tag{8.15}$$

界面での平衡より

$$x_2{}^m = \frac{p_2 x_2{}^s}{p_v \gamma^m} \exp\frac{\bar{v}(p_v - p_1)}{RT} \tag{8.16}$$

以上で膜内のモル分率がすべて膜外の溶液あるいは蒸気のモル分率で書き表せたので，逆浸透法，浸透気化法，蒸気透過法の膜透過流束は以下のように与えられる．

1) 逆浸透法　膜の両側が液−液なので，式 (8.7)，(8.13) より

$$J = \frac{DC^m}{l\gamma^m}\left(\gamma_1{}^s x_1{}^s - \gamma_2{}^s x_2{}^s \exp\frac{\bar{v}(p_2 - p_1)}{RT}\right) \tag{8.17}$$

2) 浸透気化法　膜の両側が液−蒸気なので，式 (8.7)，(8.16) より

$$J = \frac{DC^m}{l\gamma^m}\left(\gamma_1{}^s x_1{}^s - \frac{p_2 x_2{}^s}{p_v} \exp\frac{\bar{v}(p_v - p_1)}{RT}\right) \tag{8.18}$$

ここで一般に $\bar{v} = 10^{-5}$ m^3·mol^{-1}，$p_1 = 10^5$ Pa，$p_v = 10^4$ Pa，$T = 10^2$ K 程度であることから，式 (8.18) の exp の値はほぼ 1 となるので，次式のように簡略化される．

$$J = \frac{DC^m}{l\gamma^m}\left(\gamma_1{}^s x_1{}^s - \frac{p_2 x_2{}^s}{p_v}\right) \tag{8.19}$$

3) 蒸気透過法　膜の両側が蒸気−蒸気なので式 (8.10)，(8.16) より

$$J = \frac{DC^m}{l\gamma^m}\left(\frac{p_1 x_1{}^s}{p_v} - \frac{p_2 x_2{}^s}{p_v}\right)\left\{\exp\frac{\bar{v}(p_v - p_1)}{RT}\right\} \tag{8.20}$$

浸透気化法の場合と同様に簡略化すると

$$J = \frac{DC^m}{l\gamma^m}\left(\frac{p_1 x_1{}^s}{p_v} - \frac{p_2 x_2{}^s}{p_v}\right) \tag{8.21}$$

以上により，膜分離法による透過性能の差は分離の駆動力によることがよく理解できよう．

【例題 8.1】 逆浸透（RO）および浸透気化（PV）において，流束の比較を行え．ただし，透過成分は水のみであり，$DC^m/l\gamma^m = 0.06$ とする．

［解答］ RO および PV での透過側圧力は，それぞれ大気圧（$P_2 = 10^5$ Pa）および真空（$P_2 = 0$）とする．これらを式 (8.17) および式 (8.19) に，供給側圧力 $p_1 = 10 \sim 10000 \times 10^5$ Pa の範囲で代入した結果を図 8.4 に示す．供給圧力無限大での RO の流束は PV の流束に漸近する．これは浸透気化では二次

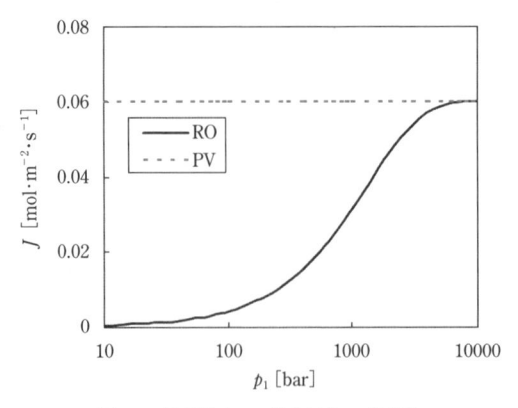

図 8.4 透過流束 J の供給圧力 p_1 依存性

圧がゼロとなることで,膜内の化学ポテンシャル差を最大にできるからである.

8.2 膜分離プロセス

8.2.1 逆浸透法

a. 概　要

ここでは,圧力を分離駆動力とする液体分離膜として,まず逆浸透法について学んでゆこう.逆浸透膜は溶媒である水のみを選択的に透過させ,水以外の分子やイオンを阻止する.膜透過が目的成分となる例としては海水淡水化や超純水の製造,非透過が目的成分となる例としては有用物質の濃縮（例えばジュースの濃縮など）などがあげられる.

1) 逆浸透法の原理と浸透圧　　図 8.5 に逆浸透の概念図を示す.物質は化学ポテンシャル勾配に従い輸送され,溶媒および溶質の移動をそれぞれ浸透と透析と呼ぶ.図 8.5(b) に示すように,水のみを透過させる半透膜で純水と海水が隔てられていると,濃度差に従い,純水は海水側に,海水中の塩は純水側に移動しようとするが,半透膜のため水のみが移動し海水側圧力が増加する.海水中で水は圧力の増大により化学ポテンシャルが増加し,純水と等しくなったときに浸透平衡が成立する.図 8.5(c) に示すように,浸透圧よりも大きな圧力を付与することで,海水側から純水側に水を移動させることができる.これが逆浸透法の原理であり,物質 1 mol 当たりの自由エネルギーである化学ポテンシャル μ を用い

8.2 膜分離プロセス

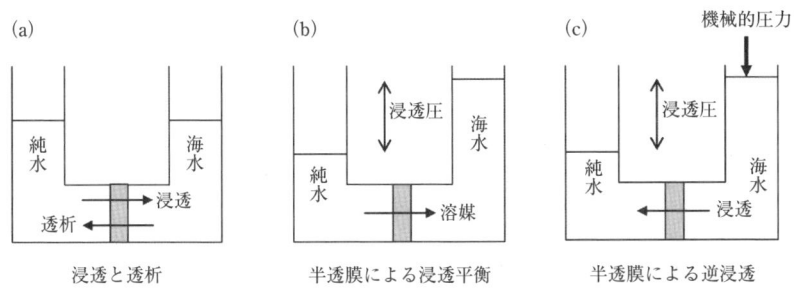

図 8.5 浸透および逆浸透の概念図

て定量的に説明できる．μ [J·mol^{-1}] は，圧力 p [Pa]，水の活量 a_w [-]，水のモル体積 $\bar{v}_w$ [m^3·mol^{-1}] を用いて，$\mu = \mu^\circ + \bar{v}_w p + RT \ln a_w$ と表され，純水側 (1) と海水側 (2) は，

$$\mu_1 = \mu^\circ + \bar{v}_w p_1 + RT \ln a_{w,1}, \qquad \mu_2 = \mu^\circ + \bar{v}_w p_2 + RT \ln a_{w,2} \tag{8.22}$$

と表される．ここで μ° は標準化学ポテンシャル（一定値）であり，純水の活量は 1 ($a_{w,1}=1$) と定義されている．浸透平衡では $\mu_1 = \mu_2$ が成立し，浸透圧 π は

$$\pi = p_2 - p_1 = -\frac{RT}{\bar{v}_w} \ln a_{w,2} \tag{8.23}$$

と表され，水の活量で定義される．水の活量は水の濃度に起因するものであり，つまり溶質濃度の関数として与えられる．浸透圧として，

$$\left. \begin{array}{ll} \pi = RT \sum c_i & \text{（ヴァント・ホッフ (van't Hoff) 式）} \\ \text{あるいは} \quad \pi = Bx & \text{（}B\text{：定数，}x\text{：モル分率）} \end{array} \right\} \tag{8.24}$$

が用いられる．実用的には式 (8.24) が便利であり，表 8.2 に B 値の例を示す．海水の主成分は塩化ナトリウムで，濃度は約 3.5 wt%（NaCl モル分率 = 3.5/58.4/(3.5/58.4 + 96.5/18) = 0.0110）であり，浸透圧は

$$\pi = (255 \cdot 10^6)(0.011) = 28.2 \cdot 10^5 \text{ Pa}$$

表 8.2 種々の溶質の B 値 (25°C)

溶質	$B \times 10^{-6}$ [Pa]
NaCl	255
KCl	251
ショ糖	142
グリセリン	141

つまり 10^5 Pa = 1 bar なので 28.2 bar となる．すなわち，海水側に 28.2 bar 以上の圧力をかけることで海水から純水を得ることができる．実用的な透過流束を得るために，浸透圧の 2 倍程度の圧力 50 ～ 60 bar が付与されている．

2) 逆浸透膜の種類と分離原理　水のみを選択透過させる逆浸透膜の透過機構として，水分子が親水的膜材質に溶解し，化学ポテンシャル勾配に従って膜透過すると考える溶解拡散モデルが有力である．典型的な逆浸透膜素材であるポリアミドおよび酢酸セルロースは，いずれも水との相互作用が強い親水基を有している．

逆浸透膜は，分離対象となる溶液の浸透圧，つまり溶質濃度に応じて，操作圧力 10 MPa 程度の高圧逆浸透，5 MPa 程度の海水淡水化逆浸透，2 MPa 程度の超純水などの製造を目的とする低圧逆浸透膜に分類される．

b. 輸送式

1) 非平衡熱力学モデル —— ケデム-カチャルスキー（Kedem-Katchalsky）式

逆浸透法，ナノ濾過法，限外濾過法の性能評価は，単位時間，単位膜面積当たりの透過流束 J_v [m³·m⁻²·s⁻¹ あるいは kg·m⁻²·s⁻¹]，および溶質の阻止率 R [-] による．膜供給濃度 C_m [mol·m⁻³ あるいは kg·m⁻³] および透過濃度 C_p を用いて式 (8.25) で R は定義され，溶質の透過流束 J_s [mol·m⁻²·s⁻¹ あるいは kg·m⁻²·s⁻¹] と J_v は式 (8.26) で示す関係にある．

$$R = 1 - \frac{C_p}{C_m} \tag{8.25}$$

$$J_s = C_p J_v = (1-R) C_m J_v \tag{8.26}$$

望ましい膜性能は，低い圧力で大きな体積透過流束と高い阻止率を示すことである．逆浸透，ナノ濾過，限外濾過膜の透過式は，非平衡熱力学に基づく現象論方程式により導出されたケデム-カチャルスキー式（式 (8.27)，(8.28)）で表される．

$$J_v = L_p (\Delta p - \sigma \Delta \pi) \tag{8.27}$$

$$J_s = P \Delta C + (1-\sigma)\overline{C} J_v = \omega \Delta \pi + (1-\sigma)\overline{C} J_v \tag{8.28}$$

ここで Δp ($= p_m - p_p$) は膜間差圧，$\Delta \pi$ ($= \pi_m - \pi_p$) は浸透圧差，ΔC ($= C_m - C_p$) は濃度差を表す．$\overline{C}$ は膜供給と透過液との平均濃度である．L_p [m³·m⁻²·s⁻¹·Pa⁻¹] は純水透過係数，ω [mol·m⁻²·s⁻¹·Pa⁻¹] あるいは P [m·s⁻¹] は溶質透過係数と呼ばれ，それぞれの透過性の指標である．式 (8.28) の第 1 項は濃度差拡散，第 2 項は対流による溶質輸送を示す．溶質反発係数（反射係数）σ [-] は膜に

よる溶質選択性の指標であり，$\sigma=1$ の場合は対流で溶質は輸送されないが，$\sigma=0$ では対流による膜選択性は発現しない．

阻止率の大きい場合は，式 (8.28) を膜厚みで微分し積分することで，阻止率としてシュピーグラー－ケデム（Spiegler-Kedem）式

$$R = \frac{(1-F)\sigma}{1-\sigma F} \quad \text{ただし} \quad F = \exp\left(-\frac{1-\sigma}{P}J_v\right) \quad (8.29)$$

が得られている．図 8.6 に透過流束および阻止率の操作圧力依存性を示す．海水の浸透圧 28.4 bar 以下では負の透過流束，すなわち純水は透過側から供給側に浸透し，浸透圧以上の圧力を付与することで正の透過流束となる（ケース 1, 2）．ケース 3, 4 に示すように，正の透過流束での阻止率は付与圧の増加とともに増加する．式 (8.28) からわかるように，低透過流束では拡散が支配的なために阻止率は小さく，高透過流束（すなわち高圧）では対流項が支配的となり阻止率は

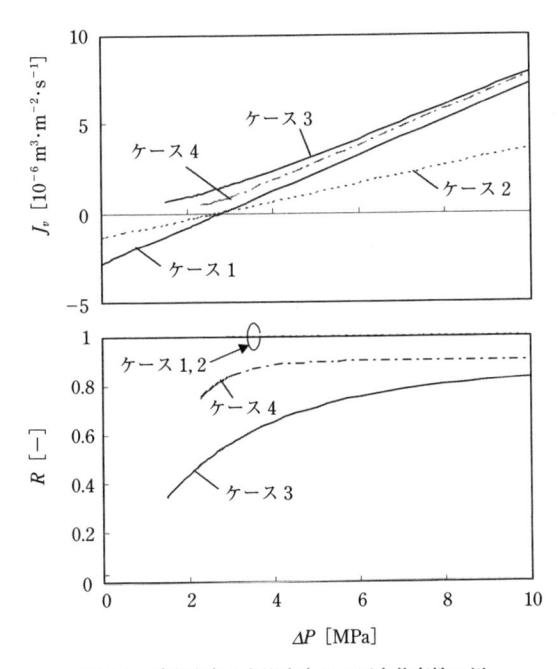

図 8.6 透過流束 J_v と阻止率 R の圧力依存性の例
ケース 1 ($\sigma=1.0$, $P=0$, $L_p=1\times10^{-12}$)，ケース 2 ($\sigma=1.0$, $P=0$, $L_p=0.5\times10^{-12}$)，ケース 3 ($\sigma=0.90$, $P=1\times10^{-6}$, $L_p=1\times10^{-12}$)，ケース 4 ($\sigma=0.90$, $P=1\times10^{-7}$, $L_p=1\times10^{-12}$)．

反発係数 σ に漸近する．また，溶質透過係数が大きいほど阻止率は低下する．これも拡散流束が増大するためである．反発係数 σ の増大とともに阻止率は増加し，純水透過係数の増加とともに透過流束も増大する．このように L_p, ω あるいは P_s, σ は膜輸送係数（あるいは膜定数）と呼ばれ，膜透過特性を決定づける．

2) 逆浸透膜における膜輸送　逆浸透膜は式 (8.27), (8.28) で溶質反発係数 σ の大きい場合 ($\sigma \approx 1$) に相当し，次式で表される溶解拡散モデルとなる．

$$J_v = L_p(\Delta p - \Delta \pi) \tag{8.30}$$

$$J_s = P\Delta C \tag{8.31}$$

膜輸送係数は L_p と P の2個となる．実用化されている逆浸透膜はおおむねこの条件を満たす．また，この場合，阻止率は式 (8.26), (8.31) より

$$R = \frac{J_v}{P + J_v} \tag{8.32}$$

と表され，対流を表す透過流束 J_v と溶質拡散項の透過係数 P で阻止率は決定され，J_v の増大とともに阻止率は1に漸近することがわかる．

3) 濃度分極現象　膜透過流束 J_v によって膜面に運ばれた溶質は透過を阻止され，膜表面の濃度境膜で濃縮する濃度分極現象が生じる（図 8.7）．膜面濃度を C_m，境膜物質移動係数を k [m·s^{-1}] とすると，濃度分極式として，

$$\frac{C_m - C_p}{C_b - C_p} = \exp\left(\frac{J_v}{k}\right) \tag{8.33}$$

が導出されている．C_m と C_b は異なるため，測定可能な見かけの阻止率 R_{obs} (=1

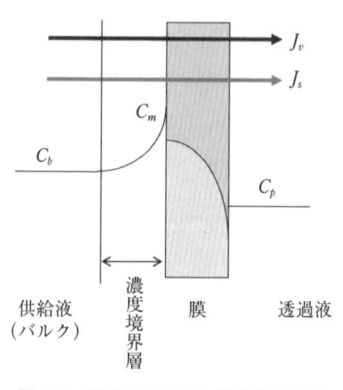

図 8.7　膜表面における濃度分極現象

$-C_p/C_b$) と膜本来の阻止率 R ($=1-C_p/C_m$) は，

$$R = \frac{R_{obs}\exp(J_v/k)}{1+R_{obs}\{\exp(J_v/k)-1\}} \tag{8.34}$$

となる．物質移動係数 k は流動様式に応じた相関式によって推算可能である．高分子溶質の場合は拡散係数が小さいため物質移動係数も小さくなり，濃度分極現象が顕著に現れる．膜表面での浸透圧の増大透過流束が純水と比べて大きく低下する．濃度分極がさらに発達してゲル層（濃度 C_g）を形成し，透過濃度 $C_p=0$ と近似するケースは，次式のゲル分極モデルが成立する．

$$\frac{C_g}{C_b} = \exp\left(\frac{J_v}{k}\right) \tag{8.35}$$

一方，物質移動係数を大きくすることで，見かけの阻止率は真の阻止率に漸近するため，膜モジュールの供給流路は乱流を促進し，物質移動係数を大きくするように工夫されている．

【例題 8.2】 純水透過係数 $L_p = 2\times 10^{-12}$ [m³·m⁻²·s⁻¹·Pa⁻¹]，NaCl 透過係数 $P = 4\times 10^{-8}$ m·s⁻¹ で，反射係数 $\sigma = 1$ の逆浸透膜を用いて，海水（3.5 wt% NaCl）を供給圧力 60 bar で淡水化を行う．浸透圧は NaCl モル分率 x_s を用いて $\pi = 255\times 10^6 x_s$ [Pa] と表せ，全モル濃度および密度は NaCl 濃度によらず一定とする．

(1) 濃度分極を考慮せずに，透過流束 J_v，溶質流束 J_s，阻止率 R を求めよ．
(2) 物質移動係数 $k = 1\times 10^{-5}$ m·s⁻¹ の場合において J_v, J_s, R を求めよ．

[解答] (1) 阻止率 $R = 1 - C_p/C_m = 1 - x_p/x_m$ より，透過流束 J_v は

$$J_v = L_p(\Delta p - \sigma\Delta\pi) = L_p(\Delta p - (\pi_m - \pi_p)) = L_p(\Delta p - \pi_m R) \tag{8.36}$$

となる．溶質透過流束については，$\sigma = 1$ より式 (8.29) は使えない．式 (8.26)，(8.28) から，

$$(1-R)C_m J_v = P(C_m - C_p) = PC_m R$$

したがって，$J_v = PR/(1-R)$ を式 (8.36) に代入して，

$$R^2 - \left(1 + \frac{\Delta p}{\pi_m} + \frac{P}{L_p\pi_m}\right)R + \frac{\Delta p}{\pi_m} = 0$$

を得る．3.5 wt% NaCl の浸透圧 π_m はすでに述べたように 28.2 bar．比重は簡単のために 1000 kg·m⁻³ とすると $C_m = 35$ kg·m⁻³．したがって，

$$R^2 - \left(1 + \frac{60 \times 10^5}{28.2 \times 10^5} + \frac{4 \times 10^{-8}}{(2 \times 10^{-12})(28.2 \times 10^5)}\right)R + \frac{60 \times 10^5}{28.2 \times 10^5} = 0$$

この二次方程式を解いて $R = 0.994$ を得る．また，J_v および J_s は以下となる．

$$J_v = (2 \cdot 10^{-12})(60 \cdot 10^5 - 28.2 \cdot 10^5 \cdot 0.994) = 6.40 \cdot 10^{-6} \text{ m}^3 \cdot \text{m}^{-2} \cdot \text{s}^{-1}$$

$$J_s = (1-R)C_m J_v = (1-0.994)(35)(6.40 \cdot 10^{-6}) = 1.34 \cdot 10^{-6} \text{ kg} \cdot \text{m}^{-2} \cdot \text{s}^{-1}$$

簡易的には，$\sigma = 1$ より $C_p \ll C_m$，つまり $R=1$ とし，

$$J_v = (2 \cdot 10^{-12})(60 \cdot 10^5 - 28.2 \cdot 10^5) = 6.36 \cdot 10^{-6}$$

これを式 (8.32) に直接代入し

$$R = \frac{J_v}{P + J_v} = \frac{6.36 \cdot 10^{-6}}{4 \cdot 10^{-8} + 6.36 \cdot 10^{-6}} = 0.994$$

と求めることもできる．$\sigma = 1$ でない場合は，式 (8.29) と式 (8.36) を連立して解くことで，C_p（あるいは R）および J_v を求める．これを各種の圧力で解いてグラフ化したものが図 8.6 である．

(2) 濃度分極のある場合は，$C_m = C_b$ とはならない．膜輸送式として式 (8.27)，(8.32)，濃度分極を表す式 (8.33) を連立して解き，C_m, C_p（あるいは R），J_v を求めることになる．この場合の解は $R = 0.990$，$R_{obs} = 0.985$，$J_v = 3.85 \times 10^{-6}$ となり，濃度分極によって $R_{obs} < R$ であることがわかる．

c. 応用プロセス

海水淡水化，廃水処理，超純水，医薬・食品関係の除菌など，主に水溶液を分離対象としている．海水淡水化プラントは中近東のみならず，日本でも沖縄，福岡で大型プラントが稼働中である．図 8.8 には，2005 年より稼働した福岡の海水淡水化プラント（造水量 5 万トン/日）の概略を示す．取水口を海底に設置し，ヘッド差を利用して海砂による緩速濾過により濁質成分の除去を行う．さらに，

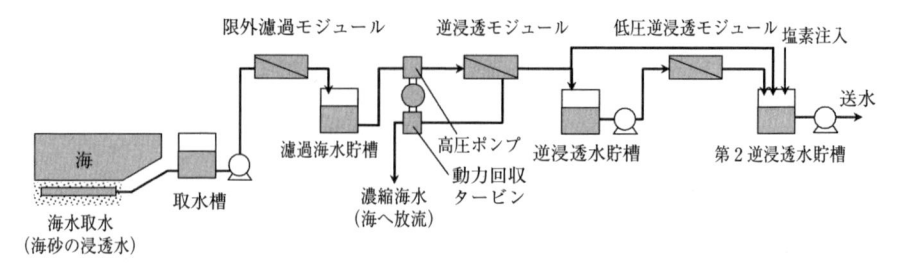

図 8.8 福岡海水淡水化プラントのプロセスフロー

ポリスルホン製限外濾過膜（運転圧 0.2 MPa）により細かいコロイド成分を除去した後に，酢酸セルロース製高圧逆浸透膜（運転圧 8.3 MPa）により淡水を得る．透過水をさらにポリアミド製低圧逆浸透膜（運転圧 1.5 MPa）で水質の向上を行うよう設計されている．

8.2.2 限外濾過法

限外濾過膜は数 nm 〜 100 nm の細孔を有し，コロイド，タンパク質などの濃縮に用いられている．限外濾過膜には細孔が存在すると考える点が，逆浸透膜との根本的な相違である．ただし，非平衡熱力学モデルは膜構造によらないため，逆浸透法と同じ輸送式を用いることができる．

限外濾過の性能評価として分画分子量が用いられる．溶質の分子量に対して阻止率をプロットし，図 8.9 に示すように阻止率が 90% となる分子量を**分画分子量**（molecular weight-cut off，MWCO）と呼ぶ．溶質としては，糖類（グルコース，ショ糖，ラフィノースなど），種々の分子量のポリエチレングリコール，デキストラン，タンパク質などが用いられる．限外濾過の MWCO は 1000 〜 1000000 程度，ナノ濾過膜は MWCO = 200 〜 2000 である．実用的な膜評価は，分画分子量と透過流束によって行われている．ただし，溶質の阻止率は操作条件（圧力（膜透過流束，阻止率），流量（物質移動係数）など）や溶質（形状，膜との親和性など）に依存しているため，分画分子量の値には測定条件に注意する必要がある．

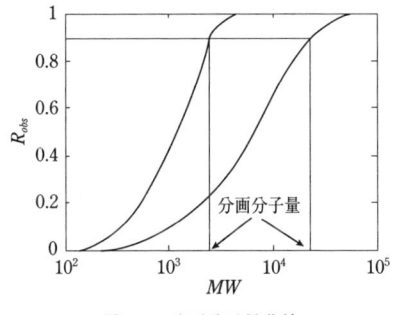

図 8.9 分画分子量曲線

8.2.3 ガス分離

a. 概　要

　膜によるガス分離法とは加圧された混合ガスから特定成分を選択的に透過する膜を用いて分離を行うことである．常温でガス状の物質だけでなく，液体を加熱して気化させ，蒸気として透過分離を行うことも行われている．現在実用されている膜は高分子膜が主であるが，分子ふるい効果がある微細孔無機膜の開発研究も進んでいる．実用膜は非対称膜や複合膜であり，膜表面の薄い分離活性層を多孔質層で支持する構造である．

　ガスや蒸気の膜透過では，一般的にその透過量は膜の両面の圧力差および膜面積に比例し，膜の厚みに逆比例するので，透過流束として式(8.37)を用いる．

$$J = \frac{q}{A} = \frac{P(p_h - p_l)}{\delta} \tag{8.37}$$

ここで J [mol·m^{-2}·s^{-1}] は透過流束であり，透過流量 q [mol·s^{-1}] を膜面積 A [m^2] で除した値である．p_h, p_l [Pa] は高圧側と低圧側の圧力，δ [m] は膜の厚みであり，P [mol·m·m^{-2}·s^{-1}·Pa^{-1}] は透過係数である．膜厚みが不明確な場合は P/δ を係数として扱い permeance（透過率，透過速度）と呼ばれる．

b. 多孔膜での輸送式

　多孔質膜でのガスの輸送はガス分子の平均自由行程 λ [m] と細孔半径 r [m] の関係でメカニズムが異なる．ガス分子の λ はガス分子どうしが衝突するまでに飛行する平均距離である．したがって $r \geq \lambda$ の場合はガス分子どうしが衝突を繰り返して輸送する粘性流となる．粘性流の輸送式はハーゲン−ポアズイユ（Hagen-Poiseuille）式によって表されるが，混合ガスでは成分間の速度差が現れず分離性はない．

　孔のサイズが $r \leq \lambda$ のとき，細孔内のガス分子は分子どうしの衝突よりも細孔壁との衝突を圧倒的多く繰り返す．この状態での円形細孔での輸送はガス分子の熱運動速度 $\bar{u}$ [m·s^{-1}] に比例し，クヌーセン（Knudsen）式として知られる式(8.38)の関係がある．式(8.38)の右辺第1式はフィック（Fick）型拡散式と同形であることから，係数部をまとめてクヌーセン拡散係数と呼ぶ．

$$J = -\frac{2}{3}\frac{\varepsilon}{\tau}\bar{u}r\frac{dc}{dx} = -\frac{2}{3}\frac{\varepsilon}{\tau}\bar{u}r\frac{1}{RT}\frac{dp}{dx} \tag{8.38}$$

$$\bar{u} = \sqrt{\frac{8RT}{\pi M}} \tag{8.39}$$

式 (8.38) を $p_h \sim p_l$ 間で積分すると式 (8.40) の輸送式が得られる.

$$J = \frac{2r}{3}\frac{\varepsilon}{\tau}\sqrt{\frac{8RT}{\pi M}}\left(\frac{1}{RT}\right)\frac{(p_h - p_l)}{\delta} \tag{8.40}$$

ここで, ε は膜面積 A [m^2] に存在する孔 n 個の総断面積 $n \cdot r^2$ の比率, τ は孔の曲路率である. この式からクヌーセン流の P はガスの分子量 M および絶対温度 T の平方根に逆比例し, 等温での A, B ガスの透過係数比は $P_A/P_B = \sqrt{M_B/M_A}$ となり分離性が発現する.

細孔径がさらに小さくなり分子サイズに近くなってくると, 細孔内にガス分子が自由に飛行できる空間がなくなり, 細孔壁面に吸着したガス分子の輸送が主になってくる. この範囲での P はガス分子の細孔内への吸着係数 S と吸着分子の表面拡散係数 D_s が支配因子となるので表面拡散流と呼ばれる.

さらに細孔径が小さく, 分子サイズと同等になってくると分子ふるい効果が発現する. $0.3 \sim 0.4$ nm の微細孔をもつ無機膜が開発されており, そこでは動的分子径 $d_k = 0.289$ nm の H$_2$ は透過するが, $d_k = 0.364$ nm の N$_2$ はほとんど透過しない分子ふるい流れが観測されている.

c. 無孔質高分子膜での輸送式

膜中のガス分子濃度が図 8.10 に示すような勾配で分布している場合の輸送はフィックの拡散式で表され, 式 (8.41) になる.

$$J = -D\left(\frac{dc}{dx}\right) \tag{8.41}$$

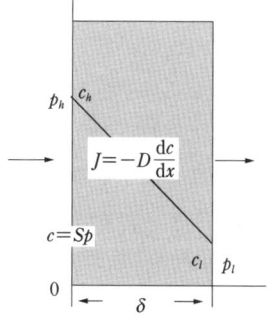

図 8.10 溶解拡散透過モデル

ここで D [m^2·s^{-1}] はガス分子の膜中での拡散係数, c [mol·m^{-3}] は膜中のガス分子濃度である. D は濃度依存がなく一定と仮定して $c_h \sim c_l$ 間で積分すると式 (8.42) が得られる.

$$J = \frac{D(c_h - c_l)}{\delta} \tag{8.42}$$

c と膜外の分圧 p [Pa] の関係にヘンリー (Henry) 溶解則が成り立つ場合は式 (8.43) となり,

$$c = Sp \tag{8.43}$$

式 (8.44) の圧力差による輸送式が得られる.

$$J = SD\frac{p_h - p_l}{\delta} \tag{8.44}$$

ここで S [mol·m^{-3}·Pa^{-1}] はヘンリー則の溶解度係数である. 式 (8.37) との比較から透過係数 P は式 (8.45) のように表せる.

$$P = SD \tag{8.45}$$

P は溶解度係数と拡散係数の積であり, この形で透過係数を表せる膜輸送を溶解拡散モデルと呼ぶ. 式 (8.45) の導出では S および D が一定を仮定している. すなわち P は圧力 (濃度) に依存しない定数である. ゴム状高分子膜での低分子ガスの透過輸送は P が定数である理想的な溶解拡散モデルに従うことが実験で確認されている. ガラス状高分子膜では S および D が圧力 (濃度) 依存を示すことが知られているが, 限られた圧力範囲内での平均値は式 (8.45) の関係が成り立つ.

d. 応用プロセス

ガス分離膜は工業規模の大きなプラントから民生機器の小さなものまで幅広く用いられている. 工業規模で代表的なものは石油精製プラントやアンモニア合成プラントでの水素回収, 天然ガスからの CO_2 などの酸性ガスの除去などである. 医療用や健康機器として酸素富化空気製造への応用もある. 空気分離では, 不活性ガスを必要とする工場などの窒素製造への応用が規模も大きく件数も多い. 圧縮空気の除湿用での応用やバイオエタノールの濃縮脱水を蒸気分離として行う用途も増えている. また温暖化ガスである SF_6 や CF_4 などの回収も検討されている.

8.2.4 浸透気化法

a. 概　要

RO，MFなどの膜濾過は「液/膜/液」系，ガス分離は「ガス/膜/ガス」系の膜透過分離プロセスであった．これに対して「液/膜/ガス・蒸気」系の膜分離プロセスを一般に**浸透気化**（パーベーパレーション，pervaporation）**法**という（以下PV法と略称）．per-は透過，-vaporationは気化の意味で示されているように，PV法は基本的には膜を介して供給液中の成分を気化・蒸発させることによる膜分離操作である（図8.11）．原液側は特に加圧などせずに，大気圧下で供給するのが普通である．膜の透過側を供給液の蒸気圧より低圧に保つことで，透過成分が気体の状態で透過分離が行われる．この際成分の気化・蒸発に蒸発潜熱が消費される．透過成分を回収する場合には冷却トラップにより捕集する必要がある．

PV法で用いられる膜素材はポリビニルアルコール，酢酸セルロース，ポリイミド，シリコーンゴムなどの高分子膜や，ゼオライト膜，炭化膜などがあり，分離目的により選択される．例えば水中のVOC成分除去には疎水性のシリコーンゴム膜，供給液中の水の分離には親水性のポリビニルアルコール膜が使用される．

b. 浸透気化法の輸送式

PV法の分離過程は，式(8.19)で示されるように，溶解拡散機構によって説明される．透過成分の透過推進力は供給液中の濃度x_1^sと透過側気相の濃度x_2^sに支配され，透過流束はこれと膜内拡散係数Dの積に比例する．この取り扱いにより，逆浸透法，蒸気透過法とPV法が共通に取り扱われ，各種膜透過プロセスにおける分離の原理が統一的に説明される．

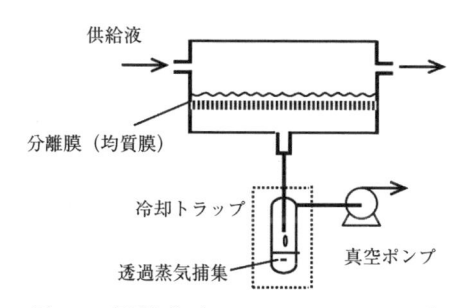

図8.11　浸透気化（パーベーパレーション，PV）

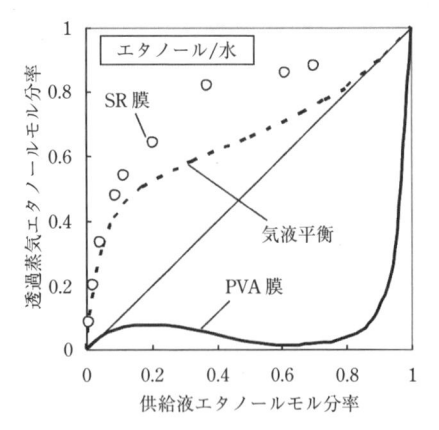

図 8.12 ポリビニルアルコール複合膜による
エタノール水溶液のPV分離 [1]

c. 応用プロセス

PV法の代表的応用例はアルコール水溶液の脱水である．図 8.12 にウエスレン (Wesslein) ら [1] によるポリビニルアルコール (PVA) 膜によるエタノール/水系の PV 透過分離実験結果を示す．図には比較のためエタノール/水系の気液平衡およびエタノール選択透過膜であるシリコーンゴム (SR) 膜における透過蒸気濃度 [2] も示した．使用した PVA 膜は複合膜で，ポリアクリロニトリル製多孔質膜上にポリビニルアルコールを塗布し，架橋処理を行ったものである．均質膜層の厚さは $5 \sim 20\,\mu\mathrm{m}$ である．エタノール濃度 50 mol% 以上の供給液で水蒸気が優先的に透過し，透過蒸気のエタノール濃度は 2 mol% 以下である．水/エタノール分離係数は 200 以上ある．この PVA 膜による PV プロセスはイソプロパノールの脱水用に実用化された．なお，最近は親水性のゼオライト膜が開発されており，アルコールの脱水プロセスはゼオライト膜で代替されつつある．

8.3 膜分離プロセスの設計

8.3.1 膜濾過プロセス

連続処理の膜濾過ではクロスフロー形式で操作が行われる．クロスフロー形式では，加圧した原液を膜モジュールに供給して透過液を得て，透過しなかった原液は非透過液（保持液，濃縮液）として膜モジュールを出る．膜モジュールとポンプを組み合わせた膜濾過プロセスの構成には，回分式（図 8.13）と連続式（図

8.3 膜分離プロセスの設計

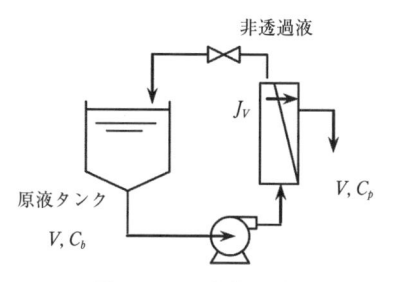

図 8.13 回分式濃縮操作

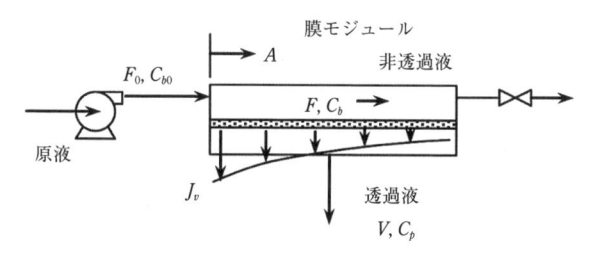

図 8.14 連続濃縮操作

8.14) がある．回分式では非透過液を戻し，原液はタンク内で濃縮される．連続式では原液は膜モジュールを1回通過（one path）するのみで，膜モジュール出口で所定の濃度まで濃縮される．

a. 回分式濃縮操作

原液タンク中に液量 V [kg]，溶質濃度 C_b [kg-溶質・kg-溶液$^{-1}$] の原液がある．これを膜面積 A [m^2] の膜モジュールで，圧力差 ΔP [MPa] で膜濾過操作を行う．膜モジュールの平均透過流束を J_v [kg・m^{-2}・h^{-1}]，時間 t [h] として，液量 V について収支より，

$$\frac{dV}{dt} = -AJ_v \tag{8.46}$$

である．溶質の収支は，阻止率 $R=1$ の理想的な条件で考えると，$d(VC_b)/dt=0$ すなわち，$C_b = C_{b0}V_0/V$ である．

一般に膜濾過では透過流束 J_v が溶質濃度 C_b に依存する．例えば逆浸透操作では浸透圧 $\Delta\pi$ が C_b に比例するので透過流束は次式となる（C_1 は定数）．

$$J_v = L_p(\Delta P - C_1 C_b) \tag{8.47}$$

すると，式 (8.46) が次式となり，この式より圧力 ΔP 一定での原液量の変化が求められる．また，V から濃縮度 (C_b/C_{b0}) が得られる．

$$\frac{dV}{dt} = -A\left[L_p\left(\Delta P - C_1\frac{C_{b0}V_0}{V}\right)\right] \quad (8.48)$$

この式の解析解は次式である．

$$\frac{1}{a^2}\left[a(V_0 - V) - b\ln\frac{(b-aV)}{(b-aV_0)}\right] = t \quad (a = AL_p\Delta P, \ b = AL_pC_1C_{b0}V_0) \quad (8.49)$$

b. 連続濃縮操作

連続濃縮プロセスにおいて，所定の濃縮を行うための膜面積 A を求める問題を考える．膜モジュール内供給液流を量 F [kg·h^{-1}] として，膜モジュール内微小区間における供給液収支が次式である．

$$\frac{dF}{dA} = -J_v \quad (8.50)$$

逆浸透の場合は式 (8.47) を代入して，F の減少が次式で表せる（阻止率 $R=1$ となるので $C_b = C_{b0}F_0/F$ とした）．

$$\frac{dF}{dA} = -\left[L_p\left(\Delta P - C_1\frac{C_{b0}F_0}{F}\right)\right] \quad (8.51)$$

この式は回分濃縮操作（式 (8.48)）と同形式になっている．

【**例題 8.3**】 逆浸透膜モジュールによりショ糖水溶液に対して回分濃縮操作を行う．初期原液量 $V_0 = 400$ kg，初期濃度 $C_{b0} = 0.020$ kg·kg^{-1}，膜面積 $A = 10$ m^2，操作圧力 $\Delta P = 1.5$ MPa，$L_p = 23.3$ kg·m^{-2}·h^{-1}·MPa^{-1}，$C_1 = 10.0$ として液量 V と濃縮度 (C_b/C_{b0}) の経時変化を求めよ．

［**解答**］ 式 (8.49) において，$a = (10)(23.3)(1.5) = 349.5$ kg·h^{-1}，$b = (10)\cdot(23.3)(10.0)(0.020)(400) = 18640$ kg^2·h^{-1}·MPa^{-1} となる．式に代入すると次式のようになる．

$$\frac{1}{349.5^2}\left[349.5(400-V) - 18640\ln\frac{(18640 - 349.5V)}{(18640 - 349.5*400)}\right] = t$$

t と V に対して解くことで，図 8.15 のようになる．

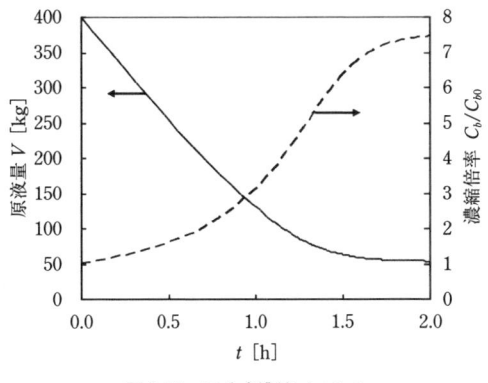

図 8.15 回分式濃縮プロセス

8.3.2 ガス分離膜モジュールの分離性能解析モデル

一般に装置内の流れは完全混合とプラグフローの二つの理想状態でモデル化される．これらをガス分離用膜モジュールの供給側と透過側に適用することで，① 供給側完全混合－透過側完全混合，② 供給側プラグフロー－透過側完全混合，③ 供給側プラグフロー－透過側プラグフロー，の各モデルとなる（図 8.16）．

A，B の 2 成分系混合ガスの膜分離操作を対象として，ガス分離膜モジュールの分離性能を表すモデル式を示す．膜面積 A，膜厚み δ の均質膜による膜モジュールにおいて，供給側圧力：p_h，透過側圧力：p_l，供給ガス流量：F_f，供給側出口流量：F_o，透過流量：F_p，A 成分の供給側入口，供給側出口，透過側出口の組成（モル分率）をそれぞれ x_f，x_o，y_p とする．

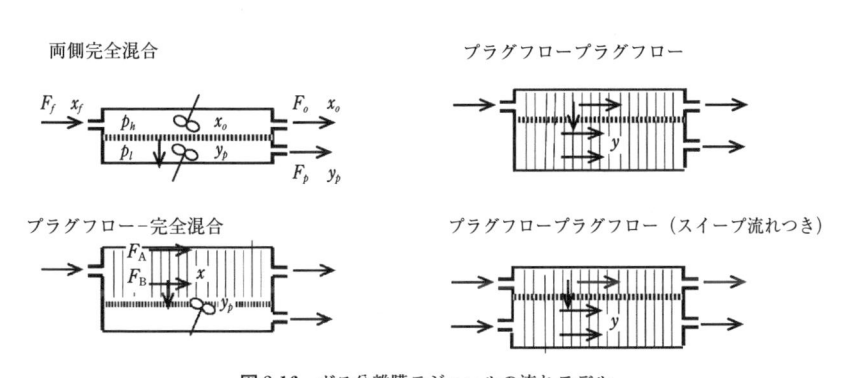

図 8.16 ガス分離膜モジュールの流れモデル

「両側完全混合モデル」では，膜モジュール全体の物質収支および A 成分収支式は次式である.

$$F_p = F_f - F_o \tag{8.52}$$

$$F_p y_p = F_f x_f - F_o x_o \tag{8.53}$$

各成分のガス透過係数 P_i から各成分の透過速度は，

$$F_p y_p = \left(\frac{P_A A_0}{\delta}\right)(p_h x_o - p_l y_p) \tag{8.54}$$

$$F_p (1 - y_p) = \left(\frac{P_B A_0}{\delta}\right)[p_h(1 - x_o) - p_l(1 - y_p)] \tag{8.55}$$

である．以上は F_o, F_p, x_o, y_p の四つの未知数に関する連立方程式である．さらに式変形して，式 (8.54)，(8.55) の比をとり，式 (8.52)，(8.53) により x_o を x_f に置き換えると次式となる．

$$\frac{y_p}{1 - y_p} = \frac{\alpha^*(x_f - \phi y_p)}{(1 - x_f) - \phi(1 - y_p)} \tag{8.56}$$

ここで，$\phi = \theta + P_r - P_r \theta$，$\alpha^* \equiv P_A/P_B$（理想分離係数），$P_r \equiv p_l/p_h$（圧力比），$\theta \equiv F_p/F_f$（カット）である．得られた式 (8.56) は y_p の二次方程式であり，解は式 (8.57) である[1].

$$y_p = \frac{(\alpha^* - 1)(\phi + x_f) + 1 - \sqrt{\{(\alpha^* - 1)(\phi + x_f) + 1\}^2 - 4\phi(\alpha^* - 1)\alpha x_f}}{2\phi(\alpha^* - 1)} \tag{8.57}$$

カットが 0 ($\theta = 0$)，つまり供給組成は入口組成で一定と考えられる条件における $P_r = 0$ での x-y 関係の計算例を図 8.17 に示す．また，分離装置で一般的に用いる分離係数 α は，式 (8.56) を用いて変形すると式 (8.58) になる．

$$\begin{aligned}
\alpha &\equiv \frac{y/(1-y)}{x/(1-x)} \\
&= \frac{\alpha^* + 1}{2} - \frac{P_r(\alpha^* - 1)}{2x} - \frac{1}{2x} + \left[\left(\frac{\alpha^* - 1}{2}\right)^2 + \frac{(\alpha^* - 1) - P_r(\alpha^{*2} - 1)}{2x}\right. \\
&\quad \left. + \left\{\frac{P_r(\alpha^* - 1) + 1}{2x}\right\}^2\right]^{0.5}
\end{aligned} \tag{8.58}$$

図 8.18 に示すように，α は P_r が大きいほど小さくなり，式 (8.58) は低圧側に透過成分の分圧が存在するための逆圧効果（back pressure effect）による分離係数の低下を表している．そして $P_r = 0$ のときに最大値を示し $\alpha = \alpha^*$ になるので，

8.3 膜分離プロセスの設計

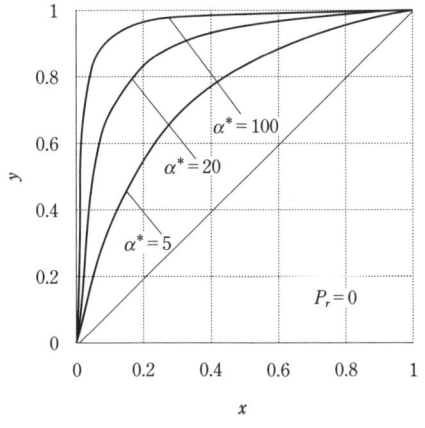

図 8.17 理想分離係数 α^* の違いによる x-y 関係

図 8.18 圧力比 ($P_r = p_l/p_h$) と分離係数 α の関係 ($\alpha^* = 5$ での計算例)

透過係数比 ($\alpha^* = P_A/P_B$) を理想分離係数と呼んでいる.

「供給側プラグフロー－透過側完全混合モデル」では膜モジュール内供給側の各成分流量 F_A, F_B について,微小膜面積区間 dA における変化と各成分の膜透過速度との関係が次式となる.

$$\frac{dF_A}{dA} = -\left(\frac{P_A}{\delta}\right)(p_h x - p_l y_p) \tag{8.59}$$

$$\frac{dF_B}{dA} = -\left(\frac{P_B}{\delta}\right)(p_h(1-x) - p_l(1-y_p)) \tag{8.60}$$

$$x = \frac{F_A}{F_A + F_B} \tag{8.61}$$

透過側は完全混合を仮定するので透過ガス濃度 y_p は定数である.しかし計算初期にはこれは不明なので,y_p を仮定して積分計算を行い,計算結果と一致するよう試行する.

その他のモデルに関する理論式については,参考文献 2) を参照されたい.

【例題 8.4】 膜面積 $A = 0.6 \text{ m}^2$,膜厚み $\delta = 4.0 \times 10^{-5}$ m,のシリコーンゴム膜モジュールで空気の酸素富化を行う.A 成分が酸素で B 成分が窒素とする.透過係数は $P_A = 1.75 \times 10^{-13}$, $P_B = 8.4 \times 10^{-14}$ mol·m·m^{-2}·s^{-2}·Pa^{-1} である.供給空気量 $F_f = 6.8 \times 10^{-4}$ mol·s^{-1} (1 L·min^{-1}), $x_f = 0.21$, $p_h = 100$ kPa, $p_l = 5.0$ kPa として,y_p および F_p を求めよ.

[解答] 「供給側プラグフロー－透過側完全混合モデル」の基礎式(8.59), (8.61)を膜面積 A $[0, 0.6]$ 間で数値積分する. はじめに y_p を仮定して計算し, 得られた透過ガス濃度 y_p' が y_p と一致するよう試行計算を行う[4]. 透過ガス濃度 $y_p = 0.326$, $F_p = 1.44 \times 10^{-4}$ mol·s^{-1} である.

■参考文献

1) M. Wesslein, A. Heintz and R.N. Lichtenthaler : *J. Membrane Sci.*, **51**, 169, 1990.
2) 木村尚史, 野村剛志 : 膜 (membrane), **8**, 177, 1983.
3) 橋本健治, 荻野文丸編 : 現代化学工学, p.190, 産業図書, 2001.
4) 伊東　章, 上江洲一也 : Excelで気軽に化学工学, p.42, 丸善, 2006.

■演習問題

8.1 次の分離目的に対する適切な膜分離法を答えよ.
(a) 水中のタンパク質とアミノ酸を分ける.
(b) 水中のバクテリアを除去する.
(c) 水中の溶存酸素を除く.
(d) お酒からアルコールを濃縮する.
(e) 空気の除湿.

8.2 濃度分極式(8.33)を導出しなさい.

8.3 式(8.33)を見かけの阻止率 R_{obs} と真の阻止率 R で書き換えると,

$$\ln \frac{1-R_{obs}}{R_{obs}} = \ln \frac{1-R}{R} + \frac{J_v}{k}$$

である. スクロースの限外濾過操作において, $J_v = 2.0$ および 5.0×10^{-5} m^3·m^{-2}·s^{-1} のとき, 見かけの阻止率がおのおの $R = 0.222$, 0.167 であった. この膜の真の阻止率を求めよ. また, 各条件での濃度分極の大きさ (C_m/C_b) を求めよ. k は一定とする.

8.4 膜での空気分離実験を, 透過セルの高圧側 0.5 MPa, 低圧側 0.1 MPa の操作圧力で, 供給流量を透過流量の100倍以上になるように設定した. 濃度分析の結果 O$_2$ モル分率は透過ガスで 0.58 であり, 排出ガスで 0.207 であった. この結果からこの膜の α^*(O$_2$/N$_2$) を求めよ.

8.5 例題8.4のシリコーンゴム膜モジュールによる空気分離の問題を「両側完全混合モデル」, すなわち F_o, F_p, x_o, y_p の四つの未知数に関する式(8.53)～(8.56)の連立方程式で解け.

演習問題解答

〔第2章〕

2.1 $J_A^* + J_B^* = N_A - x_A(N_A + N_B) + N_B - x_B(N_A + N_B)$
$= N_A + N_B - (x_A + x_B)(N_A + N_B) = 0$

2.2 定常であり，N_A 一定とすると，式 (2.11) より

$$\left(\frac{N_A}{cD}\right) dz = d\ln(1-x_A) \tag{1}$$

上式を $z = z_1 \sim z_2$, $x_A = x_{A_1} \sim x_{A_2}$ で積分すると

$$\left(\frac{N_A}{cD}\right)(z_2 - z_1) = \ln\frac{1-x_{A_2}}{1-x_{A_1}} \tag{2}$$

$z = z_1 \sim z$, $x_A = x_{A_1} \sim x_A$ で積分すると次式を得る．

$$\left(\frac{N_A}{cD}\right)(z - z_1) = \ln\frac{1-x_A}{1-x_{A_1}} \tag{3}$$

式 (2) より式 (2.13) が得られる．式 (3) ÷ 式 (2) より

$$\frac{z - z_1}{z_2 - z_1} = \frac{\ln[(1-x_A)/(1-x_{A_1})]}{\ln[(1-x_{A_2})/(1-x_{A_1})]} \tag{4}$$

上式を変形すると式 (2.14) を得る．

2.3 A, B 2 成分混合物の質量平均速度 v は次式で表される．

$$v = \frac{\rho_A v_A + \rho_B v_B}{\rho_A + \rho_B} = \frac{\rho_A v_A + \rho_B v_B}{\rho} \tag{1}$$

ここで，$\rho (= \rho_A + \rho_B)$ は密度である．この v はピトー管で測定できる流速である．したがって，この質量平均移動速度 v に対する質量流束 j_A [kg·m^{-2}·s^{-1}] は次式で定義される（$v_A - v$ は質量中心に対する成分 A の拡散速度）．

$$j_A = \rho_A(v_A - v) \tag{2}$$

式 (2) は固定座標系に対する質量流束 n_A [kg·m^{-2}·s^{-1}]

$$n_A = \rho_A v_A \tag{3}$$

を用いれば

$$j_A = n_A - \omega_A(n_A + n_B) \tag{4}$$

となる．ここで，ω_A は成分 A の質量分率 ($= \rho_A/\rho$) である．

拡散に関するフィックの法則は，質量平均速度に対する質量流束 j_A が次式によっても表される．

$$j_A = -\rho D \left(\frac{d\omega_A}{dz}\right) \tag{5}$$

したがって，固定座標系に対する質量流束に関するフィックの法則は次式で表される．

$$n_A = -\rho D \left(\frac{d\omega_A}{dz}\right) + \omega_A(n_A + n_B) \tag{6}$$

なお，$N_A = n_A/M_A$, $x_A = (\omega_A/M_A)/(\omega_A/M_A + \omega_B/M_B)$, $c = \rho(\omega_A/M_A + \omega_B/M_B)$ を用いて式(2.6)を変形すれば，式(6)が得られる．ただし，M_A, M_B はそれぞれ成分A，Bのモル質量 [kg·mol^{-1}] である．

2.4 $p = 0.20 \times (101.3 \times 10^3) = 20.26 \times 10^3$ Pa, $C = 7.5/32 = 0.234$ mol·m^{-3} であるから，

$$H = \frac{p}{C} = \frac{20.26 \times 10^3}{0.234} = 8.66 \times 10^4 \text{ Pa·mol}^{-1}\text{·m}^3$$

また，$y = 0.20$, $x = 0.234/(55.6 \times 10^3) = 4.22 \times 10^{-6}$ であるから，

$$m = \frac{y}{x} = \frac{0.20}{4.22 \times 10^{-6}} = 4.74 \times 10^4$$

2.5 式(2.22)より，$H = E/\rho_M = m\pi/\rho_M$ が成り立つから，

$$H = \frac{E}{\rho_M} = \frac{0.24 \times 10^9 \text{ Pa}}{55.6 \text{ kmol·m}^{-3}} = 4.32 \times 10^6 \text{ Pa·kmol}^{-1}\text{·m}^3$$

$$m = \frac{E}{\pi} = \frac{0.24 \times 10^9 \text{ Pa}}{1.013 \times 10^5 \text{ Pa}} = 2.37 \times 10^3$$

となる．

2.6 $[Cl_2] = p/H$, $K = [HOCl][H^+][Cl^-]/[Cl_2]$, 電気的中性条件より，$[H^+] = [Cl^-] = [HOCl]$ が成り立つから，$[Cl^-] = (K[Cl_2])^{1/3} = (Kp/H)^{1/3}$ となる．ゆえに，$[Cl_2]_T = [Cl_2] + [Cl^-] = (p/H) + (Kp/H)^{1/3}$ が得られる．

2.7 ① 式(2.25)を変形し，式(2.26)の $y_A^* = mx_A$ を用いると，

$$N_A = K_y(y_A - y_A^*) = \frac{y_A - y_A^*}{(1/K_y)} = \frac{y_A - mx_A}{(1/K_y)}$$

また，式(2.23)を変形し，式(2.21)を変形した $y_{Ai} = mx_{Ai}$ を用いて式(2.23)より，

$$N_A = k_y(y_A - y_{Ai}) = k_x(x_{Ai} - x_A) = \frac{y_A - y_{Ai}}{1/k_y} = \frac{x_{Ai} - x_A}{1/k_x} = \frac{m(x_{Ai} - x_A)}{m/k_x}$$

$$= \frac{y_A - y_{Ai} + m(x_{Ai} - x_A)}{1/k_y + m/k_x} = \frac{y_A - mx_A}{1/k_y + m/k_x}$$

よって，式(2.28)が成り立つ．

② 式(2.25)を変形すると，

$$N_A = K_L(C_A^* - C_A) = \frac{C_A^* - C_A}{1/K_L}$$

式(2.23)を変形し，式(2.19)を変形した $p_{Ai} = HC_{Ai}$ と，式(2.26)の $p_A = HC_A^*$ を用いると，

$$N_A = k_G(p_A - p_{Ai}) = k_L(C_{Ai} - C_A) = \frac{p_A - p_{Ai}}{1/k_G} = \frac{C_{Ai} - C_A}{1/k_L} = \frac{H(C_A^* - C_{Ai})}{1/k_G} = \frac{C_A^* - C_{Ai}}{(Hk_G)^{-1}}$$

$$= \frac{C_A^* - C_{Ai} + C_{Ai} - C_A}{(Hk_G)^{-1} + 1/k_L} = \frac{C_A^* - C_A}{(Hk_G)^{-1} + 1/k_L}$$

よって，式(2.29)が成り立つ．

③ 式(2.25)を変形すると，

$$N_A = K_x(x_A^* - x_A) = \frac{x_A^* - x_A}{1/K_x}$$

式(2.23)を変形し，式(2.26)の $y_A = mx_A^*$ と，式(2.21)を変形した $y_{Ai} = mx_{Ai}$ を用いると，

$$N_A = k_y(y_A - y_{Ai}) = k_x(x_{Ai} - x_A) = \frac{y_A - y_{Ai}}{1/k_y} = \frac{x_{Ai} - x_A}{1/k_x} = \frac{m(x_A^* - x_{Ai})}{1/k_y} = \frac{(x_A^* - x_{Ai})}{(mk_y)^{-1}}$$

$$= \frac{(x_A^* - x_{Ai}) + (x_{Ai} - x_A)}{(mk_y)^{-1} + 1/k_x} = \frac{x_A^* - x_A}{(mk_y)^{-1} + 1/k_x}$$

よって，式(2.30)が成り立つ．

2.8 $N_A = k_G(p_A - p_{Ai}) = k_G(p_A - HC_{Ai}) = C_{Ai}(k'D_{AL})^{0.5}$

$C_{Ai}\{k_G H + (k'D_{AL})^{0.5}\} = k_G p_A \quad \therefore C_{Ai} = \frac{k_G p_A}{k_G H + (k'D_{AL})^{0.5}}$

よって，

$$N_A = C_{Ai}(k'D_{AL})^{0.5} = \frac{k_G p_A (k'D_{AL})^{0.5}}{k_G H + (k'D_{AL})^{0.5}}$$

この式の右辺の分母と分子を $k_G(k'D_{AL})^{0.5}$ で割れば式(2.40)が求まる．

2.9 $y_A - y_A^* = y_A - mx_A = Ay_A + B$ とおくと

$$x_A - x_{AT} = \left(\frac{G}{L}\right)(y_A - y_{AT})$$

$$y_A - mx_A = y_A - m\left[\left(\frac{G}{L}\right)(y_A - y_{AT}) + x_{AT}\right]$$

$$= \left\{1 - m\left(\frac{G}{L}\right)\right\}y_A + m\left(\frac{G}{L}\right)y_{AT} - mx_{AT} = Ay_A + B$$

ゆえに，

$$A = 1 - m\left(\frac{G}{L}\right), \quad B = m\left(\frac{G}{L}\right)y_{AT} - mx_{AT}$$

$$m\left(\frac{G}{L}\right) = m\left(\frac{G}{L}\right)\frac{y_{AB} - y_{AT}}{y_{AB} - y_{AT}} = \frac{m(x_{AB} - x_{AT})}{y_{AB} - y_{AT}}$$

$$= \frac{mx_{AB} - mx_{AT}}{y_{AB} - y_{AT}} = \frac{y_{AB}^* - y_{AT}^*}{y_{AB} - y_{AT}}$$

ゆえに，

$$A = 1 - m\left(\frac{G}{L}\right) = \frac{y_{AB} - y_{AT}}{y_{AB} - y_{AT}} - \frac{y_{AB}{}^* - y_{AT}{}^*}{y_{AB} - y_{AT}} = \frac{(y_{AB} - y_{AT}) - (y_{AB}{}^* - y_{AT}{}^*)}{y_{AB} - y_{AT}}$$

$$A = \frac{(y_{AB} - y_{AT}) - (y_{AB}{}^* - y_{AT}{}^*)}{y_{AB} - y_{AT}}, \quad Ay_{AB} + B = y_{AB} - y_{AB}{}^*, \quad Ay_{AT} + B = y_{AT} - y_{AT}{}^*$$

であるから,

$$N_{OG} = \int_{y_{AT}}^{y_{AB}} \frac{dy}{y - y^*} = \int_{y_{AT}}^{y_{AB}} \frac{dy}{Ay + B} = \frac{1}{A} \ln \frac{Ay_{AB} + B}{Ay_{AT} + B} = \frac{y_{AB} - y_{AT}}{(y_A - y_A{}^*)_{lm}}$$

となる.

2.10 希薄系であることに注意すること. H_{OG}, N_{OG}, Z, N_{OL}, H_{OL} の順に求める.

$$G = \frac{1.0 \text{ kg} \cdot \text{s}^{-1}}{29.0} = 34.5 \text{ mol} \cdot \text{s}^{-1}$$

$y_{AB} = 0.003$, $y_{AT} = 0.003(1 - 0.98) = 0.00006$

$x_{AB}{}^* = \dfrac{y_{AB}}{m} = \dfrac{0.003}{2} = 0.0015$, $x_{AT} = 0$, $y_{AT}{}^* = mx_{AT} = (2)(0) = 0$

式 (2.51) より,

$$\left(\frac{L}{G}\right)_{min} = \frac{y_{AB} - y_{AT}}{x_{AB}{}^* - x_{AT}} = \frac{0.003 - 0.00006}{0.0015 - 0} = 1.96$$

よって

$$\left(\frac{L}{G}\right) = 1.96 \times 2 = 3.92, \quad H_{OG} = \frac{G}{K_y aA} = \frac{34.5}{100} = 0.345 \text{ m}$$

塔全体の物質収支式 (2.43) より,

$$x_{AB} = \left(\frac{G}{L}\right)(y_{AB} - y_{AT}) + x_{AT} = \left(\frac{1}{3.92}\right)(0.003 - 0.00006) + 0 = 0.00075$$

$y_{AB}{}^* = mx_{AB} = (2)(0.00075) = 0.0015$

式 (2.54) より, N_{OG} を求める.

$$N_{OG} = \frac{y_{AB} - y_{AT}}{(y_A - y_A{}^*)_{lm}}, \quad D_1 = y_{AB} - y_{AB}{}^*, \quad D_2 = y_{AT} - y_{AT}{}^*$$

とおくと,

$$(y_A - y_A{}^*)_{lm} = \frac{D_1 - D_2}{\ln(D_1/D_2)}$$

であるから,

$D_1 = 0.003 - 0.0015 = 0.0015$, $D_2 = 0.00006 - 0 = 0.00006$

$(y_A - y_A{}^*)_{lm} = (0.0015 - 0.00006)/\ln(0.0015/0.00006) = 0.00144/\ln(25)$
$\qquad = 0.00144/3.22 = 0.000447$

$N_{OG} = (0.003 - 0.00006)/0.000447 = 6.58$

よって, $Z = H_{OG} N_{OG} = (0.345)(6.58) = 2.27$ m

次に, N_{OL} を求める.

演習問題解答

$$N_{OL} = \frac{x_{AB} - x_{AT}}{(x_A{}^* - x_A)_{lm}}, \quad E_1 = x_{AB}{}^* - x_{AB}, \quad E_2 = x_{AT}{}^* - x_{AT}$$

とおくと，

$$(x_A{}^* - x_A)_{lm} = \frac{E_1 - E_2}{\ln(E_1/E_2)}, \quad x_{AT}{}^* = \frac{y_{AT}}{m} = \frac{0.00006}{2} = 0.00003$$

であるから，

$$E_1 = 0.0015 - 0.00075 = 0.00075, \quad E_2 = 0.00003 - 0 = 0.00003$$

$$(x_A{}^* - x_A)_{lm} = \frac{0.00075 - 0.00003}{\ln(0.00075/0.00003)} = \frac{0.00072}{3.22} = 0.000224$$

$$N_{OL} = \frac{0.00075 - 0}{0.000224} = 3.35$$

$Z = H_{OL} N_{OL}$ から，

$$H_{OL} = \frac{Z}{N_{OL}} = \frac{2.27}{3.35} = 0.678 \text{ m}$$

〔第3章〕

3.1 $F = 0.1 \text{ mol}\cdot\text{h}^{-1}$, $z_i = 0.5$, $y_i = 0.6$, $x_i = 0.2$ より D, W を求めるために，式(3.29)，式(3.30)をそれぞれ整理すると，式(3.29)は $W = F - D$ となり，これを式(3.30)に代入し整理すると

$$Fz_i = Dy_i + (F - D)x_i$$

$$D = F\left(\frac{z_i - x_i}{y_i - x_i}\right) = 0.1 \times \left(\frac{0.5 - 0.2}{0.6 - 0.2}\right) = 0.075 \text{ mol}\cdot\text{h}^{-1}$$

したがって，

$$W = F - D = 0.1 - 0.075 = 0.025 \text{ mol}\cdot\text{h}^{-1}$$

となる．

3.2 図3.11を参照して階段作図を行うと，還流比0.5では7.2段となり，最小理論段数（全還流）は約2.4段となる．

3.3 1) 式(3.32a), (3.32b)から

$$D = F\left(\frac{z_F - x_W}{x_D - x_W}\right) = 100 \times \left(\frac{0.4 - 0.05}{0.95 - 0.05}\right) = 38.9 \text{ kmol}\cdot\text{h}^{-1}$$

$$W = F - D = 100 - 38.9 = 61.1 \text{ kmol}\cdot\text{h}^{-1}$$

$$\frac{D}{F} = 0.389$$

$$\frac{W}{F} = 0.611$$

2) 図3.11を参照して階段作図を行うと，$y_F = 0.725$．式(3.49)より

$$R_{\min} = \frac{x_D - y_C}{y_C - x_F} = \frac{0.95 - 0.725}{0.725 - 0.40} = 0.692$$

3) $R = 1.3 \times R_{\min} = 1.3 \times 0.692 = 0.897$
$L = RD = 0.897 \times 38.9 = 34.89 \text{ kmol} \cdot \text{h}^{-1}$
$V = L + D = 34.89 + 28.9 = 73.79 \text{ kmol} \cdot \text{h}^{-1}$

式 (3.45) から

$$y_{n+1} = \frac{L}{L+D} x_n + \frac{D}{L+D} x_D = \frac{34.89}{34.89 + 38.9} x_n + 0.95 \times \frac{38.9}{34.89 + 38.9}$$
$$= 0.472 x_n + 0.501$$

式 (3.47) から

$$y_{m+1} = \frac{V+W}{V} x_m - \frac{W}{V} x_W = \frac{34.89 + 61.1}{34.89} x_m + 0.05 \times \frac{61.1}{34.89}$$
$$= 2.751 x_n + 0.088$$

〔第4章〕

4.1 図解法は例題 4.1 と同様に行う．てこの原理により F と水より M_1 を出す．これから共役線を用いて E_1 と R_1 の組成と重さを出す．この場合，

E_1 の酢酸の組成：0.485

R_1 の酢酸の組成：0.115

E_1 の量：$E_1 = \dfrac{(150)(0.40 - 0.115)}{0.485 - 0.115} = 116 \text{ kg}$

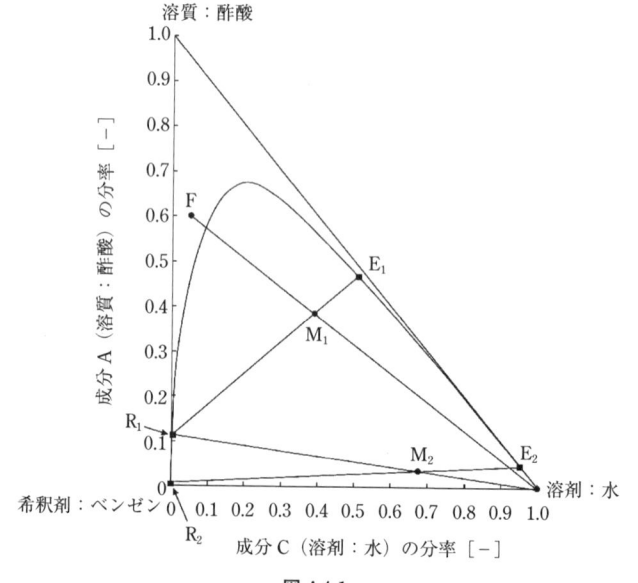

図 A4.1

R_1 の量：$R_1 = 150 - 116 = 34$ kg

2回目の抽出は R_1 が供給溶液となる．この R_1 と水より，てこの原理から M_2 を出す．これからタイラインを用いて E_2 と R_2 の組成を出す．

E_2 の組成：酢酸 (0.065)，水 (0.93)，ベンゼン (0.005)

R_2 の組成：酢酸 (0.02)，水 (0.08)，ベンゼン (0.90)

E_2 の量：$E_2 = \dfrac{(84)(0.0465 - 0.02)}{0.065 - 0.02} = 49.5$ kg

R_2 の量：$R_2 = 84 - 49.5 = 34.5$ kg

回収率は

単抽出の場合：$\dfrac{(168)(0.345)}{(100)(0.60)} = 0.966$ で 96.6 %

2回抽出の場合：$\dfrac{(116)(0.485) + (49.5)(0.065)}{(100)(0.60)} = 0.991$ で 99.1 %

となる．

4.2 不溶解溶媒系の解法（図4.13参照）

・1回抽出：表4.3により分配平衡曲線を描く．抽残液の濃度 $x = 0.2$ (kmol・m^{-3}) のときの抽出相濃度 $y = 0.47$ [kmol・m^{-3}] がこれより読み取れる．(0.2, 0.47)，(4.0, 0.00) を通る直線の傾きから，$-F/S = -0.47/3.8$，したがって，$S = 1 \times 10^{-3}/(0.47/3.8) = 8.09 \times 10^{-3}$ m^3 となる．

・多回抽出：$-F/S = -1$，1回目の操作により得られる酢酸の濃度 (x, y) は，(4.0, 0.00) を通る傾き -1 の直線と分配曲線との交点 (2.26, 1.74) である．(2.26, 0.00) から同様にして得られる各回の濃度は，(0.96, 1.30)，(0.3, 0.66)，(0.08, 0.22) となり，4回目で抽残率 5% (0.2 kmol・m^{-3}) 以下となる．したがって，必要溶剤量は 4×10^{-3} m^3 となる．

4.3 （図4.17参照）(a) (0.2, 0.00) と $x = 4$ の分配曲線上の点 (4.00, 1.98) を結んだ操作線の傾きが最小溶剤量 $S_{\min}$ を与える．$F/S_{\min} = 1.98/3.8$ より 1.92×10^{-3} m^3・s^{-1} となる．

(b) (0.2, 0.00) を通る傾き $F/S = 0.5$ の操作線を引く．操作線と $x = 4$ の交点から分配曲線との間に階段状に線を引いていくと，4段目で $x = 0.01$ となり，抽残相は 0.2 kmol・m^{-3} 以下となる．

4.4 抽出率は，式(4.8)，(4.24)より $E = 100\, K_{ex}[HR]^2/(K_{ex}[HR]^2 + q[H]^2)$ と表される．$q = V_{aq}/V_{org} = 1$，$[HR] \gg [Cu^{2+}]$ であるので，$[HR]$ を一定として上式より $[H]$ を求める．pH = 1.72 で 99.5 % を超える．

4.5 $E = K_{ex}[HR]^2/(K_{ex}[HR]^2 + q[H]^2)$，$q = F/S$，$q = 1$ のとき $E[-] = 0.968$，96.8(%)
$q = 2$，1回の抽出率 $E = 0.937$，2回抽出の抽出率は $1 - (1-E)^2 = 0.996$，99.6 %

〔第5章〕

5.1 $L_{mode} = 3G\tau$

5.2 化学反応や生化学反応を駆使して，目的の成分を生成するが，この過程で多くの副生物を生成するので，そのなかから目的成分のみを取り出す分離・精製工程を反応工程の後に設ける必要がある．発酵生成物からアミノ酸結晶を生産する（図5.14参照）場合，菌体分離（固液分離），イオン交換，晶析，固液分離（濾過や遠心分離），乾燥の工程を経て，高純度の結晶製品が生産される．

5.3 結晶は，分子，原子が規則的に配列した固体なので，不純物が結晶に入りにくく純度の良い製品が得られる．特に，結晶は，結晶表面に反応後の液（付着母液という）が付着しているので，これを分離あるいは洗浄しないと，結晶表面に不純物が残留してしまう．結晶重量当たりの付着母液量は，結晶の大きさに反比例するので，大きな結晶の方が母液量が少ない，つまり純度が良い．また，結晶を含んだ反応液を固液分離する場合，大きな結晶の方が濾過しやすく，また洗浄も容易になる．さらに，付着母液量が少ないことは，後の乾燥のためのエネルギーも少なくてすむ．

〔第6章〕

6.1 $400\,\mathrm{g\cdot m^{-3}}$ の濃度のオルトクロロフェノール水溶液 $10^{-3}\,\mathrm{m^3}$ に $1.2\times10^{-3}\,\mathrm{kg}$ の活性炭を1回投入して平衡に達したときの物質収支から
$$1.2\times10^{-3}q=10^{-3}(400-C)$$
平衡吸着量 q と液相平衡濃度 C との間には $q=56C^{0.2}$ が成り立つから，代入すると
$$1.2\times56C^{0.2}=400-C$$
上式より濃度を求めると
$$C=205\,\mathrm{g\cdot m^{-3}}$$
活性炭を3等分して3回吸着した場合の第1段の物質収支は
$$0.4\times56C_1^{0.2}=400-C_1$$
第2段，第3段は同様に物質収支を考えると
$$0.4\times56C_2^{0.2}=C_1-C_2, \quad 0.4\times56C_3^{0.2}=C_2-C_3$$
それぞれを試行法により求めると，$C_1=329\,\mathrm{g\cdot m^{-3}}$，$C_2=260\,\mathrm{g\cdot m^{-3}}$，$C_3=196\,\mathrm{g\cdot m^{-3}}$．よって，全量の活性炭を用いて1回吸着した場合と活性炭を3等分して3回吸着した場合の最終処理液濃度の比は，$196/205=0.96$．

〔図解法による別解〕

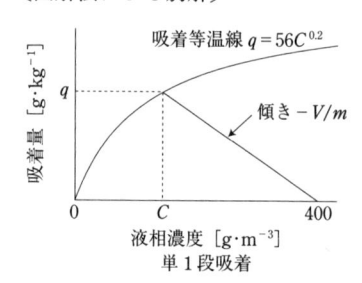

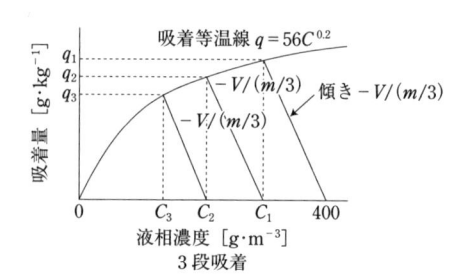

単1段吸着

3段吸着

6.2 Shell Balance をとる.

$$4\pi r^2 \Delta r \frac{\partial q}{\partial t} = (4\pi r^2 J)_r - (4\pi r^2 J)_{r+\Delta r}$$

両辺を $4\pi\Delta r$ で割って, $\Delta r \to 0$ にして極限をとると

$$r^2 \frac{\partial q}{\partial t} = -\frac{\partial}{\partial r}(r^2 J)$$

フィックの法則 $J = -D\dfrac{\partial q}{\partial r}$ を代入して

$$\frac{\partial q}{\partial t} = D \frac{1}{r^2} \frac{\partial}{\partial r}\left(r^2 \frac{\partial q}{\partial r}\right)$$

初期条件,境界条件は

$$q = 0 ; \quad t = 0, \quad 0 \leq r \leq R_p$$
$$q = Q ; \quad r = R_p, \quad t > 0$$
$$\frac{\partial q}{\partial r} = 0 ; \quad r = 0, \quad t > 0$$

6.3 粒子内拡散に対し,

$$\frac{\partial q}{\partial t} = D\frac{1}{r^2}\frac{\partial}{\partial r}\left(r^2 \frac{\partial q}{\partial r}\right) \tag{1}$$

の式を用いると,各種吸着操作の解析がかなり複雑になるので,粒子の拡散速度を固相界面濃度 q_i と粒子内平均濃度 q_m の差を推進力とした次式の線形推進力近似がよく用いられる.

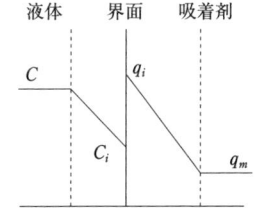

$$J = k_S \rho_S (q_i - q_m)$$

この近似により,式(1)は

$$\frac{\partial q_m}{\partial t} = k_S a_p (q_i - q_m) \quad ただし \quad a_p = \frac{3}{R_p}$$

のように簡略化される.
粒子内濃度分布を二次式で近似する.

$$q = ar^2 + b \quad (a, b は定数) \tag{2}$$

$$q_m = \frac{\int_0^{R_p}(4\pi r^2 q)\,dr}{\int_0^{R_p}(4\pi r^2)\,dr} = \frac{3}{R_p^3}\int_0^{R_p} r^2 q\,dr \tag{3}$$

式(2)を(3)に代入して

$$q_m = \frac{3}{R_p^3}\int_0^{R_p} r^2(ar^2+b)\,dr = \frac{3}{5}aR_p^2 + b \tag{4}$$

$$r = R_p \text{ のとき,} \quad q = q_i \text{ なので,} \quad q_i = aR_p^2 + b \tag{5}$$

よって,式(4),(5)より,

$$a = \frac{5}{2R_p^2}(q_i - q_m)$$

球形粒子について物質収支を考える.

$$\frac{4}{3}\pi R_p^3 \frac{\partial q_m}{\partial t} = 4\pi R_p^2 \left(D \frac{\partial q}{\partial r} \right)\bigg|_{r=R_p}$$

$$\frac{\partial q_m}{\partial t} = \frac{3}{R_p} D(2aR_p) = \frac{15}{R_p^2} D(q_i - q_m)$$

よって,

$$k_S a_p = \frac{15D}{R_p^2}$$

6.4 吸着剤外部境膜内拡散が律速の場合には粒子密度 ρ_S, 平均吸着量 $\bar{q}$ とすれば, 境膜物質移動係数 k_f と粒子単位体積当たりの外表面積 a_p を用いて, 流体本体と固体界面濃度の濃度差を推進力として, 吸着速度は次式で与えられる.

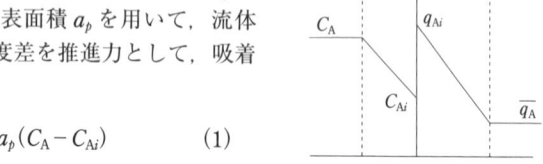

$$\rho_S \frac{d\bar{q}_A}{dt} = k_f a_p (C_A - C_{Ai}) \quad (1)$$

粒子内拡散が律速の場合には次式で与えられる.

$$\rho_S \frac{\partial q_A}{\partial t} = D \frac{1}{r^2} \frac{\partial}{\partial r}\left(r^2 \frac{\partial q_A}{\partial r}\right)$$

ここで, 線形推進力近似を用いると,

$$\rho_S \frac{d\bar{q}_A}{dt} = k_S a_p (q_{Ai} - \bar{q}_A) \quad (2)$$

のように簡略化される.
粒子表面における C_{Ai} と q_{Ai} を求めることは困難であるので, $\bar{q}_A$ に平衡な吸着質濃度 C^* を導入し, $(C-C^*)$ を推進力にとり吸着速度を表すと

$$\rho_S \frac{d\bar{q}_A}{dt} = k_{of} a_p (C_A - C_A^*) \quad (3)$$

a_p は粒子単位体積当たりの外表面積であり, 粒子半径 r_0 の球形粒子の場合

$$a_p \frac{4\pi r_0^2}{(4/3)\pi r_0^3} = \frac{3}{r_0}$$

ヘンリー型吸着平衡 $q = KC$ が成立するとき, 式(1)～(3)を変形すると

$$\rho_S \frac{d\bar{q}_A}{dt} = \frac{C_A - C_A^*}{1/k_f a_p} = \frac{C_{Ai} - C_A^*}{1/Kk_S a_p} = \frac{C_A - C_A^*}{1/k_{of} a_p}$$

$$\frac{C_A - C_A^*}{1/k_{of} a_p} = \frac{(C_A - C_{Ai}) + (C_{Ai} - C_A^*)}{1/k_f a_p + 1/Kk_S a_p} = \frac{C_A - C_A^*}{1/k_f a_p + 1/Kk_S a_p}$$

よって,

$$\frac{1}{k_{of}a_p} = \frac{1}{k_f a_p} + \frac{1}{Kk_S a_p}$$

〔第7章〕

7.1 題意より，$\rho_f = 1120\ \text{kg·m}^{-3}$, $d_p = 0.001\ \text{m}$, $\rho_p = 2500\ \text{kg·m}^{-3}$, $u_t = 35.0\ \text{mm·s}^{-1}$ である．ストークスの式が成立する（$Re \leq 2$）とすると，式（7.7）が成立する．このなかに与えられている数値を代入すると次式となる．

$$(0.035) = \frac{(9.8)(2500-1120)(0.001)^2}{18\mu} = \frac{7.51 \times 10^{-4}}{\mu}, \quad \therefore\ \mu = 0.0215\ \text{Pa·s}$$

Re を計算すると，$Re = (0.001)(0.035)(1120)/(0.0215) = 1.82 < 2$ でストークスの式の範囲に入っており，求めた値が正しいことが確かめられた．

7.2 題意より，$C_i = 200\ \text{kg·m}^{-3}$, $Q_i = 108\ \text{m}^3\text{·h}^{-1} = 0.03\ \text{m}^3\text{·s}^{-1}$, $\rho_i = 1120\ \text{kg·m}^{-3}$, $C_o = 10\ \text{kg·m}^{-3}$, $\rho_o = 1006\ \text{kg·m}^{-3}$, $C_s = 600\ \text{kg·m}^{-3}$, $\rho_s = 1360\ \text{kg·m}^{-3}$, $u_c = 1.0\ \text{mm·min}^{-1} = 1/60\ \text{mm·s}^{-1}$ である．式（7.21）より，濃縮槽面積 A の最小値を求める．この式中に与えられている数値を代入すると次式のように求まる．

$$A > \frac{(0.03)(200)}{(0.001/60)(1006-10)}\left(\frac{1120}{200} - \frac{1360}{600}\right) = 1200\ \text{m}^2$$

7.3 式（7.37）で濾材抵抗が無視できるので，

$$v^2 = K\theta, \quad \left(\frac{5}{0.5}\right)^2 = K(20), \quad K = 5\ \text{m}^2\text{·min}^{-1}$$

濾過開始から60分後までに得られる濾液量は，

$$v = \sqrt{(5)(60)} = 17.3\ \text{m}, \quad V = Av = (0.5)(17.3) = 8.65\ \text{m}^3$$

このときの濾過速度は，$v^2 = K\theta$ を微分し，

$$\frac{dv}{d\theta} = \frac{K}{2v}, \quad \frac{dv}{d\theta} = \frac{5}{(2)(17.3)} = 0.145\ \text{m·min}^{-1}$$

7.4 式（7.37）で濾材抵抗が無視でき，式（7.36），（7.41）を用いて，

$$v^2 = K\theta = \frac{2p(1-ms)}{\mu\rho s\alpha_{av}}\theta = \frac{2(1-ms)}{\mu\rho s\alpha_1}p^{1-n}\theta = Ap^{1-n}\theta, \quad A = \frac{5}{(300)^{0.5}} = 0.289$$

式（7.48）で濾材抵抗が無視できるので，

$$p^{1-n} = \frac{\mu\alpha_1\rho s}{1-ms}\left(\frac{dv}{d\theta}\right)^2\theta = \frac{2}{A}\left(\frac{dv}{d\theta}\right)^2\theta, \quad p^{0.5} = \frac{2}{0.289}(0.2)^2(90), \quad p = 621\ \text{kPa}$$

7.5 式（7.49）より

$$(5)^2 - (2)^2 = KA^2(40-10), \quad KA^2 = 0.7$$

したがって，1サイクルの平均濾過速度は，

$$\frac{V}{\theta_r + \theta_p + \theta_d} = \frac{V}{10 + (V^2 - V_1^2)/(KA^2) + 20} = \frac{V}{10 + (V^2 - 2^2)/(0.7) + 20}$$

ここで，θ_r は定速濾過の操作時間，θ_p は定圧濾過の操作時間，θ_d は除滓，整備などに要する時間である．これを V について微分して 0 とおくと，$V = 4.12\ \text{m}^3$．

θ を1サイクル当たりの全濾過時間とすると,

$$\theta = \theta_r + \theta_p = 10 + \left\{\frac{(4.12)^2 - (2)^2}{0.7}\right\} = 28.5 \text{ min}$$

1日のサイクル数は,

$$\frac{24}{(28.5 + 20)/60} = 29.7 \approx 30 \text{ 回}$$

全濾液量は,

$$(4.12)(30) = 124 \text{ m}^3$$

〔第8章〕

8.1 (a) タンパク質の分子量が数万でアミノ酸の分子量は数百であるので,その間の分画分子量のUF膜による濾過が適切である.
(b) バクテリアの大きさは 0.5 μm 程度なので,細孔径 0.2〜0.4 μm の MF 膜による濾過が適切である.
(c) ガスの揮発性を利用した PV 操作または多孔質膜による膜脱気操作が適切である.
(d) 逆浸透操作も可能であるが,浸透圧により濃縮度が限られる.アルコールの揮発性を利用した PV 操作が適切である.
(e) ガス-蒸気の分離なので,水蒸気選択透過膜によるガス分離が適当である.

8.2 境膜内ではステファン-マクスウェル式(式(8.28)で $\sigma=0$ に相当)が有効であり,境膜内の物質流束は膜透過流束と等しいことから,

$$-D\frac{d}{dz}C + CJ_v = J_s = C_p J_v$$

変形して

$$\frac{dC}{C - C_p} = \frac{J_v}{D}dz$$

を得る.境膜厚 δ, 膜面濃度 C_m とし, $z=0$(バルク)で $C=C_b$, $z=\delta$(膜表面)で $C=C_m$ で積分する.境膜物質移動係数 $k = D/\delta$ より

$$\frac{C_m - C_p}{C_b - C_p} = \exp\left(\frac{J_v}{D}\delta\right) = \exp\left(\frac{J_v}{k}\right)$$

を得る.

8.3 J_v と $\ln((1-R_{obs})/R_{obs})$ のグラフの切片より,$\ln((1-R)/R) = 1.015$, すなわち $R = 0.266$ である.また,$(C_m/C_b) = 1.06$, 1.14.

8.4 高圧側の濃度変化がほとんどない条件での実験であるので式 (8.58) から α^* が算出できる.実験値は $x=0.207$, $y=0.58$ であるので,α の定義式より $\alpha = 5.29$ となる.式 (8.58) に x および $P_r=0.2$ を代入し,左辺が 5.29 になる α^* を数値解として求めることができる.結果は $\alpha^* = 10.8$.

8.5 操作条件,透過係数などは例題 8.4 の値を使い, F_o, F_p, x_o, y_p の四つの未知数に

関する式 (8.53)〜(8.56) の連立方程式を解く.
$$F_p = 6.8 \times 10^{-4}\,\mathrm{mol \cdot s^{-1}}, \quad y_p = 0.312$$
となる.

付　　　録

1. 単位換算表

長さ　L　次元

SI m	in	ft	yard
1	39.37	3.281	1.0937
0.0254	1	0.08333	0.0278
0.3048	12	1	0.3333
0.9144	36	3	1

面積　L^2

m^2	in^2	ft^2	acre
1	1550	10.76	0.002471
0.0006452	1	0.00694	1.594×10^{-7}
0.0929	144	1	2.296×10^{-5}
4047	6273000	43560	1

体積　L^3

$m^3 = kl$	l または L	in^3	ft^3	米 gal	米 bbl
1	1000	61024	35.31	264.2	6.290
0.001	1	61.02	0.03531	0.2642	0.00629
1.639×10^{-5}	0.01639	1	5.787×10^{-4}	0.004332	1.031×10^{-4}
0.02832	28.32	1728	1	7.482	0.1782
0.003785	3.785	231	0.1337	1	0.02381
0.159	159	9700	5.614	42	1

質量　M

kg	lb	t
1	2.205	0.001
0.4536	1	0.0004536
1000	2205	1

力, 重量　MLT^{-2}

N	$kg \cdot m \cdot s^{-2}$	$dyn = g \cdot cm \cdot s^{-2}$	kgf	lbf
1	1	100000	0.102	0.2248
1×10^{-5}	1×10^{-5}	1	1.020×10^{-6}	2.248×10^{-6}
9.807	9.807	980700	1	2.205
4.4482	4.4482	444820	0.4536	1

付録

圧力 $ML^{-1}T^{-2}$	$Pa=N \cdot m^{-2}$	$kg \cdot m^{-1} \cdot s^{-2}$	atm	$kgf \cdot cm^{-2}$	mmHg (0℃)	mH_2O (4℃)
	1	1	9.869×10^{-6}	1.020×10^{-5}	0.007501	1.020×10^{-4}
	101300	101300	1	1.033	760.0	10.33
	98066	98066	0.9678	1	735.6	10.00
	133.3	133.3	0.001316	0.00136	1	0.0136
	9806.6	9806.6	0.09678	0.1000	73.56	1

粘度 $ML^{-1}T^{-1}$	$Pa \cdot s$	$kg \cdot m^{-1} \cdot s^{-1}$	$P = g \cdot cm^{-1} \cdot s^{-1}$
	1	1	10
	0.1	0.1	1

仕事,熱量,エネルギー ML^2T^{-2}	J	$kg \cdot m^2 \cdot s^{-2}$	$erg = g \cdot cm^2 \cdot s^{-2}$	$kW \cdot h$	kcal	Btu
	1	1	1×10^7	2.778×10^{-7}	2.389×10^{-4}	9.478×10^{-4}
	1×10^{-7}	1×10^{-7}	1	2.778×10^{-14}	2.389×10^{-11}	9.478×10^{-11}
	3.60×10^6	3.60×10^6	3.60×10^{13}	1	859.9	3412
	4187	4187	4.187×10^{10}	0.001163	1	3.968
	1055	1055	1.055×10^{10}	2.930×10^{-4}	0.2520	1

熱伝導度 $MLT^{-3}\theta^{-1}$	$J \cdot m^{-1} \cdot s^{-1} \cdot K^{-1}$	$kg \cdot m \cdot s^{-3} \cdot K^{-1}$	$kcal \cdot m^{-1} \cdot h^{-1} \cdot ℃^{-1}$	$Btu \cdot ft^{-1} \cdot h^{-1} \cdot °F^{-1}$
	1	1	0.8598	0.5778
	1.1630	1.1630	1	0.6719
	1.7307	1.7307	1.4882	1

〔ただし,M:質量,L:長さ,T:時間,θ:温度〕

2. SI 接頭語

べき数	-15	-12	-9	-6	-3	-2	-1
記号	f	p	n	μ	m	c	d
名称	femto	pico	nano	micro	milli	centi	deci
読み方	フェムト	ピコ	ナノ	マイクロ	ミリ	センチ	デシ

べき数	1	2	3	6	9	12	15
記号	da	h	k	M	G	T	P
名称	deca	hecto	kilo	mega	giga	tera	peta
読み方	デカ	ヘクト	キロ	メガ	ギガ	テラ	ペタ

3. 重要な数値

重力加速度　　　　$g = 9.80655 \text{ m·s}^{-2}$
1 mol の理想気体の 0℃, 1 atm における体積 = 22.41 L
ガス定数　　　　$R = 8.314 \text{ J·mol}^{-1}\text{·K}^{-1} = 1.987 \text{ cal·mol}^{-1}\text{·K}^{-1} = 0.08205 \text{ L·atm·mol}^{-1}\text{·K}^{-1}$
絶対温度　　　　$T [\text{K}] = t [℃] + 273.15$
温度 (摂氏と華氏)　$t [℃] = (t' [℉] - 32.0) \times (5/9)$

4. 空気，水の主な物性値 (0 ~ 100℃)

	乾燥空気 (101.325 kPa における)				水				
温度	密度	粘度	定圧比熱	熱伝導度	密度	粘度	定圧比熱	熱伝導度	表面張力
℃	kg·m^{-3}	μPa·s	kJ·kg^{-1}·K^{-1}	J·m^{-1}·s^{-1}·K^{-1}	kg·m^{-3}	mPa·s	kJ·kg^{-1}·K^{-1}	J·m^{-1}·s^{-1}·K^{-1}	mN·m^{-1}
0	1.2928	17.1	1.000	0.0238	999.87	1.7887	4.2173	0.569	75.62
10	1.2467	17.6	1.001	0.0249	999.73	1.3061	4.1918	0.592	74.20
20	1.2042	18.09	1.003	0.0257	998.23	1.0046	4.1817	0.602	72.75
30	1.1645	18.57	1.004	0.0265	995.68	0.8019	4.1784	0.618	71.15
40	1.1273	19.04	1.006	0.0272	992.25	0.6533	4.1784	0.632	69.55
50	1.0924	19.51	1.007	0.0280	988.07	0.5497	4.1805	0.642	67.90
60	1.0596	19.98	1.009	0.0287	983.24	0.4701	4.1842	0.654	66.17
70	1.0287	20.44	1.010	0.0295	977.81	0.4062	4.1893	0.664	64.41
80	0.9996	20.89	1.012	0.0303	971.83	0.3556	4.1960	0.672	62.60
90	0.9721	21.33	1.014	0.0311	965.34	0.3146	4.2048	0.678	60.74
100	0.9460	21.76	1.015	0.0318	958.38	0.2821	4.2156	0.682	58.84

索　引

欧　文

CV 値　118
DSC　100, 103
MSMPR　114
MSMPR 型晶析装置　115～117
needle breeding　112
polycrystalline　112
population density plot　116
q 線　54
tailor-made additive　107
xy 線図　38

ア　行

圧縮性指数　168
圧縮沈降　157
圧力スイング吸着　145
アフィニティー　7
アレンの抵抗法則　155
アンダーウッドの方法　65
アントワン式　42

イオン交換　1, 9, 10, 128, 179
イオン交換樹脂　4
イオン交換体　141
イオン交換平衡　4, 133
板枠型圧濾機　169
一次核　110
一次核化　109
1 回吸着　138
一方拡散　13
溢流　160
溢流速度　158
移動係数　6
移動単位数　28
移動単位高さ　28
移動抵抗　6
イニシャルブリーディング　112

ウィルソン式　45

エアリフト　34
液液抽出　4, 69
液液分配平衡　4
液境膜　21
液ホールドアップ　33
遠心効果　161
遠心脱水　164
遠心沈降　161
遠心沈降装置　162
遠心沈降面積　162
遠心分離　1, 4, 161
遠心力　154, 161
遠心力集塵装置　172
遠心濾過　163
エントレインメント　92
塩類効果　21

オリバーフィルター　169

カ　行

回収部　50
回収量　2
階段方式　31
回転円筒型連続式濾過機　169
回分吸着　138
回分晶析　113
回分蒸留　48
界面沈降　156, 161
外力を利用した分離　3
化学吸着　129
化学ポテンシャル　187
拡散　5, 12
拡散係数　5, 13
拡散の分離　5
核発生速度　99, 114, 118
ガス吸収　3, 12
ガス境膜　21

ガス分離　198
ガス分離法　183
活性炭吸着　9
カット　206
カットサイズ　172
活量係数　43
過飽和度　99, 101, 106, 110
過溶解度　113
干渉沈降　156
慣性力集塵装置　172
完全混合型晶析装置　114
還流　47
還流比　53

気液平衡　3, 37
気液平衡定数　47
機械的分離　5, 176, 179
擬似移動層型吸着装置　149
希釈剤　69
擬多形　107
気泡塔　35
逆浸透法　184, 189, 190
逆浸透膜　9
吸収剤　4
吸収　128
吸着・イオン交換　3
吸着剤　4, 129
吸着操作　128
吸着速度　135
吸着帯　140
吸着等温線　131
吸着平衡　4
吸着平衡関係　130
吸着法　8
凝集　9
共晶　104
強制渦　173
共沸　8
共沸混合物　41

226

索引

共沸蒸留　8
共沸組成　41
境膜説　16
ギリランドの相関　66
キレート抽出　73
均質核化　109
キンチの理論　158

空間率　156
クロスフロー形式　202
クロスフロー濾過　165
クロマトグラフィー分離　148

傾斜板　160
ケーク　179
ケーク湿乾質量比　166
ケーク抵抗　165
ケーク濾過　165
結晶成長　105
結晶成長速度　114, 118
結晶多形現象　106
ケデム－カッチャルスキー式　192
限外濾過　197
限外濾過法　184
懸濁液　154
原料線　54

高沸限界成分　62
向流　31
向流多段抽出　85
向流プロセス　6
固液・固気分離　4, 154
固液抽出　69
固液平衡　4, 99, 100, 103, 108
固気分離　172
50%分離限界粒子径　172
コゼニィ－カーマン式　168
コゼニィ定数　168
固定層吸着　140
コロナ放電　176
混合層型　122
コンタクトニュークリエーション　112

サ　行

サイクロン　172, 178
細孔拡散　135

最小液ガス比　29
最小還流比　56
最小ステップ数　65
最小溶剤量　87
最小理論段数　57, 65
最適濾過時間　169
酸解離定数　71
三角線図　76

紫外線殺菌　10
シックナー　160
湿式冶金　69
質量作用の法則　134
集塵　4, 172
自由沈降　156, 161
充填塔　31, 48
自由度　64
終末速度　155, 161
重力　154
重力集塵　178
重力集塵装置　172
シュピーグラー－ケデム式　193
ジュール－トムソンの式　110
準安定領域　113
純水透過係数　192
蒸気透過法　189
晶析　3, 10
晶析操作設計　121
晶析装置　112, 116, 118, 122
蒸発　179
晶癖　105
障壁（さえぎり）を利用した分離　3
蒸留　1, 3, 7, 9, 46, 47
浸液率　169
浸出　69
浸透気化　201
浸透気化法　183, 189
浸透説　16
推進力　6

ステップ数　55
ストークスの抵抗法則　155
ストークスの法則　161
スパイラル　185
スピーグラー－ケデム式　193
スプリットキー成分　63

スプレー塔　34
スペリィ型の実験式　168
スラリー　156
スロープ解析法　73

成長形　106
成長速度　99, 100, 105, 106, 113, 114
清澄濾過　165
精密濾過法　184
精留　47
精留効果　47
設計型問題　65
繊維充填層フィルター　175
全縮器　50
洗浄集塵装置　174

総括物質移動係数　22
相互拡散　13
操作型問題　64
操作線　27, 53, 87
操作点　86
相対揮発度　5, 59
装置内平均結晶成長速度　120
相律　17, 37
速度差分離　3

タ　行

対応線　77
タイライン　29, 77, 78
ダウンストリーム工程　6
多回吸着　138
多形　106, 114
多孔板抽出塔　92
多孔膜　183, 198
脱水　161
脱着　128
脱溶存気体操作　9
棚段塔　34
種結晶　101, 113, 114
ダブレット分離　63
単蒸留　7, 46
単抽出　79
段塔　47
段プロセス　6

緻密膜　183
抽剤　4, 69

抽残液　69
抽質　69
抽出　1, 3, 69, 180
抽出液　69
抽出定数　75
抽出百分率　71
抽出平衡　75
超音波霧化法　9
超純水　9
超臨界抽出　4
超臨界溶媒抽出法　9
沈降　4, 154
沈降槽　157
沈降速度　156
沈降濃縮　154
沈降分離　161
沈殿　9

定圧気液平衡　38
定圧濾過　166, 171
定温気液平衡　39
定形濃度分布　141
抵抗係数　155
定常拡散　14
定速濾過　166, 170
低沸限界成分　62
てこの原理　77
デッドエンド濾過　165
電気泳動　4
電気集塵　4
電気集塵機　178
電気集塵装置　175
電気的中性　134

ドイチュの式　176
透過係数　198
透過係数比　207
透過速度　198
塔型抽出装置　89
透過率　198
等モル向流拡散　13
特異的相互作用　7
ドナン排除　134

ナ 行

内部濾過　165
ナノ濾過法　184

二元細孔構造　130
二次核　112
二次核化　109
ニュートンの抵抗法則　155
ニュートンの粘性法則　6
二量体生成定数　71

濡れ壁塔　34

濃縮部　50
濃縮率　2
濃度分極　194

ハ 行

破過曲線　140
破過時間　141, 143
破過点　141
バグフィルター　174
ハーゲン-ポアズイユ式　198
発酵　7
発酵法　10
八田数　25
バッキ吸着　138
バッチ(回分)式濾過機　169
パーベーパレーション法　183, 201
半自由渦　173
反応吸収　12
反応係数　24
反応分離　6

非圧縮性ケーク　168, 171
微結晶　112, 114
微結晶溶解　124
非定常拡散　16
微分プロセス　6
微分方式　31
非平衡分離　3
表面エネルギー　106, 109, 111
表面拡散　135
表面更新説　21
貧溶媒　103, 107

フィックの式　5
フィックの法則　13
フェンスキの式　65
不均質核化　109
物質移動係数　22, 194

物質移動抵抗　23
物質移動容量係数　28
物質流束　22
沸点曲線　38
物理吸収　12
物理吸着　129
部分分離効率　172
フライアッシュ　179
フラックス　5
フラッシュ蒸留　48, 49
フラッディング点　33
浮力　154
プレイトポイント　78
フロインドリッヒの吸着式　132
分画分子量　197
分級　157, 161
分級層型　122
分散相　31
分子拡散　12
分縮　47
分配曲線　79
分配比　71
分配平衡　70
分離係数　2, 206
分離限界粒子　158
分離効率　2
分離剤　1, 4
分離シーケンス　62
分離操作　1

平均核発生速度　120
平均空隙率　166
平均濾過速度　169
平均濾過比抵抗　166
平衡形　106
平衡比　5
平衡分離　3
並流　31
並流多回抽出　82
ペニシリン　179
変圧変速濾過　166, 171
ヘンリーの吸着式　132
ヘンリーの法則　17

放散　12
母液　103, 114
捕集効率　180

母集団収支　115
母集団密度　115
母集団密度関数　115
捕集率　172

マ 行

マイクロバブル　24, 35
膜分離　1, 4, 10, 182
膜濾過法　183
マッケーブ-シールの階段作図法　55
マッケーブ-シールの仮定　51

ミキサーセトラー型抽出装置　89
ミキサーセトラー塔　92
ミストセパレーター　178
脈動塔　92

ヤ 行

有効比表面積　168

溶解拡散　183
溶解拡散機構　187
溶解拡散モデル　200

溶解度　4, 17, 99, 101, 106, 107, 110, 111, 113
溶解度曲線　77
溶解平衡　4
溶質　69
溶質透過係数　192
溶媒抽出　69

ラ 行

ラウールの法則　41
ラングミューアの理論　132
乱流拡散　12

理想段　51
理想分離係数　207
理想溶液　41
粒径分布　112～114, 116
粒子内拡散　136
流束　5
流体境膜　136
理論段　52
理論段数　55, 87

ルースの定圧濾過係数　167
ルースの定圧濾過式　166
ルースの定圧濾過速度式　167
ルースの濾過速度式　167
ルースプロット　167

レイノルズ数　155
連続式濃縮槽　160
連続晶析　103
連続蒸留　48
連続相　31

濾液　164, 179
濾液量　165
濾過　1, 4, 9, 161, 164, 179, 184
濾過圧力　165
濾過集塵装置　174
濾過速度　165
濾材　164
濾材抵抗　165
濾材濾過　165
ローディング点　33
露点曲線　38
濾布　180

分離プロセス工学の基礎　　　　　　定価はカバーに表示

2009年2月15日　初版第1刷
2023年1月20日　　　第12刷

編　集　化学工学会分離
　　　　プロセス部会

発行者　朝　倉　誠　造

発行所　株式会社 朝　倉　書　店
　　　　東京都新宿区新小川町6-29
　　　　郵便番号　162-8707
　　　　電　話　03(3260)0141
　　　　ＦＡＸ　03(3260)0180
　　　　https://www.asakura.co.jp

〈検印省略〉

© 社団法人 化学工学会 2009
〈無断複写・転載を禁ず〉

Printed in Korea

ISBN 978-4-254-25256-9　C 3058

JCOPY ＜出版者著作権管理機構 委託出版物＞

本書の無断複写は著作権法上での例外を除き禁じられています。複写される場合は，
そのつど事前に，出版者著作権管理機構（電話 03-5244-5088, FAX 03-5244-5089,
e-mail: info@jcopy.or.jp）の許諾を得てください．

前慶大 柘植秀樹・横国大 上ノ山周・前群馬大 佐藤正之・
農工大 国眼孝雄・千葉大 佐藤智司著
応用化学シリーズ4

化学工学の基礎
25584-3 C3358　　　A 5 判 216頁 本体3400円

初めて化学工学を学ぶ読者のために、やさしく、わかりやすく解説した教科書。〔内容〕化学工学の基礎（単位系、物質およびエネルギー収支、他）／流体輸送と流動／熱移動（伝熱）／物質分離（蒸留、膜分離など）／反応工学／付録（単位換算表、他）

古崎新太郎・石川治男編著　田門　肇・大嶋　寛・
後藤雅宏・今駒博信・井上義朗・奥山喜久夫他著
役にたつ化学シリーズ8

化　学　工　学
25598-0 C3358　　　B 5 判 216頁 本体3400円

化学工学の基礎について、工学系・農学系・医学系の初学者向けにわかりやすく解説した教科書。〔内容〕化学工学とその基礎／化学反応操作／分離操作／流体の運動と移動現象／粉粒体操作／エネルギーの流れ／プロセスシステム／他

化学工学会監修　名工大 多田　豊編

化　学　工　学（改訂第3版）
―解説と演習―
25033-6 C3058　　　A 5 判 368頁 本体2500円

基礎から応用まで、単位操作に重点をおいて、丁寧にわかりやすく解説した教科書、および若手技術者、研究者のための参考書。とくに装置、応用例は実際的に解説し、豊富な例題と各章末の演習問題でより理解を深められるよう構成した。

日本分析化学会編
入門分析化学シリーズ

分　離　分　析
14565-6 C3343　　　B 5 判 136頁 本体3800円

化学の基本ともいえる物質の分離について平易に解説。〔内容〕分離とは／化学平衡／反応速度／溶媒の物性と溶質・溶媒相互作用／汎用試薬／溶媒抽出法／イオン交換分離法／クロマトグラフィー／膜分離／起泡分離／吸着体による分離・濃縮

前名大 後藤繁雄編著　名大 板谷義紀・名大 田川智彦・
前名大 中村正秋著

化　学　反　応　操　作
25034-3 C3058　　　A 5 判 128頁 本体2200円

反応速度論、反応工学、反応装置工学について基礎から応用まで系統的に平易・簡潔に解説した教科書、参考書。〔内容〕工学の対象としての化学反応と反応工学／化学反応の速度／均一系の反応速度／不均一系の反応速度／反応操作／反応装置

千葉大 斎藤恭一著

数学で学ぶ化学工学11話
25035-0 C3058　　　A 5 判 176頁 本体2800円

化学工学特有の数理的思考法のコツをユニークなイラストとともに初心者へ解説〔内容〕化学工学の考え方と数学／微分と積分／ラプラス変換／フラックス／収支式／スカラーとベクトル／1階常微分方程式／2階常微分方程式／偏微分方程式／他

高分子学会編

高　分　子　辞　典（第3版）
25248-4 C3558　　　B 5 判 848頁 本体38000円

前回の刊行から十数年を経過するなか、高分子精密重合や超分子化学、液晶高分子、生分解高分子、ナノ構造体、表面・界面のナノスケールでの構造・物性解析技術さらにポリマーゲル、生医用高分子、光・電子用高分子材料など機能材料の発展が著しい。今改訂では基礎高分子化学領域を充実した他、発展領域を考慮し用語数も約5200と増やし内容を一新。わかりやすく解説した五十音順配列の辞典。〔内容〕合成・反応／構造・物性／機能／生体関連／環境関連／工業・工学／他

日本分析化学会高分子分析研究懇談会編

高分子分析ハンドブック
（CD-ROM付）
25252-1 C3558　　　B 5 判 1268頁 本体50000円

様々な高分子材料の分析について、網羅的に詳しく解説した。分析の記述だけでなく、材料や応用製品等の「物」に関する説明もある点が、本書の大きな特徴の一つである。〔内容〕目的別分析ガイド（材質判定／イメージング／他）、手法別測定技術（分光分析／質量分析／他）、基礎材料（プラスチック／生ゴム／他）、機能性材料（水溶性高分子／塗料／他）、加工品（硬化樹脂／フィルム・合成紙／他）、応用製品・応用分野（包装／食品／他）、副資材（ワックス・オイル／炭素材料）

上記価格（税別）は 2021年 7月現在